Integrated Circuit Design and Application of Frequency Synthesizer

吴秀山　著

频率综合器的集成电路设计与应用

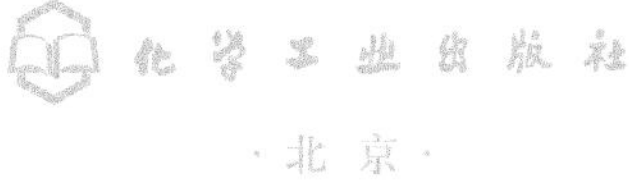

·北京·

内 容 简 介

本书分为 7 章，主要讲述了锁相环与频率合成器的数学模型分析、高阶锁相环的行为仿真、锁相环频率合成器中的系统噪声研究、锁相环频率合成器的系统实现、锁相环中低相位噪声低功耗压控振荡器设计、正交压控振荡器集成电路设计、频率综合器的设计与应用等。针对电压控制振荡器、锁相环及频率综合器集成电路设计，本书给出了大量的仿真和测试结果，并附上了芯片照片。

本书可以作为从事集成电路，特别是频率综合器集成设计人员、微电子工程技术人员的参考用书，也可作为相关专业研究生的参考用书。

图书在版编目（CIP）数据

频率综合器的集成电路设计与应用/吴秀山著. —北京：化学工业出版社，2022.2（2024.2重印）
ISBN 978-7-122-40484-8

Ⅰ.①频… Ⅱ.①吴… Ⅲ.①频率合成器-集成电路-电路设计 Ⅳ.①TN74

中国版本图书馆 CIP 数据核字（2021）第 254216 号

责任编辑：葛瑞祎 韩庆利　　文字编辑：宋 旋 陈小滔
责任校对：田睿涵　　装帧设计：张 辉

出版发行：化学工业出版社（北京市东城区青年湖南街 13 号 邮政编码 100011）
印 装：北京科印技术咨询服务有限公司数码印刷分部
710mm×1000mm 1/16 印张 11 字数 194 千字
2024 年 2 月北京第 1 版第 4 次印刷

购书咨询：010-64518888　　售后服务：010-64518899
网 址：http://www.cip.com.cn
凡购买本书，如有缺损质量问题，本社销售中心负责调换。

定 价：58.00 元

序

当今社会电子信息产业快速发展，全球集成电路设计行业呈现了快速增长的势头。我国的集成电路设计产业虽起步较晚，但凭借着巨大的市场需求、经济的稳定发展和有利的政策环境等众多优势条件，已成为全球集成电路设计行业市场增长的主要驱动力，给全球信息产业注入了源源不断的动力。

吴秀山博士从事集成电路设计数十年，具有丰富集成电路理论和实际设计经验。他出版的《频率综合器的集成电路设计与应用》讲述了锁相环与频率合成器的数学模型、高阶锁相环的行为仿真、锁相环频率合成器中的系统噪声、低相噪低功耗压控振荡器、正交压控振荡器、频率综合器的集成设计与测试等，内容涉及控制理论、通信理论、信号处理等多学科的内容。

该书从实际应用和设计的角度在锁相环系统的层次解释了相关理论的内容，给出了频率综合器与单元电路的具体设计过程和步骤，并附上了大量的仿真、测试结果和芯片照片。

本书是本科生和研究生从事集成电路设计工作的一本较为理想的参考用书，也可以作为频率综合器集成设计人员、工程师、微电子工程技术人员的参考用书。

王志功

2021.4.28

前言

2020年12月30日，国务院学位委员会、教育部正式发布《关于设置“交叉学科”门类、“集成电路科学与工程”和“国家安全学”一级学科的通知》，将集成电路设置为一级学科是近几年国家为弥补芯片人才不足所采取的措施之一。集成电路技术发展迅速、内容更新快，而我国集成电路设计的专业图书较少，且内容和体系也不能完全反映科技发展的水平，集成电路人才培养也急需一批经典教材和前沿著作。

本书对频率合成器的原理和设计，特别是在无线通信、微机械式谐振式传感器以及芯片原子钟中的应用进行了分析与研究。本书前面3章概述了无线通信系统、集成电路芯片的设计流程、锁相环电路的基本原理和结构，对构成电路的各模块基本功能与常用结构、锁相环频率合成器电路的数学模型、电荷泵锁相环的线性和非线性特性进行分析，并采用 Simulink 对锁相环的动态模型进行了分析和仿真。在第4章对锁相环频率合成器中的噪声分析的基础上，第5章采用 SMIC 0.18μm CMOS 工艺，设计了 4.6GHz 正交电感电容压控振荡器和 2.4GHz 的低功耗电感电容压控振荡器，第6章对应用于 WLAN IEEE 802.11a 锁相环频率合成器采用的系统结构及具体系统参数指标进行了分析，给出了频率合成器电路的集成电路设计与测试结果。第7章对锁相环在微机械谐振式传感器闭环自激检测与在芯片原子钟中的应用进行了介绍。

本书由浙江水利水电学院吴秀山博士撰写。本书的很多工作是在浙江省自然科学基金（Y21F040004、LY14F040004、Y1090380、LD21F050001、2021C03019）、国家自然科学基金（61875250、61975189）与浙江省水利厅重大项目（RA2101）支持下开展的，集成电路设计的流片、测试得到了东南大学射频与光电集成电路研究所的大力支持，中国计量大学硕士研究生王艳智、李丽欣及与浙江水利水电学院联合培养的硕士研究生徐霖为本书的编写做了大量工作，浙江水利水电学院的闫树斌教授对本书的出版提出了很多建设性意见，在此对他们表示衷心感谢。

希望此书对采用深亚微米 CMOS 工艺设计频率合成器芯片设计具有一定的学术和实用价值。由于我国集成电路设计水平的不断提高、集成电路设计方法涉及的领域广泛，加之作者的水平和能力有限，书中难免存在不足之处，敬请广大读者批评指正。

著　者

2021年6月

目录

第 3 章 锁相环基本工作原理与环路性能 43

第 4 章 频率合成器及噪声分析 69

第 5 章 电压控制振荡器的设计 92

第 6 章 WLAN 802.11a接收机频率合成器设计 128

第1章 绪论

1.1 无线通信技术简介

近些年信息通信领域中，发展最快、应用最广的就是无线通信技术。在移动中实现的无线通信又通称为移动通信，人们把二者合称为无线移动通信。相较于有线通信，无线通信允许用户可以在一定的范围内自由活动，其位置不受束缚。无线通信设备一般体积小、重量轻、功耗低、操作简单且携带方便，但无线通信容易受到外界的各种干扰。

无线通信使用的频段很广。人们现在已经利用了长波、中波、短波、微波、红外线和可见光这几个波段进行通信。其中主要用于无线通信的是短波和微波两个波段。短波通信主要是靠电离层的反射。但由于电离层的不稳定所产生的衰弱现象和电离层反射所产生的多径效应，使得短波信道的通信质量较差，因此，短波通信一般都是低速传输，速率为一个标准模拟话路，每秒传几十至几百比特。只有在采用复杂的调制解调技术后，才能使传输速率达到几千比特每秒。微波通信在无线数据通信中占有重要的地位。微波的频率范围为 300MHz～300GHz，但主要是使用 2～40GHz 的频率范围。微波在空间主要是直线传播。由于微波会穿透电离层而进入宇宙空间，因此它不像短波那样可以经电离层反射到地面上很远的地方。微波通信有两种主要方式：地面微波接力通信和卫星通信。由于微波在空间是直线传播，而地球表面是一个曲面，因此传输距离受到限制，一般只有 50km 左右。但若采用 100m 高的天线塔，传播距离可增大到 100km。为实现远距离通信必须在一条无线电通信的信道的两个中断之间建立若干个中继站。中继站把前一站的信号经过放大后再发送到下一站，故称为“接力”[1]，图 1-1 显示了部分无线通信协议所在的频段。

无线通信应用已深入到人们生活和工作的各个方面。其中第五代移动通信、无线局域网、超宽带、蓝牙、宽带卫星系统、数字电视调谐器等都是 21 世纪最

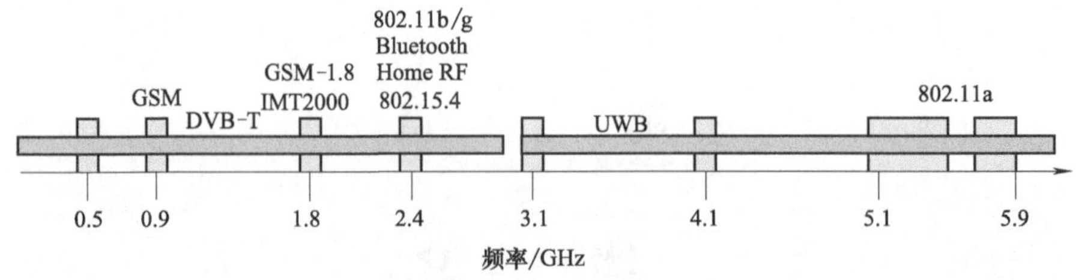

图 1-1　部分无线通信标准所在频段示意图

热门的无线通信技术的应用。因此，设计性能优越、成本低廉的射频通信芯片具有非常广阔的市场潜力。随着集成电路工艺技术的不断进步，越来越多的射频单元电路，如低噪声放大器、混频器、压控振荡器、锁相环（Phase-Locked Loop，PLL）、功率放大器等，能够集成到单片收发机芯片上，加上基带信号处理芯片早已能够在硅基芯片上实现，使整个接收系统的单片集成成为可能。

典型射频（Radio Frequency，RF）前端收发机简化模块图见图 1-2。在发送机中，输入的数据被载波信号调制，通过无线媒介传输。在典型的外差式接收机中，接收的信号首先经低噪声放大器（Low Noise Amplifier，LNA）放大，然后与本振信号混频，下变频到一个降低的中频，由于中频频率通常固定，信道选择通过改变本振频率实现。最终，解调器将收到的信息检测出来，产生输出数据。

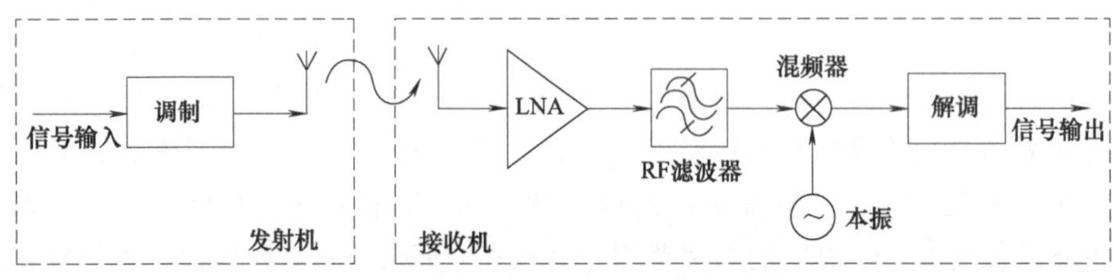

图 1-2　典型射频前端收发机简化模块图

设计一台无线收发机的第一步是选择一个合适的结构。因为无线通信环境，尤其是在市区尤为恶劣，对无线收发机的设计强加了诸多苛刻的限制。在无线局域网系统中最重要的约束条件可能是分给每个子频段的频宽。在图 1-2 中，发射机必须使用窄带调制、放大和滤波来避免信号泄漏到相邻信道，而接收机则必须在处理接收信道信号的同时对邻近的强干扰进行足够的抑制。由于在接收信号中伴随着很强的带内干扰信号，因此低噪声放大器和混频器的线性度就变得非常重要。在设计收发机时考虑的另一个重要因素是信号的动态范围。由于多径衰落和路径损失，接收信号的动态范围一般要大于 100dB。最后一个考虑的因素跟功率

放大器有关。近年来，设计射频收发机时，功率放大器采用周期性开关以节约能耗。然而，由于功率放大器开关产生的瞬态电流（峰值可达几安培）在电源上引入了很大的噪声，在典型的电源输出阻抗上可能改变电源的电压达几百毫伏。因此，在收发机的所有电路中，降低噪声敏感性和对电源噪声抑制变得十分重要。

射频接收机位于无线通信系统的最前端，其结构和性能直接影响着整个通信系统。典型的射频接收机结构有四种：超外差结构、零中频结构、镜像抑制结构和数字中频结构。

1.2 接收机的分类

1.2.1 超外差接收机

由于优越的选择性和高灵敏度，无线接收机通常选择超外差结构。图 1-3 是典型的超外差结构[2]。在此结构中，由天线接收的射频信号经过射频带通滤波器、LNA 和镜像干扰抑制滤波器后进行第一次变频，产生固定频率的中频信号。然后，经过中频带通滤波器滤除邻近的频道信号，再进行解调得到所需的基带信号。LNA 之前的射频带通滤波器对带外信号和镜像干扰加以衰减。第一次变频之前的镜像干扰抑制滤波器用来抑制镜像干扰，将其衰减到可接受的水平。使用由锁相环频率合成器产生的本振信号 LO_1 与之进行混频后，全部频谱被变到一个固定的中频。第一次变频后的中频带通滤波器用来选择信道，称为信道选择滤波器。此滤波器在确定接收机的选择性和灵敏度方面起着非常重要的作用。解调是正交的：锁相环频率合成器产生的本振信号 LO_2 经处理产生一对正交信号，分别与中频信号进行相乘，产生同相（I）和正交（Q）两路基带信号。

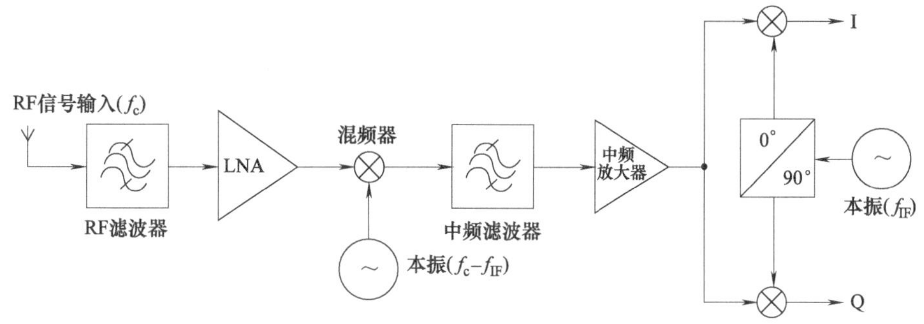

图 1-3　超外差接收机结构示意图

超外差体系结构被认为是最可靠的接收机拓扑结构，因为通过适当地选择中

频和滤波器可以获得极佳的选择性和灵敏度。由于有多次变频，直流偏差和本振泄漏问题不会影响接收机的性能。但镜像干扰抑制滤波器和信道选择滤波器均为高品质因数（Q）值带通滤波器，它们只能在片外实现，从而增大了接收机的成本和尺寸。目前，要利用集成电路制造工艺将这两个滤波器与其它射频电路集成在一块芯片上存在很大的困难。因此，超外差接收机的单片集成因受到工艺技术方面的限制而难以实现。

1.2.2 零中频接收机

由于零中频接收机不需要片外高 Q 值带通滤波器，可以实现单片集成，从而受到广泛的重视。图 1-4 为零中频接收机结构。其结构较超外差接收机简单许多。接收到的射频信号经滤波器和低噪声放大器放大后，与互为正交的两路本振信号相乘，分别产生同相和正交两路基带信号。由于本振信号频率与射频信号频率相同，因此混频后直接产生基带信号，而信道选择和增益调整在基带上进行，由芯片上的低通滤波器和可变增益放大器完成。

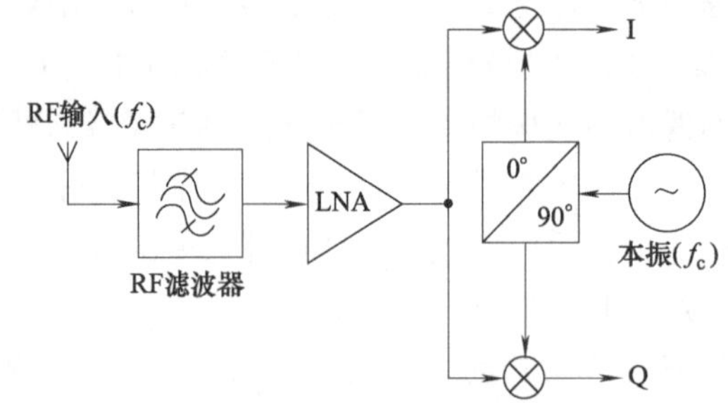

图 1-4　零中频接收机结构示意图

零中频接收机最吸引人之处在于变频过程中不需经过中频，且镜像频率即是射频信号本身，不存在镜像频率干扰，原超外差结构中的镜像抑制滤波器及中频滤波器均可省略。这样一方面取消了外部元件，有利于系统的单片集成，降低成本；另一方面系统所需的电路模块及外部节点数减少，降低了接收机所需的功耗并减少射频信号受外部干扰的机会。但是零中频结构存在着直流偏差、本振泄漏、I/Q 失配和闪烁噪声等问题。有效地解决这些问题是保证零中频结构实现的前提。

1.2.3 镜像抑制接收机

镜像抑制结构的思想是分别处理有用信号和镜像信号。通过增加相反的镜像信号来抵消镜像。通常，镜像抑制结构有两种结构形式：Hartley 结构和 Weaver 结构，图 1-5 是一个典型的 Weaver 结构。这两种结构的共同缺点就是由于增益和相位失配而不能完全抑制镜像。虽然交织结构避免了增益不平衡的问题，但是，如果第二次变频将频谱移到非零中频上，将产生二次镜像的问题。同时，从一次中频到二次中频的变换过程中，第二本振信号的谐波可能被下变频为无法过滤的干扰信号。交织结构的一个主要优点就是非常便于频率合成器的在片集成。另外，由于第二本振信号可以设置为较低的频率，因而即使在片无源器件性能较差时仍可以达到较好的相位噪声性能。因此，当无线通信系统有很苛刻的相位噪声的要求时，交织结构仍然很适合在单片集成的接收机中应用。

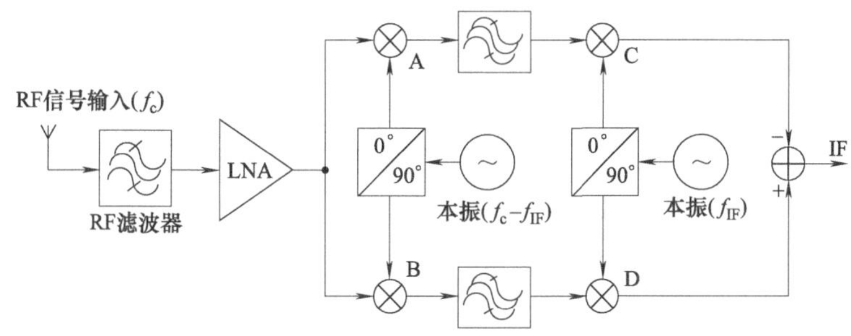

图 1-5　镜像抑制接收机结构示意图

1.2.4　数字中频接收机

数字中频接收机结构如图 1-6 所示。该结构的一个主要特点就是在中频进行模数转换，以避免产生与直流偏移和闪烁噪声相关的问题。通过使用数字电路技

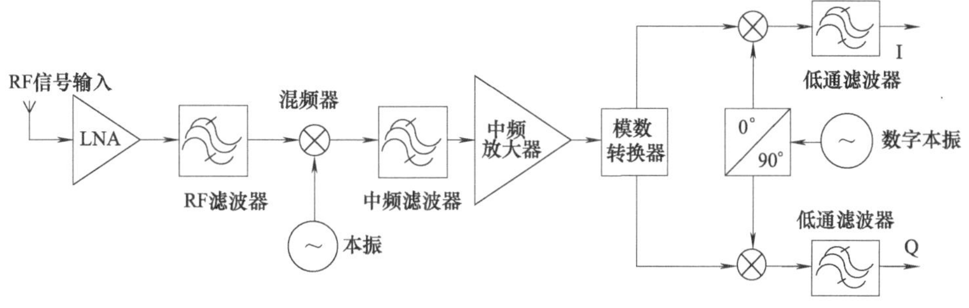

图 1-6　数字中频接收机结构示意图

术，将信号从中频下变频到基带，同时进行随后的放大和滤波。这样，因采用模拟技术而产生的问题就可以避免。不过，由于模数转换速率的限制，这个方法只限于在低中频使用。由于同样遇到镜像抑制问题，数字中频结构局限于有用信号频偏较小、镜像抑制要求不太严格的情况下应用。

1.3 发射机的分类

射频发射机执行调制、上变频和功率放大功能。因为在发射机中诸如噪声、干扰抑制和波段选择性等性能要求远没有接收机严格，不像射频接收机有多种实现方法，发射机主要有零中频发射机和二次变频发射机两种结构。

1.3.1 零中频发射机

在发射机中，如果发射载频和本振频率相同，这种结构称为零中频发射机，如图 1-7 所示。这种结构主要的缺点是发射机本振会受到来自功率放大器信号的干扰。如果采取适当的措施，将功率放大器的输出频谱远离本振频率，这种干扰将得到改善。

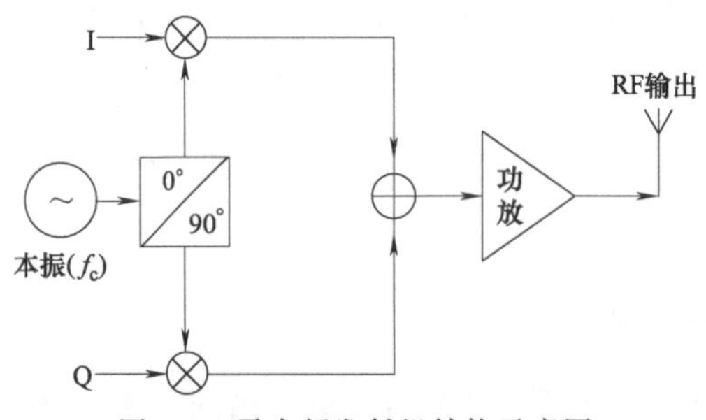

图 1-7 零中频发射机结构示意图

1.3.2 二次变频发射机

在发射机中，分两步（甚至更多步）将基带信号上变频。这样功率放大器输出频谱远离本地振荡器频率，可降低干扰，这种结构如图 1-8 所示。它的优势在于正交调制在较低的频率上，I 和 Q 正交信号匹配性好；难点在于在二次上变频后的带通滤波器必须对不需要的边带进行强抑制，通常要高达 50～60dB。最后，在选择收发机结构时，应该仔细考虑具体实现性能的要求，因为收发机需要精确的本振信号来进行准确的频率变换。

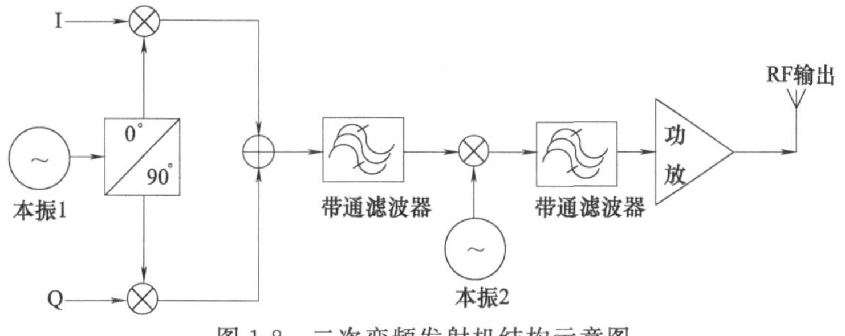

图 1-8 二次变频发射机结构示意图

1.4 锁相环技术简介

由前面可知，在无线射频接收机中，本振信号通常是由锁相环频率合成器产生的。锁相环是一个能够跟踪输入信号相位的闭环自动控制系统，它在无线电技术的各个领域具有很广泛的应用。DeBellescize 于 1932 年提出同步检波理论，首次公开发表了对锁相环路的描述。1947 年，锁相环第一次被应用于电视接收机水平和垂直扫描的同步。从此，锁相环开始被广泛应用[3]。最初，由于技术的复杂性以及较高的成本，锁相环主要被应用于航天方面。到了 20 世纪 70 年代，随着集成电路技术的发展，逐渐出现了集成的环路部件、通用单片集成锁相环以及多种专用集成锁相环，锁相环逐步变成了一个低成本、使用简单的多功能组件，这就为锁相环技术进入更广泛的领域提供了条件[4]。

当今，锁相环技术被广泛地应用于调制解调、频率综合、载波提取、时钟恢复等领域。锁相环之所以能够得到如此广泛的应用，是由其独特的优良性能所决定的。它具有载波跟踪特性，可作为一个窄带跟踪滤波器，提取淹没在噪声之中的信号；可进行高精度的相位与频率测量；等等。它具有调制跟踪特性，可制成高性能的调制器与解调器。它具有低门限特性，可大大改善模拟信号和数字信号的解调质量。

频率合成器是将一个高精确度和高稳定度的标准参考频率，经过混频、倍频与分频等对其进行各种数学运算，最终产生大量的具有同样精确度和稳定度的频率源。应用锁相环的频率综合方法称为间接合成，是目前应用最为广泛的一种频率综合方法。锁相环频率合成器主要由鉴频／鉴相器、电荷泵、滤波器、压控振荡器、分频器以及下变频模块等几部分构成。锁相环频率合成器主要用于收发机通信电路，为收发机电路提供变频所需的本振信号。

当前国际上对锁相环频率合成器的研究主要集中在如下几个方面：锁相环频

率合成器中关键电路的研究与设计、锁相环频率综合数学模型的研究及锁相环频率合成器芯片的实现等。通过采用先进的集成电路工艺与更加精确的仿真工具，锁相环频率综合器的数学模型不断地完善，能够实现的频率合成器芯片的工作效率得到了不断的提高，研究取得了一系列的成果。

1.5 集成电路工艺选择与设计流程

1.5.1 集成电路工艺介绍

目前集成电路制造工业中采用的产品工艺主要分为双极性硅、砷化镓等Ⅲ/Ⅴ族化合物工艺和CMOS（Compensated Metal Oxide Semiconductor）工艺。与前两种工艺相比，CMOS工艺噪声大，速率低。因此，模拟集成电路通常采用GaAs MESFET（Metal Semiconductor Field-Effect Transistor）、InAIAs/InGaAs/InP HEMT（High Electron Mobility Transistor）、InP HBT（Hetrojunction Bipolar Transistor）、AlGaAs/GaAs HBT等Ⅲ/Ⅴ族化合物工艺和双极性硅工艺实现。其中CMOS工艺是集成电路的主流工艺。

早期的MOS工艺只有P型或N型MOS晶体管。大约在18世纪80年代中期，出现了N型和P型的MOS晶体管，于是出现了CMOS工艺，但其应用远不及双极性硅和Ⅲ/Ⅴ族化合物工艺。但CMOS晶体管只在开关转换时才产生功耗，在被运用到数字电路中后极大地降低了功耗。而且研究人员也发现，要降低CMOS工艺的特征尺寸（栅长）也相对容易。短短几年，由于低功耗、低成本等显著优点，CMOS工艺已经成为数字集成电路的主要工艺。后来考虑用CMOS工艺实现射频集成电路，与采用同种工艺的基带电路集成在同一块芯片上，实现在芯片系统(System on Chip，SoC)，大大促进了集成电路工业的发展。

近年来随着CMOS工艺特征尺寸不断降低，CMOS工艺的特征频率（f_T）不断提高。对应于0.35μm、0.25μm、0.18μm的CMOS工艺，特征频率f_T大体为12GHz、20GHz、50GHz，已经可以与双极性硅和Ⅲ/Ⅴ族化合物工艺的特征频率相比。f_T可以由下面的表达式给出

$$f_T=1.5\frac{\mu_n}{2\pi L^2}(V_{GS}-V_t) \tag{1-1}$$

式中，μ_n是近栅极区的低场强迁移率，$m^2/(V\cdot s)$；L是管子的沟道长度；($V_{GS}-V_t$）是MOS管的栅-源过驱动电压。该表达式是由长沟道MOS晶体管模型的平方率公式推得的，若考虑短沟道效应，则MOS管的f_T大体上与$1/L$成正比。即使如此，CMOS工艺仍然比Si BJT和GaAs工艺有更高的性价比，而

且这一趋势还在继续。特征尺寸减小，MOS 管的工作电压也随之降低。

另外，工艺的诸多改进也提高了 CMOS 工艺模拟电路的性能：提高有源器件的隔离度；利用钛合金降低多晶硅和 N 型、P 型有源区的电阻率，降低引线电阻；提高无源器件的品质因数，例如将顶层金属加厚等。

同时，CMOS 工艺相对其它工艺在具有如下优势：第一，CMOS 工艺容易获得。国内有华晶、华虹、中芯国际等半导体工艺厂商，台积电（TSMC）和联电（UMC）等集成电路生产企业；美国向全世界提供多项目晶圆（MPW）服务；欧洲也有类似的组织如 CMP。第二，CMOS 工艺流片的费用比其它工艺低。第三，CMOS 电路功耗小，集成度高。随着 CMOS 工艺的不断进步，其特征尺寸不断减小，深亚微米 CMOS 器件的截止频率 f_T 不断提高，0.18μm CMOS 工艺的截止频率已接近 50GHz。当前最先进的 CMOS 工艺的特征尺寸已经达到 5nm，CMOS 工艺已广泛应用于高速集成电路中。当然，CMOS 工艺固有跨导小，电流驱动能力小，因此在电路的 I/O 缓冲及驱动部分还存在不足。另外，在设计中也要考虑 CMOS 工艺中存在的较大的寄生效应和较复杂的二阶效应等问题[5]。

中芯国际（SMIC）0.18μm CMOS 工艺提供了适用于数模混合集成电路设计的库文件和适用于射频集成电路设计的库文件，其最主要的特点是：增加了无源元件的选项，提供了可以实现较高质量的电阻、电容、电感和可变电容的途径；提供厚金属层（2.17μm）的电感以提高电感的品质因数；利用双阱或多阱工艺提高隔离度，减小串扰；提供深 N 阱技术进一步降低衬底噪声耦合；降低衬底的掺杂浓度以降低衬底引起的损耗，进一步减小了串扰；提供六层金属用于互联。

本书中的集成电路设计运用无生产线集成电路设计技术。无生产线集成电路设计是指在设计方本身没有集成电路生产线的情况下进行芯片设计。设计方只需配备相应的 EDA 软件和计算机就可以开展 IC 设计，后续的 IC 制造由芯片代加工商提供服务，运用无生产线集成电路设计的方式可以避开我国此前在工艺制造方面的弱势，利用境内外先进的集成电路生产线工艺，充分发挥国内人才、智力资源的优势，完成具有自主知识产权的集成电路设计全过程。

设计芯片采用 SMIC 0.18μm 标准 CMOS 工艺设计了应用于无线通信系统的锁相环频率合成器及其一些关键电路单元，接下来简单介绍一下工艺库中的元件性能及模型[6]。

表 1-1 列出了 SMIC 0.18μm 标准 CMOS 工艺的一些特征参数。该工艺提供两类 CMOS 晶体管：混合信号晶体管是一类不采取特殊隔离的纯晶体管，特点是占用芯片面积小，晶体管与其它器件之间连线短；而射频晶体管的衬底接地，晶体管周围增加了射频隔离环，以减小外界对晶体管的干扰。这两类 CMOS 晶

表 1-1　SMIC 0.18μm 标准 CMOS 工艺的一些特征参数

项目	最小栅长/μm	f_T/GHz	工作电压/V	金属层数
数值	0.18	49	1.8/3.3	6

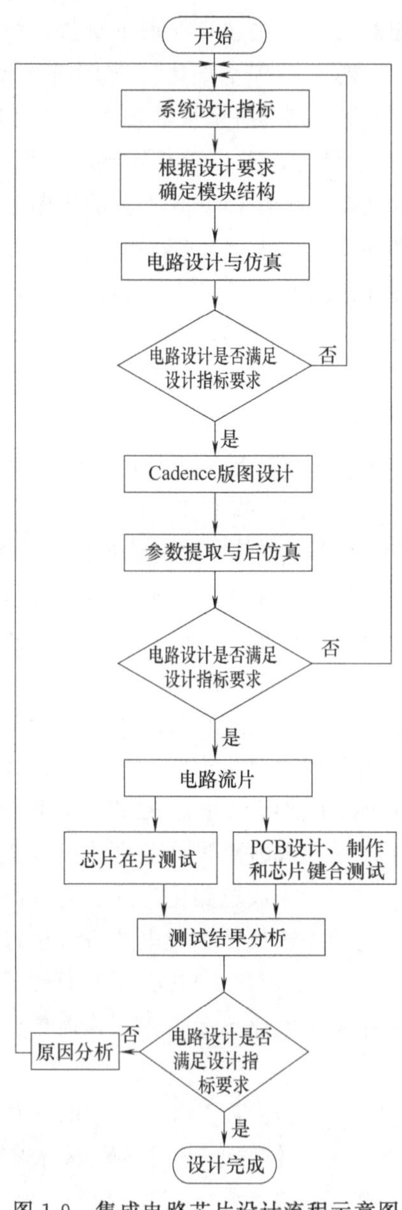

图 1-9　集成电路芯片设计流程示意图

体管为电路设计者优化不同用途的电路提供了选择的可能。实践结果表明，对相同的电路，由于射频晶体管较混合信号晶体管有更好的抗干扰和衬底噪声隔离性能，采用射频晶体管构成的振荡器具有更好的相位噪声特性。因此在本书电路设计中采用射频晶体管。

1.5.2　集成电路设计流程

首先必须明确系统的总体性能指标，进行系统分析研究，在这个阶段可以采用系统仿真工具来进行电路的整体性能分析，选择合适的工艺，深入理解工艺模型。在此基础上，使用合适的电路仿真软件来设计电路。首先进行单元子电路的设计，然后进行功能块电路的设计，进而进行子系统电路的设计，最后进行全系统集成，完成系统的电路结构设计。如图 1-9 所示，无生产线集成电路设计流程可分为系统分析、电路设计、版图设计、流片、测试等部分。

第2章 锁相环的组成与电路实现

锁相环是一种相位负反馈控制系统，它能使受控振荡器的频率和相位与输入信号保持确定关系，并且可以抑制输入信号中的噪声以及压控振荡器的相位噪声[7]。本章首先简单介绍锁相环的基本工作原理、典型电路和主要性能。电荷泵锁相环是当今比较流行的锁相环结构，具有捕获范围宽、锁定时相位误差小等优点，本章讨论其工作原理、设计方法和组成电路设计。

2.1 锁相环的组成

锁相环（PLL）是由鉴相器（Phase Detector，PD）、环路滤波器（Loop Filter，LF）和电压控制振荡器（Voltage Control Oscillator，VCO）三个基本模块组成的一种相位负反馈系统，如图 2-1 所示。

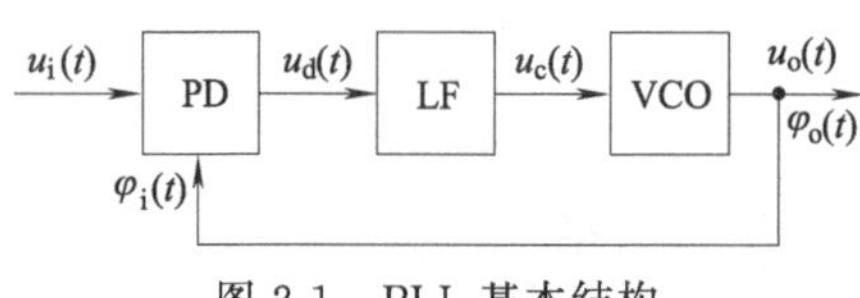

图 2-1 PLL 基本结构

PD 的输出信号 $u_d(t)$ 是输入信号 $u_i(t)$ 和反馈信号 $u_o(t)$ 之间相位差的函数。它经 LF 除去高频分量和噪声后，成为 VCO 的控制信号 $u_c(t)$。在 $u_c(t)$ 的作用下，VCO 输出信号的频率将发生变化并反馈到 PD。由上述讨论可知，PLL 是一个传递相位的反馈系统，系统的变量是相位，系统响应是对输入输出信号的相位而言，而不是它们的幅度。因此在分析 PLL 性能之前，应先给出每一个模块在环路中的作用及其数学模型，从而导出整个 PLL 的数学模型。

2.1.1 鉴相器

PD 完成输入信号与压控振荡器输出信号之间的相位差到电压的转换。PD 有两个输入信号 $u_i(t)$ 和 $u_o(t)$，输出信号 $u_d(t)$ 是相位差的函数，可以表示为：

$$u_d(t)=f[\varphi_i(t)-\varphi_o(t)] \tag{2-1}$$

式中，$\varphi_i(t)$ 是 $u_i(t)$ 的瞬时相位；$\varphi_o(t)$ 是 $u_o(t)$ 的瞬时相位；$f[\quad]$ 表示相位差与电压之间的函数关系。

设输入信号为：

$$u_i(t)=U_{im}\sin[\omega_i t+\theta_i(t)] \tag{2-2}$$

式中，U_{im} 为正弦信号振幅；ω_i 为正弦信号角频率；$\theta_i(t)$ 是以相位 $\omega_i t$ 为参考的瞬时相位；$\varphi_i(t)=\omega_i t+\theta_i(t)$ 为输入信号的瞬时相位。

设 VCO 的输出信号为：

$$u_o(t)=U_{om}\sin[\omega_r t+\theta_2(t)] \tag{2-3}$$

式中，U_{om} 为信号振幅；ω_r 为 VCO 自由振荡角频率或中心角频率；$\theta_2(t)$ 是以相位 $\omega_r t$ 为参考的瞬时相位；$\varphi_o(t)=\omega_r t+\theta_2(t)$ 为输出信号的瞬时相位。

一般情况下，两个信号的频率是不同的。为了便于比较，现统一以 VCO 自由振荡相位 $\omega_r t$ 为参考，于是输入信号可以改写为：

$$\begin{aligned}u_i(t)&=U_{im}\sin[\omega_i t+\theta_i(t)]=U_{im}\sin[\omega_r t+(\omega_i-\omega_r)t+\theta_i(t)]\\&=U_{im}\sin[\omega_r t+\theta_1(t)]\end{aligned} \tag{2-4}$$

式中，$\theta_1(t)=(\omega_i-\omega_r)t+\theta_i(t)=\Delta\omega t+\theta_i(t)$ 是以相位 $\omega_r t$ 为参考的瞬时相位，$\varphi_i(t)=\omega_r t+\theta_1(t)$。

理想鉴相器能产生一个输出电压，其平均分量 $u_d(t)$ 正比于两个输入信号的相位差，它们之间的关系表示为：

$$u_d(t)=K_d[\varphi_i(t)-\varphi_o(t)]=K_d[\theta_1(t)-\theta_2(t)] \tag{2-5}$$

式中，K_d 为鉴相灵敏度，V/rad。然而，在很多情况下，鉴相器并不满足这个线性关系。

例如用模拟乘法器做鉴相器时，鉴相器具有正弦鉴相特性。由于鉴相器后面有一个低通滤波器，它将滤除相乘信号中的高频分量，因此可以得到乘法器的输出为：

$$u_d(t)=\frac{1}{2}KU_{im}U_{om}\sin[\theta_1(t)-\theta_2(t)] \tag{2-6}$$

式中，K 为乘法器系数，1/V。令 $K_D=KU_{im}U_{om}/2$，$\theta_e(t)=\theta_1(t)-\theta_2(t)$，则有：

$$u_d(t)=K_D\sin\theta_e(t) \tag{2-7}$$

式中，K_D 为鉴相器的最大输出电压，反映了鉴相器的灵敏度。该鉴相器具有正弦鉴相特性，其鉴相特性与数学模型如图 2-2 所示。

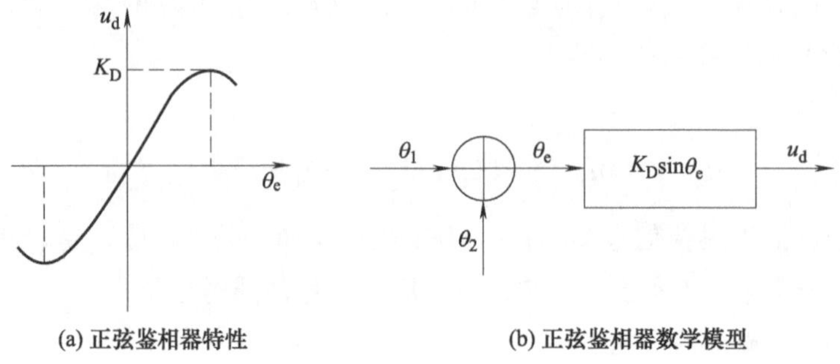

(a) 正弦鉴相器特性

(b) 正弦鉴相器数学模型

图 2-2　正弦鉴相器

2.1.2　环路滤波器

PLL 中的环路滤波器是一个线性低通滤波器。它滤除鉴相器输出电压中的高频分量和噪声，输出低频分量去控制 VCO 的频率。它可以改善 VCO 控制电压的频谱纯度，提高系统的稳定性。环路参数对环路的各项性能都有着重要的影响。

环路滤波器是一个线性电路，在时域分析中可以用一个传输算子 $F(p)$ 来表示，其中 $p(\equiv \mathrm{d}/\mathrm{d}t)$ 是微分算子；在频域分析中可以用传递函数 $F(s)$ 表示，其中 $s(a+\mathrm{j}\omega)$ 是复频率；若用 $s=\mathrm{j}\omega$ 带入 $F(s)$ 就可以得到它的频率响应 $F(\mathrm{j}\omega)$。环路滤波器的模型可表示为图 2-3。

$u_d(t)$ → $F(p)$ → $u_c(t)$

图 2-3　环路滤波器的模型

PLL 中常用的环路滤波器有 RC 积分滤波器、无源比例积分滤波器和有源比例积分滤波器。现简单介绍一下无源比例积分滤波器和有源比例积分滤波器。无源比例积分滤波器如图 2-4（a）所示，它的传递函数为：

$$F(s)=\frac{1+s\tau_2}{1+s(\tau_1+\tau_2)} \tag{2-8}$$

式中，$\tau_1=R_1C$，$\tau_2=R_2C$。其频率特性如图 2-4（b）所示，当 $\omega=0$ 时，$|F(\mathrm{j}\omega)|=1$；当 $\omega\to\infty$ 时，$|F(\mathrm{j}\omega)|\to\tau_2/(\tau_1+\tau_2)$。

图 2-5（a）所示的有源比例积分滤波器的传递函数为：

$$F(s)=-A\,\frac{1+s\tau_2}{1+s(\tau_1+A\tau_1+\tau_2)} \tag{2-9}$$

式中，$\tau_1=R_1C$；$\tau_2=R_2C$；A 为运算放大器电压增益。当运算放大器增益为无穷大时，有源比例积分滤波器称为理想积分滤波器，其传递函数变为：

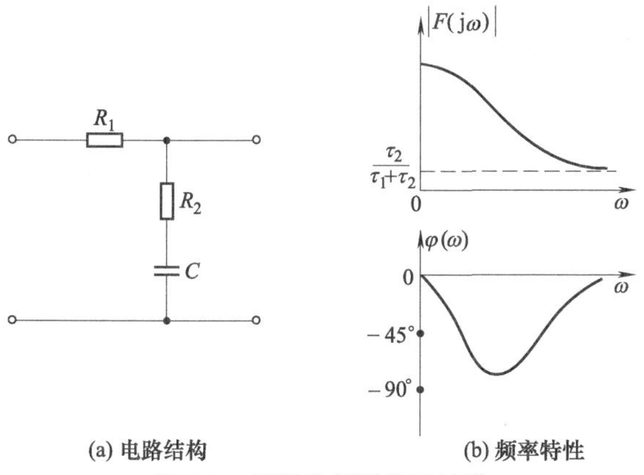

图 2-4 无源比例积分滤波器

$$F(s)=-\frac{1+s\tau_2}{s\tau_1} \tag{2-10}$$

式中，$\tau_1=R_1C$；$\tau_2=R_2C$。当 $\omega\rightarrow 0$ 时，$|F(j\omega)|\rightarrow\infty$；当 $\omega\rightarrow\infty$ 时，$|F(j\omega)|\rightarrow\tau_2/\tau_1$，负号表示滤波器输出和输入电压之间相位相反。假如环路原来工作在鉴相特性的正斜率处，那么加入有源比例积分滤波器之后可自动地工作到鉴相特性的负斜率处，其负号与滤波器的负号相抵消。因此，这个负号对环路的工作没有影响，分析时可以不予考虑。有源比例积分滤波器频率特性如图 2-5（b）所示。

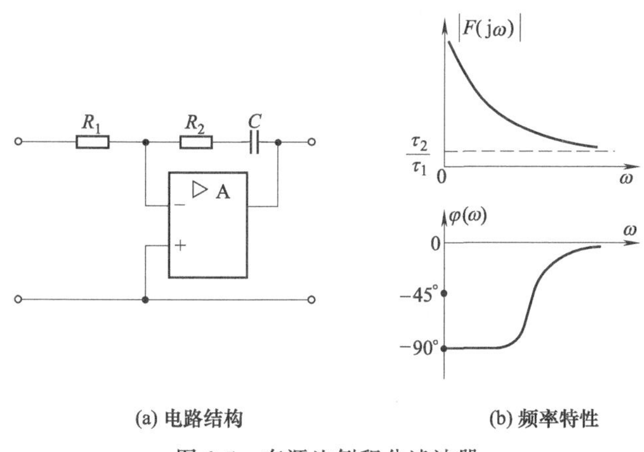

图 2-5 有源比例积分滤波器

环路滤波器的主要指标有带宽、直流增益和高频增益，由滤波器的时间常数和类型决定。无源比例积分滤波器的高频增益小于 1，有源比例积分滤波器的高频增益可以大于 1。高频时有一定的增益，对 PLL 的捕捉特性有利。由于比例积分滤波器的传递函数有一个零点，因此增加了环路的稳定性。

2.1.3 电压控制振荡器

VCO是一个电压-频率变换装置，是频率受电压控制的振荡器。在PLL中，VCO的控制电压为$u_c(t)$，它的振荡频率与控制电压之间的关系表示为：

$$\omega_o(t)=\omega_r+K_v u_c(t) \tag{2-11}$$

式中，$\omega_o(t)$为压控振荡器的瞬时角频率；ω_r为压控振荡器的中心角频率或自由振荡频率，即$u_c(t)=0$时的振荡频率；K_v为控制灵敏度，rad/(s·V)。

实际应用中的压控特性需在有限的线性控制范围内，超出这个范围，压控灵敏度将会下降。压控振荡器的频率随电压变化的关系如图2-6（a）所示。由图可见，在以ω_r为中心的范围内，压控特性曲线与式（2-11）是吻合的，所以在环路分析中可用式（2-11）作为VCO的控制特性。

在PLL中，VCO的输出将作为鉴相器的输入，但在鉴相器中起作用的是其瞬时相位，而不是角频率$\omega_o(t)$。由于正弦信号的瞬时角频率等于其相位对时间的导数，所以VCO输出信号的瞬时相位为：

$$\varphi_o(t)=\int_0^t \omega_o(\tau)\mathrm{d}\tau=\omega_r t+K_v\int_0^t u_c(\tau)\mathrm{d}\tau \tag{2-12}$$

即

$$\theta_2(t)=K_v\int_0^t u_c(\tau)\mathrm{d}\tau=\frac{K_v}{p}u_c(t) \tag{2-13}$$

由此可见，VCO在锁相环中起了一次积分的作用，因此称为环路中的固有积分环节。数学模型如图2-6（b）所示。对VCO的基本要求是：相位噪声小，频率稳定度高，线性区域宽，达到一定的变频范围和压控灵敏度。这些指标往往是相互矛盾的，在设计中需要折中考虑。

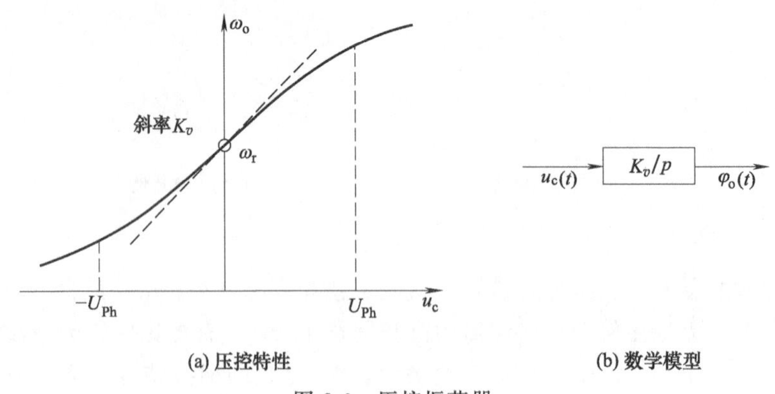

(a) 压控特性　　(b) 数学模型

图2-6　压控振荡器

2.1.4　锁相环路的相位模型与环路方程

将前面三个模型连接起来得到锁相环路的模型，如图 2-7 所示。按照锁相环的相位模型，可以容易地推出环路的动态方程：

$$\theta_e(t)=\theta_1(t)-\theta_2(t) \tag{2-14}$$

$$\theta_2(t)=K_v U_d \frac{F(p)}{p}\sin\theta_e(t) \tag{2-15}$$

将式（2-15）代入式（2-14）可以得到：

$$p\theta_e(t)=p\theta_1(t)-K_v U_d F(p)\sin\theta_e(t) \tag{2-16}$$

上式是假定 VCO 工作在线性区的情况下，描述环路特性的微积分方程，称为 PLL 的环路方程。环路方程的右侧可以看成环路的输入，第一项 $p\theta_1(t)$ 是输入信号和 VCO 输出信号的中心角频率之差，不随时间变化，取决于环路开始工作时的状态，称为起始频差或固有频差。环路方程右边第二项是 VCO 在控制电压 $u_c(t)$ 的作用下所产生的角频率相对于中心角频率 ω_r 的频差，即 $[\omega_o(t)-\omega_r]$，一般称为控制频差。左边是瞬时相位误差 $\theta_e(t)$ 对时间的微分，即输入信号与 VCO 输出信号的瞬时频差。式（2-16）表示了环路中动态角频率的关系，闭合环路在任何时候都满足：瞬时频差为固定频差与控制频差的差。在环路开始工作的瞬间，控制作用还没有建立起来，控制频差为零，因此环路的瞬时频差就等于环路的固有频差。在捕捉过程中，控制作用逐步加强，控制频差逐渐加大。因为输入的固有频差在输入固定频率的条件下是不变化的，这样瞬时频差逐渐减小。最后环路进入锁定状态，环路的控制作用已经迫使 VCO 的振荡频率等于输入频率，控制频差与输入固有频差相抵消，最终环路的瞬时频差等于零，环路锁定。

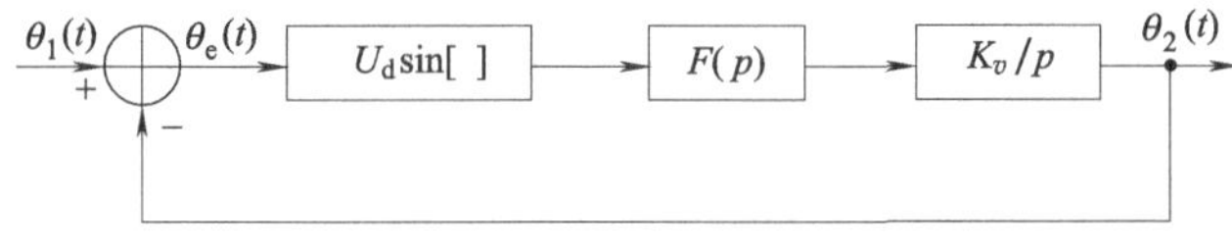

图 2-7　锁相环路的模型

2.2　锁相环路的电路实现

2.2.1　鉴相器的电路实现

鉴相器在锁相环路中起鉴相的作用。由于在环路中控制量是相位，因此鉴相器输出电压应是两个输入信号电压相位差的函数。鉴相器的种类很多，按电路性质可分成数字鉴相器、模拟鉴相器和取样保持鉴相器。按鉴相特性可分为正弦波鉴相器、三角波鉴相器和梯形波鉴相器等。

（1）模拟乘法鉴相器

它是由双差分对管组成的四象限乘法器作鉴相器，其电路如图 2-8 所示，这种 Gilbert 乘法单元电路在模拟锁相环集成芯片中得到广泛的应用。

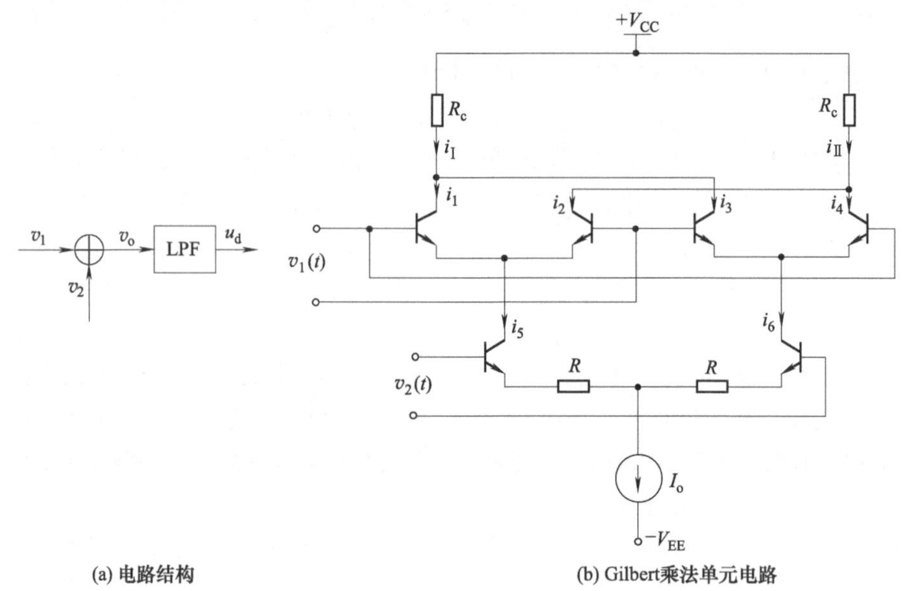

(a) 电路结构　　(b) Gilbert乘法单元电路

图 2-8　模拟乘法鉴相电路

设两个输入信号电压分别为 $v_1=V_{1m}\sin(\omega_0 t+\theta_e)$，$v_2=V_{2m}\cos\omega_0 t$。从图 2-8 中可知，总的输出差动电流为：

$$\Delta i=i_{\rm I}-i_{\rm II}=(i_1+i_3)-(i_2+i_4) \tag{2-17}$$

由差分对管的特性可知：$i_1-i_2=i_5\tanh\left(\frac{qv_1}{2kT}\right)$，$i_3-i_4=i_6\tanh\left(\frac{qv_1}{2kT}\right)$，$i_5-i_6=I_o\tanh\left(\frac{qv_2}{2kT}\right)$。这样总的输出差动电流为：

$$\Delta i=(i_5-i_6)\tanh\left(\frac{qv_1}{2kT}\right)=I_o\tanh\left(\frac{qv_1}{2kT}\right)\tanh\left(\frac{qv_2}{2kT}\right) \tag{2-18}$$

v_1 和 v_2 均为小信号，当 v_1 和 v_2 的幅度小于 26mV 时，双曲函数可以近

似，即当$|x| \ll 1$时，$\tanh(x) \approx x$，式（2-18）可近似为：

$$\Delta i \approx I_o \left(\frac{q}{2kT}\right)^2 v_1 v_2 = K v_1 v_2 \tag{2-19}$$

式中，$K = I_o \left(\frac{q}{2kT}\right)^2$。

将v_1和v_2代入上式，通过低通滤波器后，滤除高频分量，可以得到误差电压为：

$$u_d = \frac{1}{2} \frac{I_o R_c}{4V_T^2} V_{1m} V_{2m} \sin\theta_e \tag{2-20}$$

式（2-20）具有正弦鉴相特性，鉴相特性曲线如图 2-9 所示。鉴相器的线性范围可根据正弦波的特性得到，当$|x| \ll 1$时，$\sin\theta_e \approx \theta_e$，所以鉴相器的线性范围为$-\pi/6 \sim \pi/6$。由鉴相曲线可求出鉴相灵敏度$K_d$为：

$$K_d = \frac{I_o R_c}{8V_T^2} V_{1m} V_{2m} \tag{2-21}$$

v_1为小信号，v_2为大信号，当$V_{1m} < 26\text{mV}$，$V_{2m} > 100\text{mV}$时，根据双曲函数性质，当$|x| \gg 1$时，$\tanh(x) \approx \text{sgn}(x)$，这时$\tanh\left(\frac{v_2}{2V_T}\right)$就成了一个正负对称的方波，它的幅度为$\pm 1$。通过低通滤波器后得到的电压为：

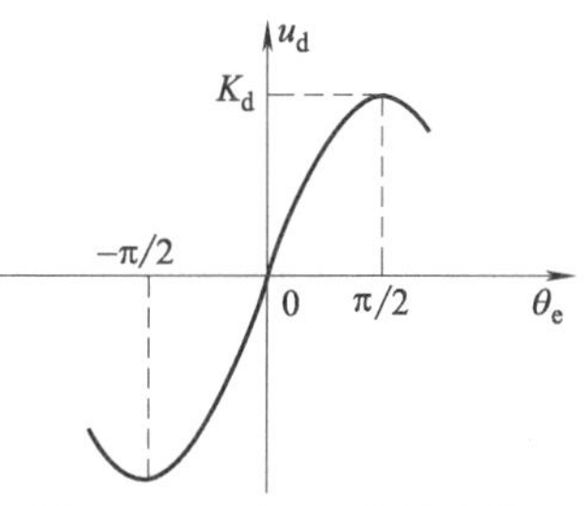

图 2-9　v_1和v_2均为小信号时的正弦鉴相特性

$$u_d = \frac{2}{\pi} \times \frac{I_o R_c}{2V_T} V_{1m} \sin\theta_e \tag{2-22}$$

上式表明，当模拟乘法鉴相器输入为一个小信号和一个大信号时，鉴相特性仍为正弦鉴相，鉴相线性范围仍为$-\pi/6 \sim \pi/6$。它的鉴相灵敏度为：

$$K_d = \frac{I_o R_c}{\pi V_T} V_{1m} \tag{2-23}$$

上式表明，鉴相灵敏度与大信号的幅度无关。

两输入均为大信号，即V_{1m}、V_{2m}均大于 100mV 时，这样，$\tanh\left(\frac{v_1}{2V_T}\right)$和$\tanh\left(\frac{v_2}{2V_T}\right)$均变成幅度为 1 的上下对称方波。此时模拟乘法器的总的输出的差动电流为二个方波信号相乘，要求通过滤波器后的输出电压u_d必须对差动电流进行积分。这样就可以得到经低通滤波器滤波后的输出电压为：

$$u_d=\begin{cases}\dfrac{2I_oR_c}{\pi}\theta_e & \left(-\dfrac{\pi}{2}\leqslant\theta_e\leqslant\dfrac{\pi}{2}\right)\\[2ex] \dfrac{2I_oR_c}{\pi}(\pi-\theta_e) & \left(\dfrac{\pi}{2}\leqslant\theta_e\leqslant\dfrac{3\pi}{2}\right)\end{cases} \tag{2-24}$$

v_1 和 v_2 均为大信号时，乘法鉴相器的鉴相特性如图 2-10 所示，它为三角形鉴相特性，它的鉴相灵敏度为：

$$K_d=\frac{2I_oR_c}{\pi} \tag{2-25}$$

上式表明，鉴相灵敏度与 V_{1m}、V_{2m} 均无关。它的鉴相线性范围为 $|\theta_e|\leqslant\pi/2$，比正弦鉴相特性的线性范围增大了 2 倍。

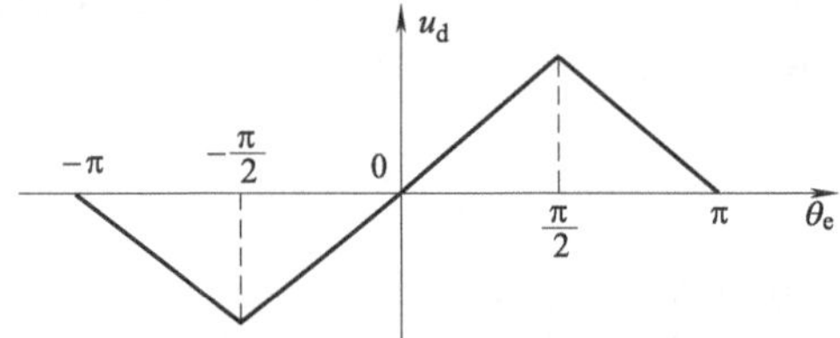

图 2-10　v_1 和 v_2 均为大信号时的鉴相特性

（2）门鉴相器

门鉴相器中最常用的是异或门鉴相器，异或门鉴相器是一种最简单的数字鉴相器。对异或门而言，当两个输入信号电平不同时，也就是一个为高电平，另一个为低电平时，输出为高电平。其它情况输出均为低电平。

如果两个输入信号均为占空比为 50%的脉冲信号，二者频率相同，且相位差为 π/2 时，输出信号的占空比也为 50%，其频率为输入信号频率的二倍。随着两个输入信号之间的相位差不断减小，输出信号的占空比不断减小。当两个输入信号同相时，相位差为 0。当两个输入信号相位差为 π 时，输出电压的占空比为 100%。鉴相器的输出信号经过低通滤波器后的平均电压为：

$$\overline{u}_d=\begin{cases}\dfrac{1}{\pi}\displaystyle\int_0^{\theta_e}V_H\mathrm{d}\omega t=\dfrac{V_H}{\pi}\theta_e & (0\leqslant\theta_e\leqslant\pi)\\[2ex] \dfrac{1}{\pi}\displaystyle\int_0^{2\pi-\theta_e}V_H\mathrm{d}\omega t=\dfrac{V_H}{\pi}(2\pi-\theta_e) & (\pi\leqslant\theta_e\leqslant 2\pi)\end{cases} \tag{2-26}$$

式中，V_H 是输出脉冲信号的幅度。它的鉴相特性如图 2-11 所示，它具有三角形鉴相特性，其灵敏度为：

$$K_d = \pm \frac{V_H}{\pi} \tag{2-27}$$

由于异或门鉴相器输出电压的频率为输入电压频率的二倍，这样有利于滤除鉴相器的纹波输出，对减小寄生的相位噪声有利。但这种电路有一个最大的缺点，就是它的输出和两个输入信号的占空比有关。非对称输入脉冲的异或门鉴相器的鉴相特性如图 2-12 所示，这样就存在一个相位误差 θ_e 的区域，在这个区域内 $u_d(t)$ 不随 θ_e 的变化而变化，所以对于不对称脉冲输入，K_d 将要减小，这会使环路的同步带和捕捉带减小。

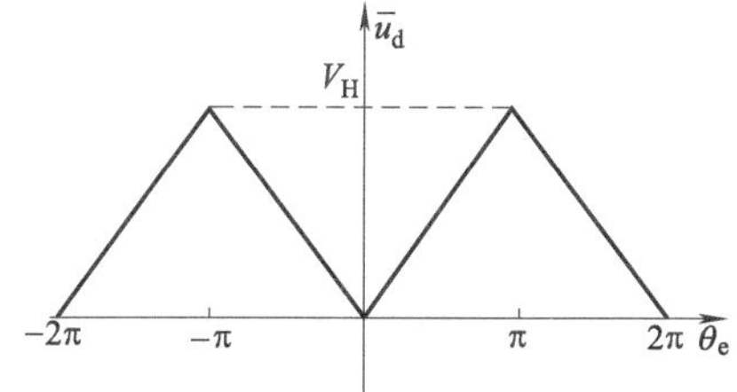

图 2-11 异或门鉴相器的鉴相特性曲线

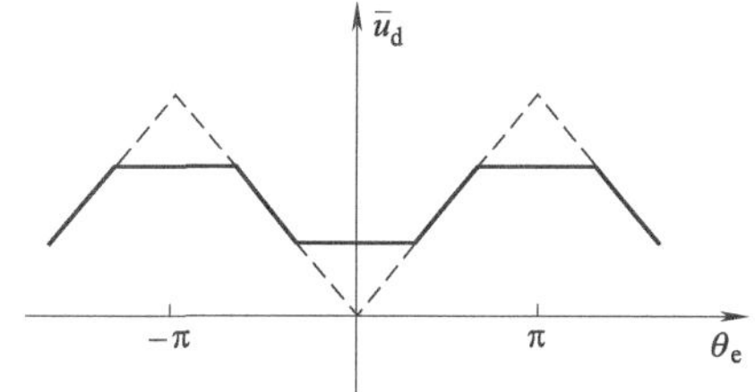

图 2-12 非对称输入脉冲的异或门鉴相器的鉴相特性曲线

（3）边沿触发的 JK 触发器鉴相器

边沿触发的 JK 触发器鉴相器的电路如图 2-13 所示，它的工作原理是信号 $v_1(t)$ 的下降沿使 JK 触发器置 1，而 $v_2(t)$ 的下降沿使 JK 触发器复位为 0。因为 JK 触发器是边沿触发，因此鉴相特性与输入信号的占空比无关。

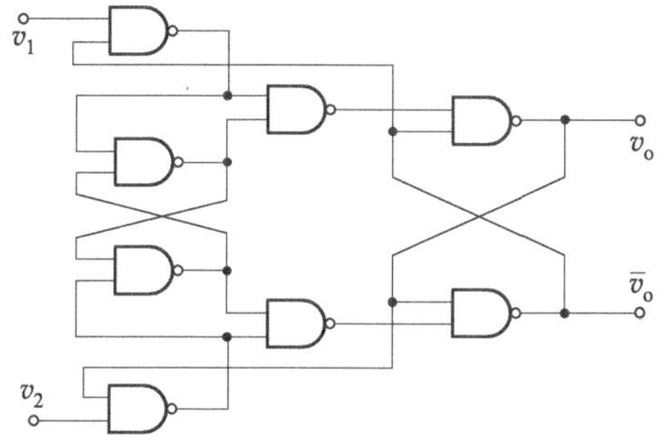

图 2-13 边沿触发的 JK 触发器鉴相器的电路

如果鉴相器的两个输入信号同频，在相位差 θ_e 为零的情况下，鉴相器的输出经低通滤波器后的平均电压也为零。随着 θ_e 的增加，v_o 的占空比也增加，在 $\theta_e = \pi$ 时，v_o 的占空比为 50%，输出的平均电压为 $V_H/2$。当 θ_e 接近 $\pi/2$ 时，

v_o 的占空比趋近于 100%，输出的平均电压也就趋近于输出脉冲信号的幅度 V_H。最后可以得到 JK 触发器鉴相器的鉴相特性曲线为一个锯齿形鉴相曲线，如图 2-14 所示。它的鉴相灵敏度为：

$$K_d=\frac{V_H}{2\pi} \tag{2-28}$$

它的线性范围为 $[2n\pi, 2(n+1)\pi]$，$n=0$，1，2。

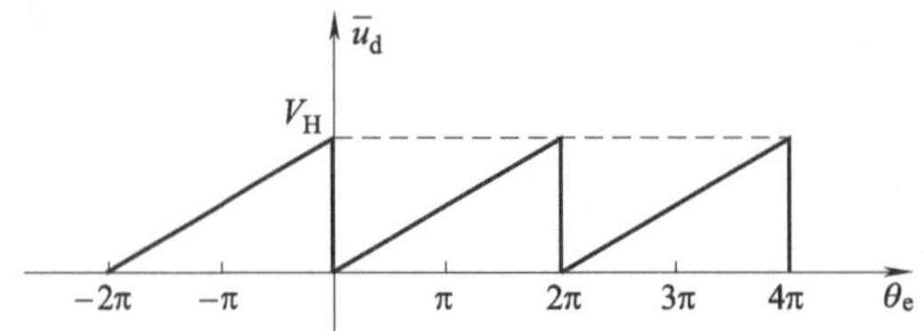

图 2-14 JK 触发器鉴相器的鉴相特性

若输入信号频率不同时，假设输入信号频率远大于压控振荡器的输出频率，即 $\omega_1 \gg \omega_2$，这样就使触发器置位的次数远大于复位次数，触发器输出的绝大多数时间为高电平。ω_1 越大，v_o 的占空比越接近于 100%，这样使 VCO 的频率不断提高，向 ω_1 靠近。如果 $\omega_1 \ll \omega_2$，v_o 的占空比接近于 0，压控振荡器的频率不断下降，鉴相波形见图 2-15。这说明 JK 触发器鉴相器有鉴频-鉴相特性，但这种鉴相器在 ω_1 和 ω_2 比较接近时无鉴频作用，从图 2-15 可以看出，当 $\omega_1=1.1\omega_2$ 和 $\omega_1=0.9\omega_2$ 时，v_o 均为占空比不断变化的波形，鉴相器的输出经低通滤波器后的平均电压均为锯齿波，只是锯齿方向不一样。

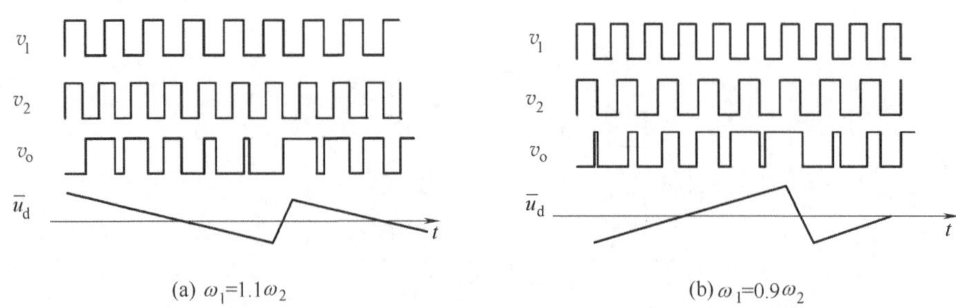

图 2-15 输入不同频率信号时 JK 触发器鉴相器的鉴相波形

（4）鉴频鉴相器

首先分析鉴频鉴相器（Phase Frequency Detector，PFD）工作原理。PFD 与前面的鉴相器相比，它的输入不要求对称的脉冲，并且它既能检测相位差又可检测频率差。当采用PFD代替鉴相器时，从一个频率转换到另一个频率所需要的时间大大减少。图2-16示出了其工作原理。

电路使用时序逻辑建立三个状态，并且响应两个输入的上升沿（或下降沿）。如果在初始状态下，$Q_A=Q_B=0$，那么在A点的上升变化会使$Q_A=1$，$Q_B=0$。电路保持这个状态一直到B点变为高电平，此时Q_A变为0。B点输入的情况与A点相似。不存在$Q_A=1$，$Q_B=1$的状态。在图2-16（b）中，两个输入频率相等，但是输入A相位领先于输入B。输出Q_A不断产生宽度与（$\theta_A-\theta_B$）成正比的脉冲，而输出Q_B保持为零。在图2-16（c）中，A的频率比B的频率高，所以Q_A有脉冲输出而Q_B没有输出。因此，Q_A和Q_B的直流成分提供了（$\theta_A-\theta_B$）或（f_A-f_B）的相关信息。根据对称性，如果输入A相位滞后于输入B或输入A的频率比输入B的小，那么Q_B有脉冲输出而Q_A没有。所以，Q_A和Q_B的输出脉冲分别被称为“向上”（U_P）和“向下”（D_N）脉冲。

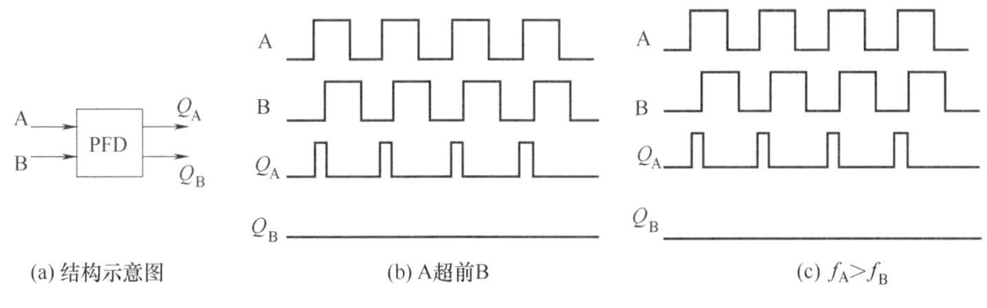

图2-16　PFD的工作原理

根据图2-16的波形图可以画出该电路的状态转换图，如图2-17所示。

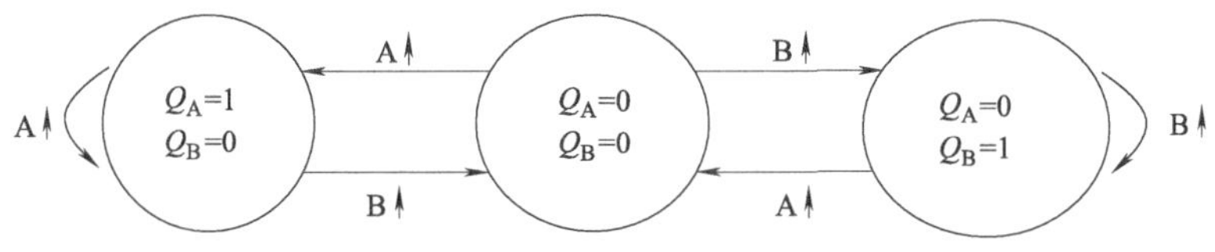

图2-17　PFD的状态转换图

下面来分析电路的实现方式。传统的PFD构成方式如图2-18所示，它的两个基本的RS触发器用来存储两输入信号的数据，U_P和D_N端的反馈回路可以构成复位功能。但此电路的主要缺点是速度慢，功耗大，反馈回路上有与非门延时，高频输入将会造成鉴相器有较大的死区，从而降低鉴相器的性能。

预充电式nc_PFD如图2-19（a）所示，其主要由两个nc级延迟放在参考信号（f_{ref}）和受控信号（f_{slave}）之间，以便去掉相位特性曲线在$\pm\pi$相位差周围

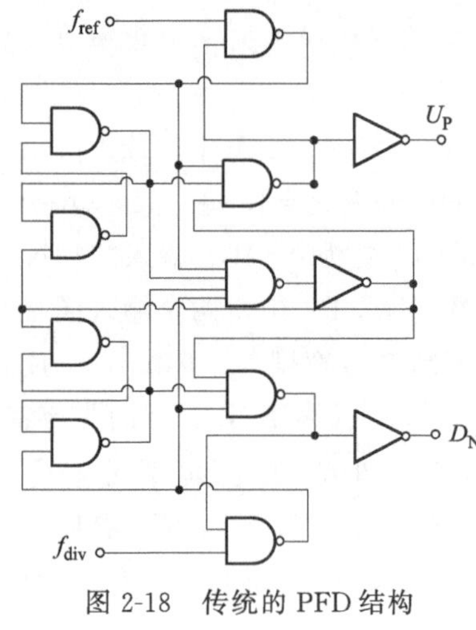

图 2-18 传统的 PFD 结构

的死区。优点是结构简单，无死区，属于高速的 PFD；缺点是精确范围不高，PLL 在锁定时，其输出信号 U_P 和 D_N 是半占空比的脉冲信号，在半周期内，充电脉冲和放电脉冲同时有效，这会使电荷泵有 50%时间存在静态电流，增加了锁定状态下电路的功耗，且这种 PFD 的相位灵敏度随输入信号的占空比变化而变化，使其线性特性受到影响，从而不利于低抖动性能的实现。预充电式 pt_PFD 如图 2-19（b）所示，它的预充端点代替了传统的触发器，该电路结构简单，延迟路径为三个逻辑门深度。优点是结构简单，属于高速的 PFD；缺点是精确范围不高，有死区的存在。

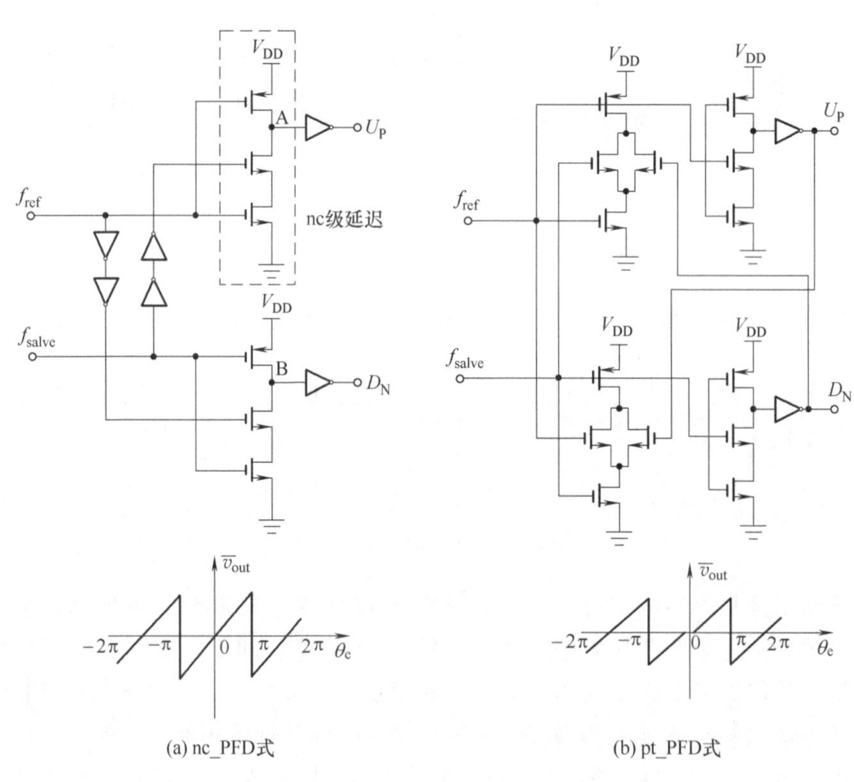

图 2-19 预充电式电路及其特性曲线

边沿触发式 PFD 的基本结构如图 2-20（a）所示，它由两个带有复位端（Reset）的边沿触发的 D 触发器和一个逻辑与门组成。优点是线性度好，鉴相范围宽，为 [-2π，2π]；图 2-20（b）为其鉴相特性；图 2-20（c）为 $f_A > f_B$ 时的输出波形。

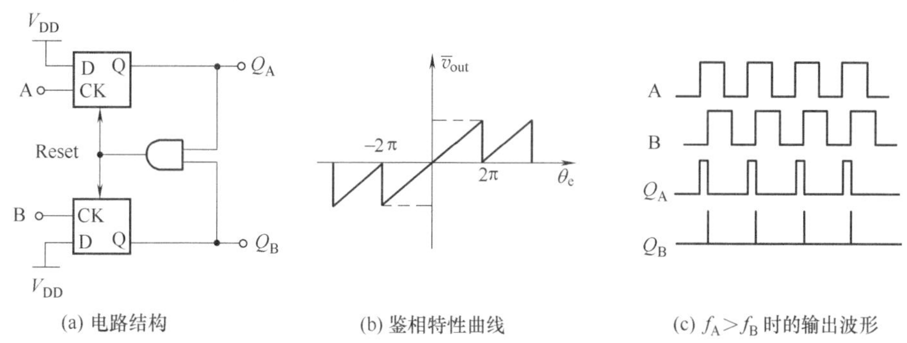

(a) 电路结构　　(b) 鉴相特性曲线　　(c) $f_A > f_B$ 时的输出波形

图 2-20　边沿触发式 PFD

图 2-20 所示的 PFD 中的 D 触发器主要有三种结构，如图 2-21 所示。

使用半静态 CMOS 逻辑 DFF［图 2-21（a）］构成的 PFD 缺点是门延迟较大，使得 PFD 电路的内部节点不能被完全地拉高或拉低，造成电路在较高的工作频率下会有较大的功耗和较低的工作速度。全差分 SCFL 逻辑 D 触发器［图 2-21（b）］构成的 PFD 工作速度高，但是功耗较大。TSPC DFF 是基于传统的 D 触发器改造而成的，如图 2-21（c）所示。其优点是 TSPC 结构比较简单，只有一个时钟输入端和一个数据输入端，速度比较快；由于只有单时钟输入，使得相位比较效果好，可以减少相位噪声；和 CMOS 标准门结构的 D 触发器相比较，在高频工作情况下有较低的功耗。

图 2-20（a）所示的 PFD 在锁相环中有两种应用方法，第一种方法是将输出 Q_A 和 Q_B 送入差分放大器放大，经低通滤波后，再作为差动输入。第二种方法，也是更普遍的做法，是在 PFD 和环路滤波器之间插入一个电荷泵（Charge Pump，CP）电路。

（5）鉴频鉴相器的性能指标

① 鉴相特性曲线。鉴相特性曲线就是鉴相器的输出电压随输入信号的相位差的变化曲线，要求特性曲线为线性且线性范围要大。

② 鉴相灵敏度 K_d。其是鉴相曲线（也就是输出电压 u_d 和两个输入信号电压之间的相位差 θ_e 的关系曲线）在工作点 Q 处的斜率，定义为：

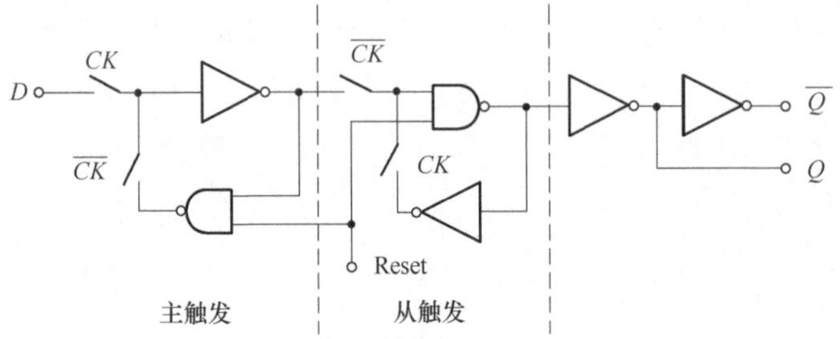

(a) CMOS标准半静态结构

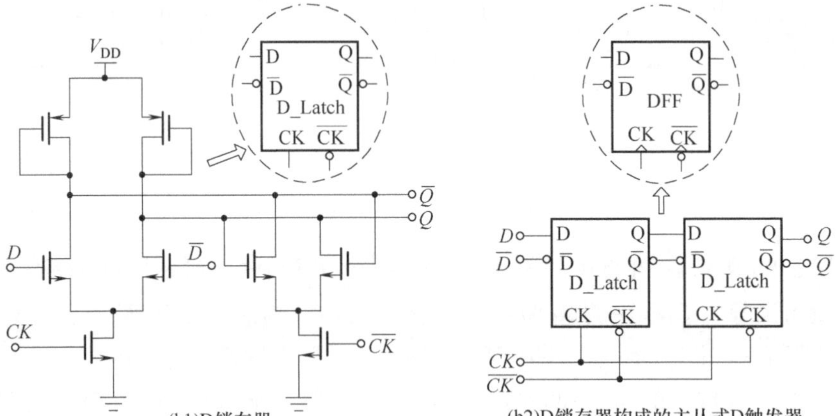

(b1)D锁存器

(b2)D锁存器构成的主从式D触发器

(b) SCFL逻辑结构

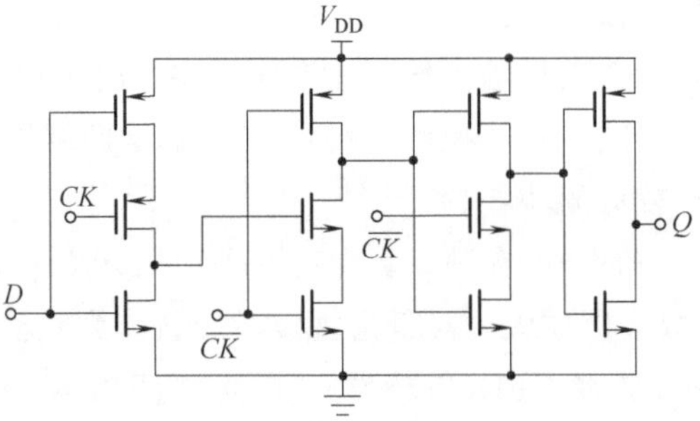

(c) TSPC结构

图 2-21　PFD 中的 D 触发器结构

$$K_d = \left.\frac{du_d}{d\theta_e}\right|_Q \tag{2-29}$$

对于线性鉴相器来说，它是鉴相曲线的斜率，单位为 V/rad。一般情况下，

K_d 越大越好，它有利于抑制相位噪声和杂散成分，对环路稳定工作有利。

③ 鉴相范围。鉴相范围就是指 PFD 的输出电压随相位差单调变化的相位范围。理想的 PFD 的鉴相范围为 $[-2\pi, +2\pi]$，如图 2-22（a）所示；然而，由于复位电路的延迟效应，使得 PFD 的鉴相范围将小于 4π，如图 2-22（b）所示。

④ 鉴相精度。其指的是 PFD 能鉴别出的最小相位差。理想的 PFD 的死区为零，如图 2-22（a）所示。而实际的 PFD 当参考时钟信号 f_{ref} 和输出时钟信号 f_{div} 之间的相位误差很小时，在 U_P 或 D_N 上产生的脉冲非常窄，由于实际的 PFD 存在节点电容，因此会有一定的上升时间和下降时间，使得这些脉冲可能没有足够的时间到达高电平，从而无法打开电荷泵，因而也就没有办法检测出此相位差。因此，如果输入的相位差 $\Delta\theta$ 小于某个定值 θ_0，这样 LPF 输出的电压就不再是 $\Delta\theta$ 的函数，因为当 $\Delta\theta$ 绝对值小于 θ_0 时，电荷泵没有注入电流。这就意味着整个 PLL 环路增益为零，输出相位没有锁定，所以称在 $\Delta\theta=0$ 附近有一个大小等于 $\pm\theta_0$ 的死区。图 2-22（c）所示为带有死区的 PFD 的非理想特性曲线。

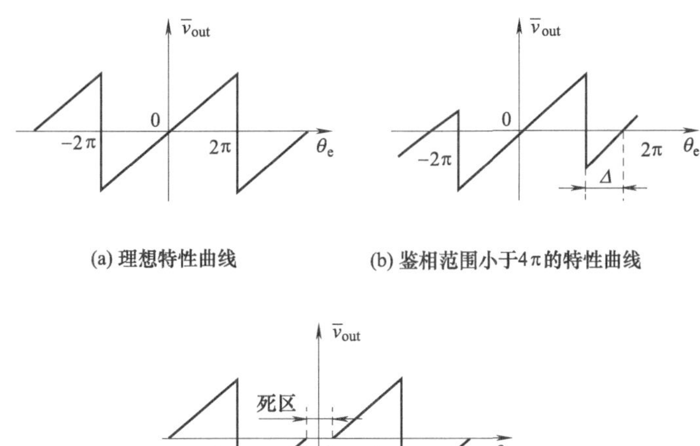

(a) 理想特性曲线　　(b) 鉴相范围小于4π的特性曲线

(c) 带有死区的PFD非理想特性曲线

图 2-22　PFD 的鉴相范围

（6）最大工作频率

PFD 最大工作频率指的是鉴相器能够稳定工作的最高频率。其定义为：输入信号同频、相差为 90°时，U_P 和 D_N 能够有正确输出的最大频率。如果输入时钟信号的周期 $T_{ckref}=2t_{reset}$，根据分析可知，当 $\Delta=\pi$，此时 PFD 输出的错误信息就会占周期的一半，因此就不能连续地捕获频率锁定信息，因此 PFD 最大的工作频率就定为：$f_{ckref} \leqslant 1/(2t_{reset})$。由此可见，$t_{reset}$ 与 f_{ckref} 成反比，t_{reset} 越小，f_{ckref} 就越大。根据上面 PFD 各项性能指标的分析，在 PFD 电路和版图设计中，应考虑各项指标的相关性和重点性。提高其鉴相精度，减小死区范围的主要办法是改进复位电路，增大其延迟 t_{reset} 可以增大 U_P 和 D_N 脉冲的宽度，从而减小死区。但是当 t_{reset} 增大时，Δ 就相应地增大，这样鉴相范围就会减小，捕获速度也会相应地减慢；并且 PFD 的最大工作频率 f_{ckref} 也相应地变小。由此可见，死区的减小和鉴相范围的提高是相互矛盾的，所以在保证良好的鉴相范围和捕获速度的前提下，改进 PFD 的死区特性，提高其鉴相精度是设计 PFD 的重点。

2.2.2 电荷泵

（1）工作原理

电荷泵完成的功能是将反映两信号相位差的脉冲 Q_A、Q_B 转换为反映相位差大小的平均电压（电流），平均电压一般是通过低通滤波器的电容上积累的电荷产生的。一般将加入了电荷泵的锁相环称为电荷泵锁相环。电荷泵由两个带开关的电流源组成，两个开关的控制信号（U_P 和 D_N）决定着是把电荷泵入到环路滤波器还是将电荷从环路滤波器中泵出。图 2-23（a）所示是一个 PFD 驱动的电荷泵，它驱动了一个电容。这个电路有三个状态：如果 $Q_A=Q_B=0$，那么开关 S_1 和 S_2 都断开，V_{out} 保持不变；如果 Q_A 为高、Q_B 为低，则 I_1 对 C_P 充电；相反，若 Q_A 为低、Q_B 为高，则 C_P 通过 I_2 放电。因此，如果，A 超前于 B，则 Q_A 产生连续的脉冲，V_{out} 不断升高。I_1 和 I_2 分别被称为上拉电流和下拉电流，它们的电流值应设为相等，各点的波形如图 2-23（b）所示。下面重点分析

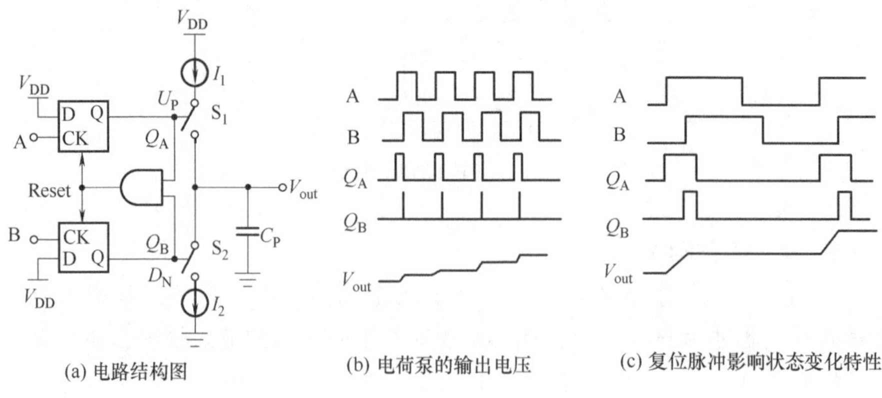

(a) 电路结构图　(b) 电荷泵的输出电压　(c) 复位脉冲影响状态变化特性

图 2-23　电荷泵与 PFD

Q_B 波形上的窄脉冲对输出的影响，因为 Q_A 和 Q_B 在一段有限的时间内同时为高（约为几个门延迟），所以电荷泵向 C_P 传送的电流会受影响。实际上，如果 $I_1 = I_2$，在窄脉冲复位期间，流过 S_1 的电流完全流过 S_2，没有电流对 C_P 充电。如图 2-23（c）所示，在 Q_B 变高后，V_{out} 保持不变[8]。

（2） CMOS 电荷泵的常用结构

一般电荷泵电路以单端结构为主，因为不需要增加额外的环路滤波器且功耗低。为了克服电荷泵中的抖动问题，很多改进结构被提出，图 2-24（a）所示的电路中引进了运放，当 U_P 与 D_N 使得 M_2 和 M_4 关断时，U_{PB} 与 D_{NB} 使得 M_1 和 M_3 导通，M_1 和 M_3 的漏端电位不会被拉高到 V_{DD} 或者拉低为地电位，降低了开关打开时的电荷分配效应。当电荷泵的寄生电容与环路滤波器的电容大小相差不大时，这种结构非常有用。但是为了使运放的输出电流 I_{UP} 与 I_{DN} 相匹配，输出和输入电压从地电位变化到 V_{DD}，运放的设计将会占据很大的面积，使电荷泵的设计更为复杂。

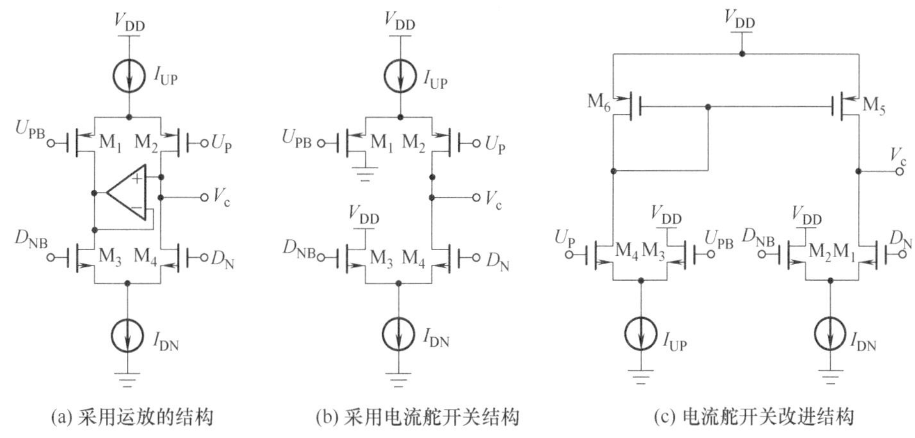

(a) 采用运放的结构　(b) 采用电流舵开关结构　(c) 电流舵开关改进结构

图 2-24　改进的单端电荷泵结构

图 2-24（b）所示电路采用电流舵开关改善开关时间，提高了单端电荷泵的速度。该电路最大的缺点是 PMOS 管和 NMOS 管之间的失配会影响性能。采用图 2-24（c）所示的电路可以克服这个缺点，该电路只用 NMOS 管作开关，避免了 PMOS 管和 NMOS 管之间的失配。但是，采用 PMOS 管的电流镜会影响电荷泵的速度，而且充电电流流过 PMOS 电流镜，放电电流却没有流过 PMOS 电流镜，所以，电流镜的性能还是限制了电荷泵的性能[9]。

另外是差分电荷泵结构，一种全差分电荷泵电路如图 2-25 所示，该电路采用了交叉耦合电流的结构。交叉耦合结构确保 NMOS（M_9，M_{10}）和 PMOS（M_1，M_2）电流源始终处于饱和区，因此减少了电荷分配效应。该电路由两个完全一样的支路构成，两个支路工作在相反的相位，并且分别与一个环路滤波器相连。NMOS 开关（M_5，M_6）和 PMOS 开关（M_3，M_4）之间的失配表现为共模偏移，而共模偏移可以被后面的环路滤波器和压控振荡器所抑制。

全差分结构的电荷泵与单端结构相比具有的优点有：第一，降低了 PMOS 管和 NMOS 管之间的失配对整体性能的影响，原来要求 PMOS 和 NMOS 相匹配的地方，现在只需要 PMOS 或 NMOS 自身之间的匹配即可；第二，由于全对称的结构，差分电荷泵只用 NMOS 管作开关管，U_{PB} 和 D_{NB} 信号的反相延时不会产生偏移；第三，对于在低电压下工作的情况，单端电荷泵有限的输出电压范围无法满足 VCO 特定的调节范围，而差分结构可使输出电压摆幅增大一倍；第四，在有片上环路滤波器时，具有两个环路滤波器的差分电荷泵对电源、地以及衬底的抗噪声性能更好[10]。

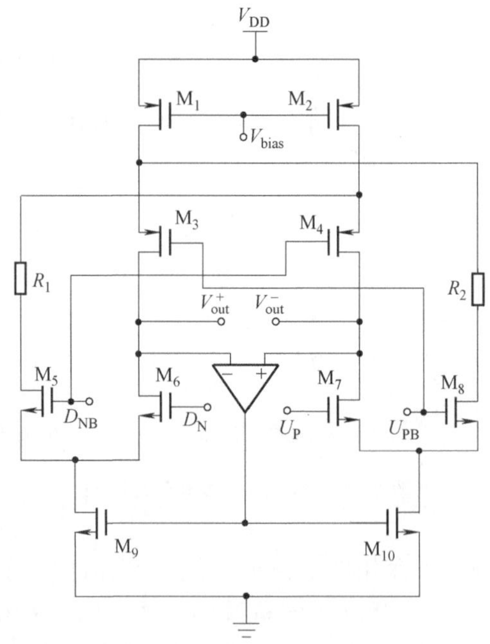

图 2-25　全差分电荷泵电路

（3）PFD 与 CP 组合的数学模型

假设锁相环原来处于锁定状态，在 $t=0$ 时刻，输入信号 A 的相位发生跳

变，输入 PFD 的两信号的相位差为 θ_e，PFD 输出脉冲 Q_A 宽度 τ_e 正比于相位差 θ_e，Q_A 控制着电流源 I_1 对电容 C_P 充电。在 τ_e 的时间内，电容 C_P 上的电压线性上升，假设电流源 I_1 的电流为 I_{cp}，则电压的变化量是 $V_{out}=I_{cp}\tau_e/C_P$，在一个周期的其它时间内，电容 C_P 上的电压保持不变。只要输入信号 A 的相位超前 B 或者 $f_A>f_B$，则 Q_A 正脉冲使正电荷在 C_P 上一直积累，输出最后会达到 $+\infty$，也就是说 PFD/CP 电路的“增益”为无穷大，如图 2-23（b）所示。采用一周内电压变化的平均量作为 PFD/CP 的输出电压 V_{out} 对相位误差 θ_e 的响应，即

$$V_{out}=\frac{I_{cp}\tau_e}{C_PT}=\frac{I_{cp}}{2\pi C_P}\frac{2\pi\tau_e}{T}=\frac{I_{cp}}{2\pi C_P}\theta_e \tag{2-30}$$

将此式两边做拉氏变化，得到：

$$V_{out}(s)=\frac{I_{cp}\tau_e}{C_PT}=\frac{I_{cp}}{2\pi C_P}\frac{1}{s}\theta_e \tag{2-31}$$

这就是 PFD/CP 组合的数学模型，其鉴相特性如图 2-26 所示。按照锁相环组成部分的划分，电容 C_P 应属于环路滤波器，这样 PFD/CP 组合的鉴相灵敏度为 $K_d=I_{cp}/(2\pi)$。严格地讲，鉴相输出 Q_A、Q_B 的脉冲特性使得锁相环成为一个离散时间系统，但是只要环路带宽远小于输入信号频率，可以认为在输入信号的一周内，环路的状态改变很少，因此仍可以用连续时间系统的分析方法。

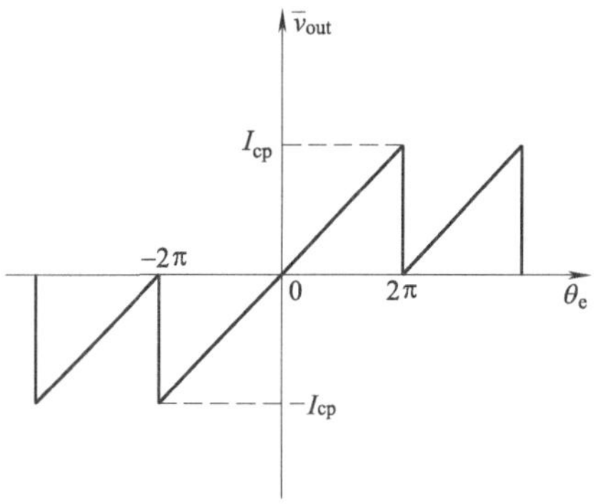

图 2-26　PFD/CP 的鉴相特性

（4）电荷泵设计中所要考虑的问题

① 电荷泵设计中一个重要的考虑因素是漏电流，漏电流可能由电荷泵本身产生，也可能由一些片上变容管或者电路板上的漏电流造成。在亚微米工艺中很可能出现高达 1nA 的漏电流。漏电流引起的相位偏差通常可以忽略不计，但是它对频率合成器的参考杂散却有很大的影响。设电荷泵充电电流为 I_{cp}，则由漏电流 I_{leak} 引起的相位偏差为：

$$\theta_e=2\pi\frac{I_{leak}}{I_{cp}} \tag{2-32}$$

② 电流失配问题。由于 PFD 的非理想特性，即使在输入相位差为零的情况下，也会在电荷泵的 U_P 和 D_N 两端产生窄的重合的脉冲。实际中的 PFD，当参考时钟信号 f_{ref} 和反馈时钟信号 f_{div} 同时上升，U_P 和 D_N 也同时变高，从而激

发复位。这样即使在PLL锁定的状态下，U_P 和 D_N 也会在有效的时间内同时打开电荷泵，这时上下电流源同时打开，由于上下电流源的不匹配性，造成上拉与下拉电流之间存在一个 ΔI_{cp} 的差异，使得电荷泵产生的净电流不为零，而此电流差 ΔI_{cp} 使得VCO控制电压上 V_{ctrl} 在每个相位比较的瞬间都产生一个固定值，将影响VCO的最终输出，最终可能会造成整个PLL环路的失锁。由此可见，失配电流主要是由上下电流源晶体管的不匹配性造成的，也就是说晶体管的一些工艺参数决定了电荷泵失配电流的大小。由电流失配产生的相位误差为：

$$|\theta_e| = 2\pi \frac{\Delta t_{on}}{T_{ref}} \times \frac{\Delta I_{cp}}{I_{cp}} \tag{2-33}$$

式中，Δt_{on} 是鉴频鉴相器开通时间；ΔI_{cp} 是充放电流偏差；T_{ref} 是反馈参考时钟周期。

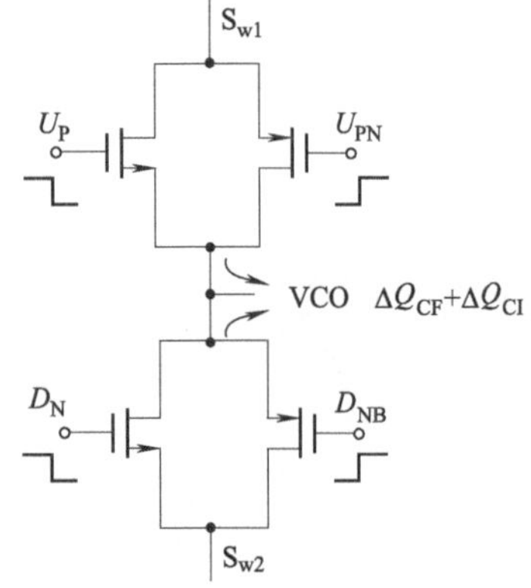

图 2-27　单管式电荷泵开关管电路

③ 开关管时钟馈通和电荷注入的问题。在传统的单管式电荷泵电路设计中，电荷泵的输出电压被时钟馈通和电荷注入所干扰。当电荷泵中的开关管导通时，时钟信号的时钟馈通对开关管的电荷注入将影响VCO的控制电压，进一步增加相位误差，使得VCO的控制电压发生波动。单管式电荷泵电路的开关管电路如图2-27所示。

开关管的时钟馈通量用电荷量 ΔQ_{CF} 来表示，时钟馈通量 ΔQ_{CF} 的计算表达式为：

$$\Delta Q_{CF} = 2(C_{ovn}W_n - C_{ovp}W_p) \approx C_{ov}W\left(\frac{\Delta C_{ov}}{C_{ov}} + \frac{\Delta W}{W}\right) \tag{2-34}$$

由此可见，开关管的时钟馈通量 ΔQ_{CF} 与开关管的NMOS管与PMOS管间的交叠电容及与其沟道宽度的不匹配相关。假设NMOS管与PMOS管的尺寸相同，可以化简 ΔQ_{CF}，这里 C_{ov} 为晶体管单位宽度上的交叠电容，W 是晶体管的宽度。

开关管的电荷注入量用电荷量 ΔQ_{CI} 表示。其电荷注入量 ΔQ_{CI} 的计算表达式为：

$$\Delta Q_{CI} = 2\left[\frac{1}{2}C_{ox}W_nL_n(V_{DD} - V_{vco} - V_{thn}) - \frac{1}{2}C_{ox}W_pL_p(V_{vco} - V_{thp})\right] \tag{2-35}$$

假设NMOS管与PMOS管的尺寸相同，上式化简为：

$$\Delta Q_{CI}=C_{ox}WL(V_{DD}-2V_{vco}-V_{thn}+V_{thp}) \tag{2-36}$$

由式（2-36）可知，开关管的电荷注入量 ΔQ_{CI} 主要与开关管的宽和长相关。

④ 电荷共享问题。图 2-28 所示为全差分型 CP 电路的开关管工作状态示意图。图 2-28（a）为 S_{w1b} 与 S_{w2b} 关闭而 S_{w1a} 与 S_{w2a} 打开状态，此时，节点 ns 与 ps 的电压与节点 nb 的电压是相同的；图 2-28（b）为 S_{w1b} 与 S_{w2b} 开启，同时 S_{w1a} 与 S_{w2a} 关闭，此时，电荷就在节点 ns 与 ps 处的电容和 VCO 处的电容产生共享。电荷共享会造成 VCO 节点的电压发生波动，导致其它频率分量的产生。

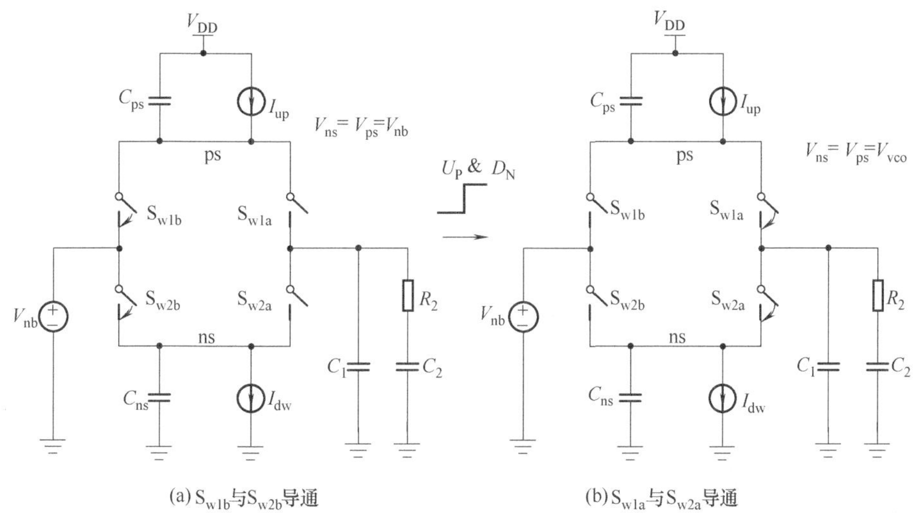

图 2-28　全差分型电荷泵电路的开关管工作状态示意图

当 S_{w1b} 与 S_{w2b} 关闭，S_{w1a} 与 S_{w2a} 开启时：

$$Q_{vcoa}=(C_1+C_2)V_{vcoa};Q_{nsa}=C_{ns}V_{nb};Q_{psa}=C_{ps}V_{nb} \tag{2-37}$$

$$Q_{total}=Q_{vcoa}+Q_{nsa}+Q_{psa}=(C_1+C_2)V_{vcoa}+C_{ns}V_{nb}+C_{ps}V_{nb} \tag{2-38}$$

式中，Q_{vcoa}、Q_{nsa}、Q_{psa} 分别为当 S_{w1b}/S_{w2b} 关闭时，VCO、ns 和 ps 节点的电荷量；V_{vcoa} 为当 S_{w1b} 与 S_{w2b} 关闭时，VCO 节点处的电压值；C_{ns} 为当 S_{w1b} 与 S_{w2b} 关闭时，ns 节点处的节点电容；C_{ps} 为当 S_{w1b} 与 S_{w2b} 关闭时，ps 节点处的节点电容。

当 S_{w1b} 与 S_{w2b} 开启，S_{w1a} 与 S_{w2a} 关闭时：电容 C_1、C_2、C_{ns} 和 C_{ps} 产生电荷共享，VCO 节点处的电压和电荷量为：

$$V_{vcob}=\frac{Q_{tatal}}{C_1+C_2+C_{ns}+C_{ps}}=\frac{(C_1+C_2)V_{vcoa}+(C_{ns}+C_{ps})V_{vcob}}{C_1+C_2+C_{ns}+C_{ps}} \tag{2-39}$$

$$Q_{vcob}=(C_1+C_2)V_{vcob} \tag{2-40}$$

基于 VCO 节点处的两种工作情况的分析，由电荷共享所引起的干扰表示为：

$$\Delta Q_{cs}=(C_1+C_2)(V_{vcob}-V_{vcoa}) \tag{2-41}$$

将式（2-39）和式（2-40）代入式（2-41）中，得出 VCO 节点处由于电荷共享所造成的电荷干扰量 ΔQ_{cs} 的表达式为：

$$\Delta Q_{cs}=\frac{(C_1+C_2)(C_{ns}+C_{ps})}{C_1+C_2+C_{ns}+C_{ps}}(V_{vcoa}-V_{vcob}) \tag{2-42}$$

设 $V_{vco\text{-}err}$ 是节点 VCO 和节点 nb 之间的电压差。这样 ΔQ_{cs} 可以最终简化为：

$$\Delta Q_{cs}=\frac{(C_1+C_2)(C_{ns}+C_{ps})}{C_1+C_2+C_{ns}+C_{ps}}V_{vco\text{-}err} \tag{2-43}$$

由上式可以得到解决电荷共享问题最有效的方法，就是使 VCO 节点电压和 nb 节点电压保持一致。

⑤ PFD 的定时失配。PFD 出来的两路信号到达 CP 会存在一定的时间延迟误差 Δt_d，这种延迟误差带来的相位偏差表示为：

$$|\theta_e|=2\pi\frac{\Delta t_{on}}{T_{ref}}\times\frac{\Delta t_d}{T_{ref}} \tag{2-44}$$

2.2.3 压控振荡器

压控振荡器广泛应用于通信系统电路中，例如锁相环、频率合成器以及时钟产生和时钟恢复电路。常见的 VCO 的实现形式有电感电容谐振振荡器（LC-VCO）和环形振荡器。环形振荡器的振幅比较大，但是其开关非线性效应很强，使得它受电源/地的影响很明显。虽然环形振荡器也能工作到 1～2GHz，但是由于其噪声性能比 LC 振荡器差很多，所以在 1GHz 频段以上要求低相位噪声性能的振荡器设计很少采用环形振荡器结构。在无线收发机的单元电路中，CMOS 全集成 LC-VCO 是近几年学术界和工业界重点研究的射频单元电路之一。压控振荡器最重要的指标要求有低相位噪声、低功耗、宽调谐范围等[11]。

按工作原理分析，LC 振荡器可以分成两大类，一类是利用正反馈原理构成的反馈振荡器，它是目前应用最广的一类振荡器；另一类是负阻振荡器，它是将负阻器件直接接到谐振回路中，利用负阻器件的负电阻效应去抵消回路中的损耗，从而产生等幅的自由振荡。本节从这两个角度阐述振荡器工作的基本原理。

（1）反馈振荡器的工作原理

振荡电路的基本原理可以通过图 2-29 所示的线性反馈系统说明。其中 $H_A(j\omega)$ 为前向电路的传输函数，$H_F(j\omega)$ 是反馈网络的传输函数。

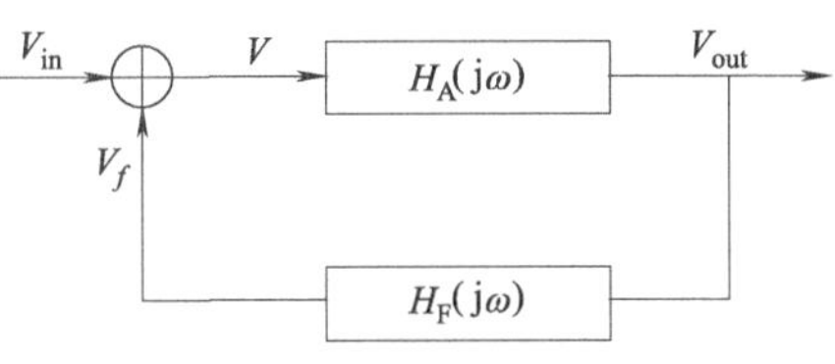

图 2-29　振荡器的反馈模型

该反馈系统的闭环传输函数为：

$$\frac{V_{out}}{V_{in}}=H_{CL}(j\omega)=\frac{H_A(j\omega)}{1-H_F(j\omega)H_A(j\omega)}=\frac{H_A(j\omega)}{1-T(j\omega)} \tag{2-45}$$

其中，$T(j\omega)=H_F(j\omega)H_A(j\omega)$ 是该反馈系统的环路增益，将其写成极坐标形式为：

$$T(j\omega)=T(\omega)e^{j\varphi_T(\omega)} \tag{2-46}$$

当 $T(j\omega)=1$ 时，反馈放大器具有无限大增益，因此只要引入一点输入噪声，该噪声就会被无限放大，产生无穷大的输出，即产生了振荡。因此振荡器在稳定工作时需要满足如下的平衡条件：

$$\begin{cases}T(\omega)=1\\ \varphi_T(\omega)=2n\pi(n=0,1,2\cdots)\end{cases} \tag{2-47}$$

它们分别被称为振荡器的振幅平衡条件和相位平衡条件，是振荡器输出等幅持续振荡必须满足的条件，又称为巴克豪森判据。振荡器在平衡时的输出，是靠振荡器在接通电源瞬间产生的电流突变以及电路内各种噪声通过振荡环路内的选频网络选频，循环地送入放大器放大和反馈而形成的。为了保证输出信号从无到有，逐渐建立起振荡过程，振荡器必须满足起振条件，即为

$$\begin{cases}T(\omega)>1\\ \varphi_T(\omega)=2n\pi\quad(n=0,1,2\cdots)\end{cases} \tag{2-48}$$

即在闭环传递函数的相移为 $2n\pi$ 处，闭环传递函数的增益必须不小于 1，该反馈系统才能产生振荡。这就是振荡器的振幅与相位起振条件，也是振荡器能够产生振荡的基本条件。

振荡电路会不可避免地受到电源电压、温度、湿度等外界因素变化的影响。这些变化将引起晶体管参数和回路参数的变化。同时，振荡电路内部存在固有噪声，尽管它是起振时的原始输入电压，但是，进入平衡状态后它却叠加在振荡电压上，引起振荡电压振幅及其相移的起伏波动。所有这些都将造成 $T(\omega)$ 和 $\varphi_T(\omega)$ 变化，从而破坏已维持的平衡条件。如果通过放大和反馈的反复循环，振荡器越来越离开原来的平衡状态，从而导致振荡器停振或突然变到新的平衡状

态，则表明原来的平衡状态是不稳定的；反之，如果通过放大和反馈的反复循环，振荡器能够产生回到平衡状态的趋势，并在原平衡状态附近建立新的平衡状态。而当这些变化的因素消失以后，又能恢复到原平衡状态，则表明原平衡状态是稳定的。在稳定的平衡状态下，振荡器的振荡幅度和振荡频率虽然受到外界因素变化和内部噪声的影响而稍有变化，但不会导致停振或突变。稳定条件分为振幅稳定条件和相位稳定条件。振幅稳定条件的关键是在平衡点附近，环路增益幅度随振幅的变化特性具有负的斜率，即

$$\left.\frac{\partial T(\omega)}{\partial V_{\text{out}}}\right|_{V_{\text{out}}=V_Q}<0 \tag{2-49}$$

相位稳定条件为振荡电路的相移与频率之间的关系应该满足：

$$\left.\frac{\partial \varphi_T(\omega)}{\partial \omega}\right|_{\omega_{\text{out}}=\omega_Q}<0 \tag{2-50}$$

（2）负阻振荡器的工作原理

如图 2-30（a）所示，对于一个理想的电感电容谐振电路，在频率 $\omega_o=1/\sqrt{LC}$ 处，电感的感抗与电容的容抗大小相等，符号相反。这时电感电容回路开始振荡，回路的品质因数 Q 为无穷大。但是实际的片上电感和电容都存在寄生电阻，R_L 和 R_C 分别是电感和电容的寄生的串联电阻。根据电感和电容的串联-并联转换关系，图 2-30（b）可以由图 2-30（c）中的 RLC 并联等效电路来代替，其中并联电感 L_P、电阻 R_P 和电容 C_P 分别为：

$$L_P=L\left(1+\frac{1}{Q_L^2}\right),C_P=C\Big/\left(1+\frac{1}{Q_C^2}\right),R_P=R_{P,L}+R_{P,C}=R_L(1+Q_L^2)+R_C(1+Q_C^2) \tag{2-51}$$

式中，电感支路品质因数 $Q_L=\omega L/R_L$；电容支路品质因数 $Q_C=1/(\omega CR_C)$；RLC 并联谐振回路的品质因数 $Q=R_P/(\omega L_P)=\omega C_P R_P$；谐振频率 $\omega=1/\sqrt{L_P C_P}$，在谐振频率处，RLC 并联等效电路的输出阻抗为 R_P。

当有一个电流脉冲“激励”RLC 并联电路时，RLC 电路将发生振荡，由于电阻 R_P 的存在，振荡将慢慢衰减为零，如图 2-31（a）所示。如果将一个“负阻（$-R_P$）”与 RLC 电路相并联，整个 RLC 电路的并联电阻为 0，这样振荡将永远维持下去，如图 2-31（b）所示。然而实际电路中，不存在理想的负阻，负阻都是由有源器件等效而来，如图 2-31（c）所示，其能量是来源于电路中的有源器件的供给。因此，对于一个振荡器电路，可被划分为两个部分：正阻电路（耗能部分）和负阻电路（提供能量部分）。图 2-31（c）的左边是个谐振回路，

产生振荡频率 ω_o；右边是一个提供能量的负阻电路。

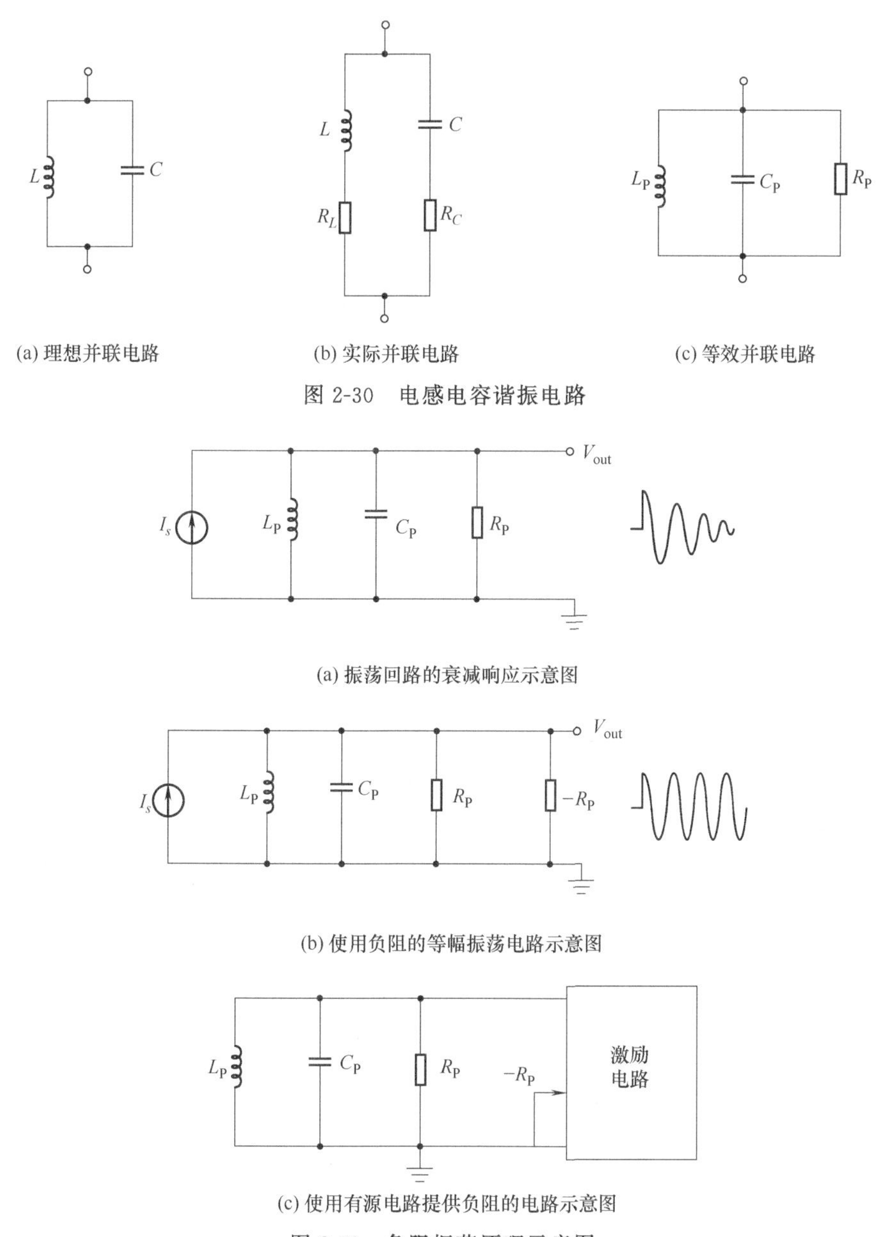

图 2-30　电感电容谐振电路

图 2-31　负阻振荡原理示意图

图 2-32 为采用 MOS 晶体管实现的负阻电路和其交流小信号等效电路。忽略 MOS 晶体管 M_{n1} 和 M_{n2} 的衬底效应和沟道调制效应，可以得到：

$$V_{AB}=V_A-V_B,\ I_X=g_{m1}V_B=-g_{m2}V_A \tag{2-52}$$

$$V_{AB}=-\frac{I_X}{g_{m2}}-\frac{I_X}{g_{m1}}=-I_X\left(\frac{1}{g_{m1}}+\frac{1}{g_{m2}}\right) \tag{2-53}$$

如果 M_{n1} 晶体管和 M_{n2} 晶体管相同，即 $g_{m1}=g_{m2}=g_m$，则：

$$\frac{V_{AB}}{I_X}=-\frac{2}{g_{m1}} \tag{2-54}$$

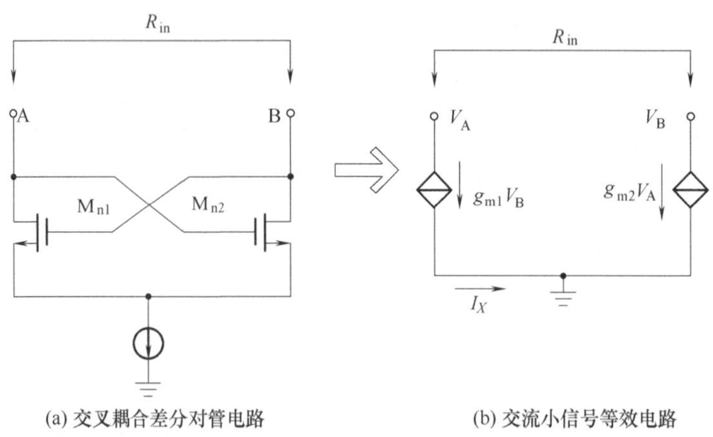

图 2-32　差分 MOS 对管负阻电路原理

当加在负阻两端的电压增加时，负阻将对外输出电流，因此为了产生振荡，在并联谐振回路中，负阻的阻值必须小于等于 LRC 回路的等效并联阻抗 R_P。当它们阻值相等时，电路产生等幅的振荡信号，能量在电感和电容之间互相转换，而回路损耗所消耗的能量由负阻提供。当负阻的阻值小于 R_P 时，负阻提供的能量大于 LRC 回路消耗的能量，振荡信号幅度逐渐增加。当负阻由有源器件（电路）来实现时，有源器件（电路）本身固有的非线性会限制振荡信号幅度无限制增长，最终振荡信号会稳定在某一个固定的振荡幅度上[12]。

（3） LC 差分负阻振荡器

LC 差分负阻振荡器具有差分输出、结构简单、容易起振等优点，是射频电路中常用的振荡器拓扑结构。它有各种形式，按偏置类型可分为电压偏置或者电流偏置。电压偏置型没有利用电流源控制差分对管的偏置电流，而电流偏置型利用电流源给差分对管提供偏置电流。按差分对管可分为单一差分对振荡器和互补差分对振荡器。单一差分对振荡器的差分对管采用单一类型的器件，而互补差分对振荡器同时采用 NMOS 差分对和 PMOS 差分对形成负阻，如图 2-33 所示。

图 2-33（a）是带尾电流源偏置的 LC 差分负阻振荡器电路。M_{n1}、M_{n2} 组成交叉耦合放大器，补偿 LC 谐振回路的能量损失。为保证起振，它们形成的负电导要大于 LC 谐振回路的等效并联电导。电压 V_{ctrl} 控制变容管电容的变化，振荡频率由电感 L_{d1}、L_{d2} 与两个变容管和固定电容决定。假设两电感值同为 L，变容管电容相同，电容的变化范围为 $C_{min} \sim C_{max}$，则振荡频率为：

$$f_{max}=\frac{1}{2\pi\sqrt{LC_{min}}}, \quad f_{min}=\frac{1}{2\pi\sqrt{LC_{max}}} \tag{2-55}$$

在振荡器起振时，正反馈环路增益大于 1，使得内部电路的噪声可以被放大，振荡幅度逐渐增加，当振荡幅度增加到一定程度时，电路本身的非线性会限制振荡幅度的进一步增加。当差分对 M_{n1}、M_{n2} 偏置在较低的电流时，该非线性来自于偏置电流耗尽的限制，振荡幅度受限于差分对线性范围的上限$\sqrt{2}V_{OV}$ ($V_{OV}=V_{gs}-V_{TH}$，是 M_{n1}、M_{n2} 的过驱动电压)。当振荡幅度大于差分对的线性范围时，M_{n1}、M_{n2} 工作于开关模式，尾电流源提供的电流 I 在 M_{n1}、M_{n2} 之间来回切换，导致流过 LC 谐振回路的电流是一个幅度为 $\pm I$ 的方波信号。该方波信号经 LC 谐振回路滤除高次谐波，产生一个近似理想的正弦电压波形，幅度为：

$$A=4I_{bias}R_P/\pi \tag{2-56}$$

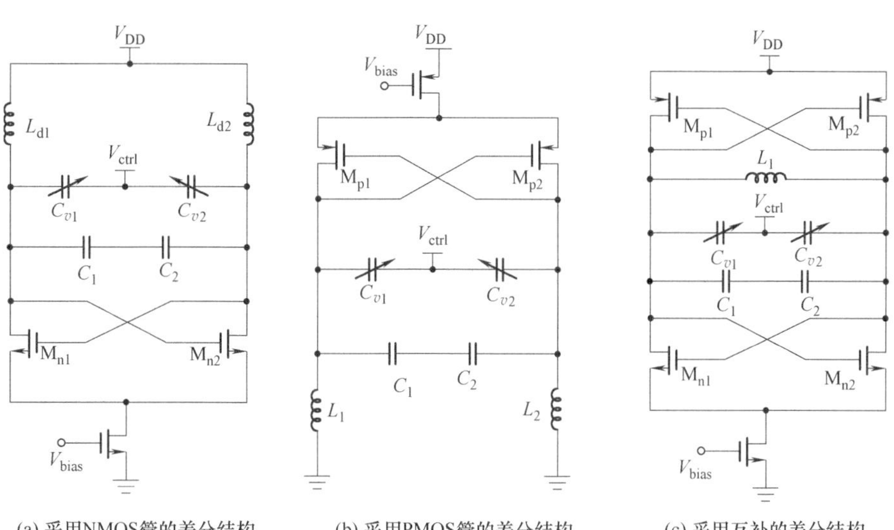

(a) 采用NMOS管的差分结构　(b) 采用PMOS管的差分结构　(c) 采用互补的差分结构

图 2-33 电流偏置型 LC 差分耦合负阻振荡器

R_P 是谐振腔等效并联电阻。因此振荡幅度正比于偏置电流，该区域称为电流受限区。当尾电流源电流增加时，振荡幅度也会增加，当单端振荡幅度逐渐增加到接近 V_{DD} 时，负峰值会临时迫使尾电流晶体管进入线性区。这是一个自限制过程。提高尾电流晶体管的栅极电压会迫使该晶体管在一个振荡周期的更大部分时间内工作在线性区，不会导致振荡幅度的明显增加，这个区域称为电压受限区。进一步增加尾电流源的栅极电压会使得尾电流源晶体管在线性区的工作时间进一步增加，振荡幅度增加的速率会进一步减小，互耦对的共源点会慢慢接近地电平。在极限情况下，如果尾电流源晶体管能承受无限高的电压，互耦对的共模点将为地电平，这个振荡器同电压偏置型负阻振荡器是一样的。以上描述表明，流过振荡器的电流存在一个最大允许值，通过将尾电流源晶体管推入线性区，它能阻止电流的进一步增加[13]。

图 2-34 给出了电流偏置型负阻振荡器的差分振幅与偏置电流之间的关系。当电流较小时，振荡幅度与偏置电流成正比增加，一直增加到尾电流源晶体管开始进入线性区，此后，振幅随电流增加的速率开始下降，但还是会逐渐增加，流过振荡器的电流达到最大值，振荡幅度也达到最大值。

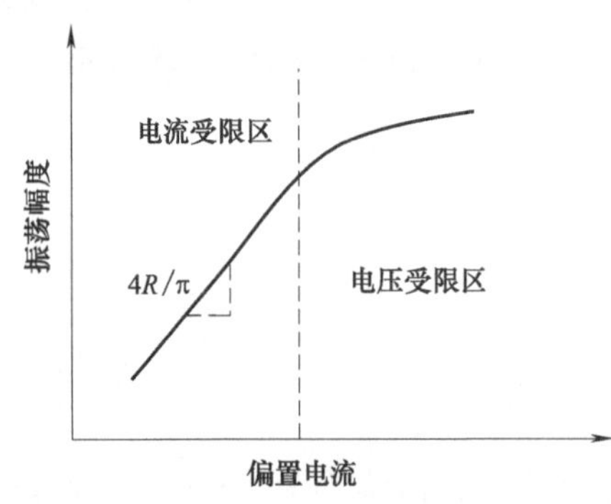

图 2-34 差分振幅与偏置电流的关系

互补差分振荡器也称为采用电流复用技术的振荡器，是低功耗设计中经常采用的一种技术。它同时利用 PMOS 管和 NMOS 管互耦对提供负阻，总负阻是两个互耦对的负阻之和，这样电流源提供的电流在 PMOS 互耦对和 NMOS 互耦对之间得到了复用。而谐振回路并联在差分输出之间，谐振回路可以采用由原来的两个谐振回路串联而成，但如果能利用对称螺旋型电感，则原来的两个电感可以用一个具有两倍电感量的对称性电感来代替，这样可以节省很大的芯片面积，而且对称型电感具有更高的品质因数，因此可以得到更好的相位噪声性能。这种结构的另一个好处是当 PMOS 互耦对和 NMOS 互耦对的跨导设计为相同时，上升波形和下降波形是完全对称的，可以消除闪烁噪声上变频对相位噪声的影响。为了做到这一点，在版图设计中保持两个支路的对称性是非常重要的。互补差分振荡器的缺点是在跨导相同时，PMOS 晶体管的寄生电容要大于 NMOS 晶体管，这会限制振荡器的调谐范围。

振荡器中的尾电流源有两重作用：一是设置偏置电流，二是在交叉耦合

MOSFET 与交流地之间插入高阻通路。图 2-35 给出了电压偏置型和电流偏置型振荡器。

首先研究图 2-35（a）电压偏置型振荡器中交叉耦合晶体管在一个振荡周期内的工作状况。两个晶体管的 V_{gd} 大小相同，符号相反，因为它们是谐振腔两端的差分电压。当差分电压为 0 时，两个晶体管都处于饱和区，交叉耦合对管的跨导提供了一个小信号负阻，使得振荡器起振。当差分振幅增大，V_{gs} 大于阈值电压 V_{TH} 时，一个晶体管开始处于线性区，另一个晶体管仍处于饱和区。工作在线性区的晶体管的电导会随差分振幅的增大而增大。由于电流流经此晶体管产生能量损耗，相当于在谐振腔两端接入一个电阻。在下一个半周期，另一个晶体管的电导会增加谐振腔的损耗。在一个周期中，两个晶体管降低了谐振腔的 Q 值，导致振荡器相位噪声性能恶化。接下来考虑图 2-35（b）中电流偏置型振荡器的

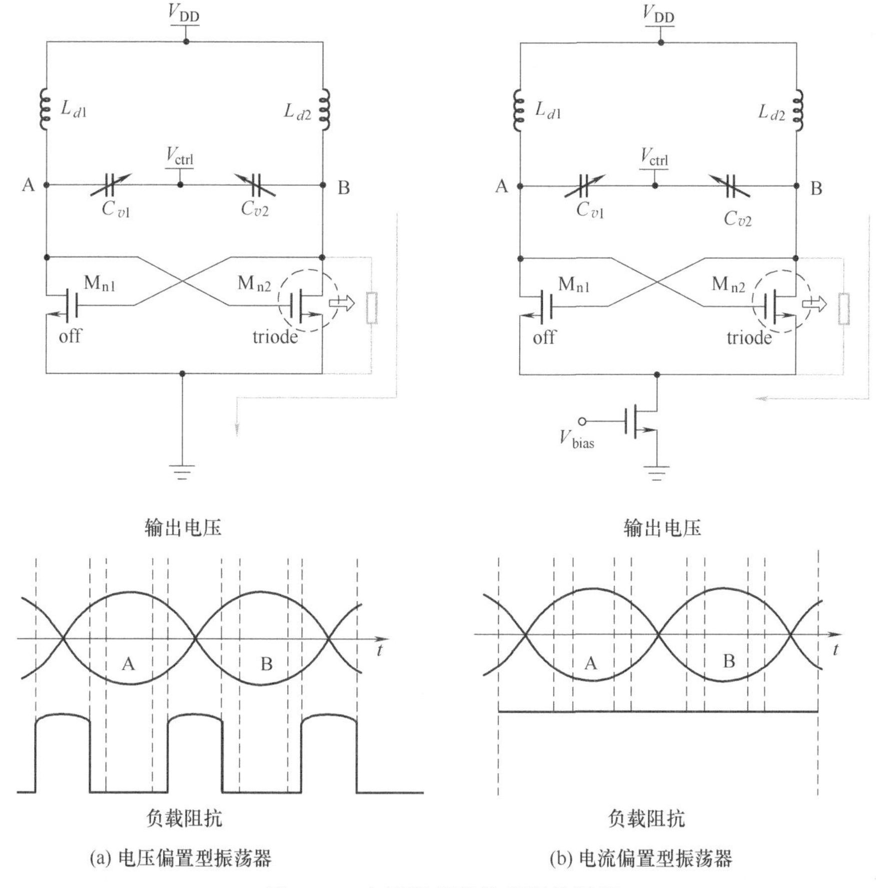

(a) 电压偏置型振荡器 (b) 电流偏置型振荡器

图 2-35 电流源提供的高阻抗通路

情况。当差分电压为 0 时，两个晶体管导通且表现为接在谐振腔两端的负电导。随着差分电压的增大，大到足够的水平使整个尾电流流入一边的晶体管，而使另一边的晶体管截止，晶体管没有降低谐振腔的品质因数。这样看来，使用尾电流源是很有利的。但由于实际情况中不存在理想电流源，电流源会给振荡器引入额外的噪声，且电流源减小了振荡幅度，降低了信号能量，也不利于相位噪声的降低。

第3章 锁相环基本工作原理与环路性能

3.1 锁相环线性化模型与传递函数

3.1.1 环路的线性化模型

PLL 的两个基本状态是锁定和失锁，对应着跟踪和捕捉两种动态过程。当环路处于跟踪状态时，通常相位误差较小，PLL 可近似为线性系统；而在捕捉时，须对环路进行非线性分析。处于锁定状态的环路，如输入信号频率或相位发生变化，环路通过自身调节，来维持锁定状态的过程称为跟踪。跟踪性能是表示环路跟随输入信号频率或相位变化的能力。稳态相位误差是环路锁定环路后的静态特性，而跟踪特性是指环路重新到达锁定后所经历的动态特性。分析跟踪性能的前提条件是在跟踪过程中，由输入信号（或相位）变化引起的相位误差很小，鉴相器工作在线性状态，环路方程可以线性化，相应的锁相环是线性系统，跟踪特性又称为环路的线性动态特性。对于线性系统，描述它输入输出特性的关系是系统的传递函数。因此，分析跟踪特性的依据是环路的传递函数，包括开环传递函数、闭环传递函数和误差传递函数。

图 3-1 是典型的电荷泵锁相环结构，鉴频鉴相器和电荷泵的输出经低通环路滤波器滤波后直接控制压控振荡器，而在反馈支路中的分频器将 VCO 的输出信号分频后与参考信号（f_{ref}）通过鉴频鉴相器进行比较。在整数分频频率合成器中，N 是一个整数。

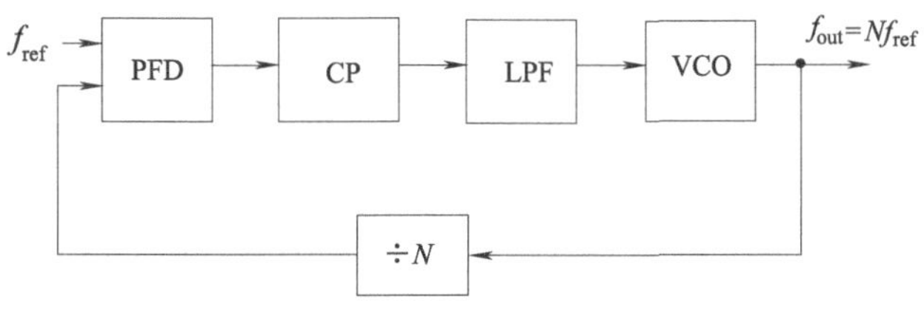

图 3-1　典型的电荷泵锁相环结构

根据第 2 章介绍的锁相环各组成部分的数学模型和环路的相位模型，按照图 3-1 的环路构成，将各个模型连接起来得到环路的相位模型如图 3-2 所示。

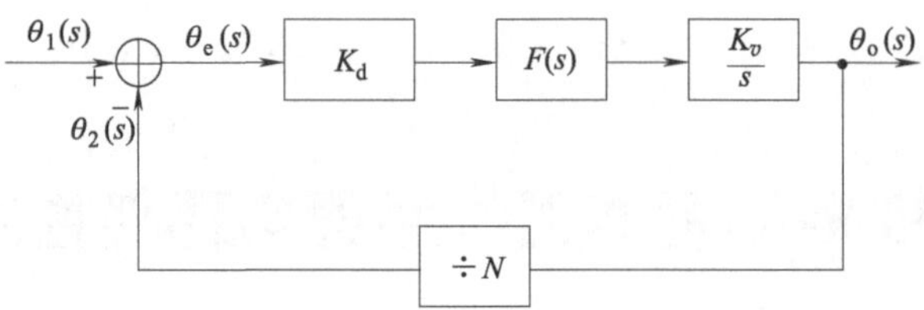

图 3-2　电荷泵锁相环线性相位模型

设 $\theta_e(s)$、$\theta_1(s)$、$\theta_2(s)$ 和 $F(s)$ 分别表示 $\theta_e(t)$、$\theta_1(t)$、$\theta_2(t)$ 和环路滤波器传输算子 $F(p)$ 的拉氏变换。不难导出动态方程的复频域的表达形式为：

$$u_c(t)=f[\varphi_i(t)-\varphi_o(t)] \tag{3-1}$$

PFD/CP 组合的鉴相灵敏度为 $K_d=I_{cp}/(2\pi)$，I_{cp} 为电荷泵的充放电电流。K_v 为 VCO 的控制灵敏度或者称为增益系数，单位为 rad/(s·V)。

3.1.2　传递函数的一般表示式

环路的开环传递函数定义为锁相环路反馈支路开路状态下，相位的拉氏变换 $\theta_2(t)$ 与误差相位的拉氏变换 $\theta_e(t)$ 之比，用 $H_o(s)$ 表示为：

$$H_o(s)=\frac{\theta_2(s)}{\theta_e(s)}=\frac{K_pF(s)}{s} \tag{3-2}$$

式中，$K_p=K_dK_v/N$。

环路的闭环传递函数定义为锁相环路反馈支路闭环状态下，输出相位的拉氏变换 $\theta_o(t)$ 与输入相位的拉氏变换 $\theta_1(t)$ 之比，用 $H(s)$ 表示为：

$$H(s)=\frac{\theta_o(s)}{\theta_1(s)}=\frac{N\theta_2(s)}{\theta_2(s)+\theta_e(s)}=N\frac{H_o(s)}{1+H_o(s)} \tag{3-3}$$

将式 (3-2) 代入式 (3-3) 得：

$$H(s)=\frac{K_dK_vF(s)}{s+K_pF(s)} \tag{3-4}$$

而环路的误差传递函数定义为闭环时误差相位的拉氏变换 $\theta_e(t)$ 与输入相位的拉氏变换 $\theta_1(t)$ 之比，用 $H_e(s)$ 表示为：

$$H_e(s)=\frac{\theta_e(s)}{\theta_1(s)}=\frac{\theta_e(s)}{\theta_2(s)+\theta_e(s)}=\frac{1}{1+H_o(s)} \tag{3-5}$$

将式 (3-2) 代入式 (3-5) 得：

$$H_e(s)=\frac{s}{s+K_pF(s)} \tag{3-6}$$

当 $s\to 0$，$H(s)\to 1$；当 $s\to\infty$，$H(s)\to 0$。闭环传递函数具有低通特性。而对误差传递函数 $H_e(s)$：$s\to 0$，$H_e(s)\to 0$；当 $s\to\infty$，$H_e(s)\to 1$。误差传递函数具有高通特性。因为 $H(s)=1-H_e(s)$，所以这两个特性是一致的。

一般把锁相环传递函数的极点数（特征多项式的次数）称为阶，但是环路的许多重要特性与环路的类型有着更紧密的关系，而不是环路的阶数。类型是指锁相环中包含的理想积分器的个数。因为每一个积分器向传递函数贡献一个极点，所以阶数永远不会低于它的类型。经常会见到环路中增加了一些非积分器的滤波电路，这样会增加一些极点，增加了锁相环的阶数，但是类型不变。由于 VCO 本质上是执行积分运算的，所以 PLL 至少是 1 类的。2 类的 PLL 是被普遍使用的，理想积分器一个在环路滤波器中，另一个在 VCO 中。

3.2 锁相环路的稳定性

锁相环系统可以视为一个负反馈控制系统。如果它的开环增益大于 1，同时开环相移又超过 π，那么它就可能振荡起来，就是不稳定的。从闭环传输函数来看，假如至少有一个闭环传输函数的极点位于 s 平面的右半平面，那么环路就是不稳定的。判断闭环极点是否落在 s 平面的右半平面的方法很多：例如，如式（3-2）所示，系统的开环传输函数的主体部分为 LPF 的传输函数 $F(s)$，可以由滤波器的传输函数求出 PLL 开环传输函数的极点和零点，由零点与极点的位置来判断系统的稳定性，即根轨迹法；根据系统的开环频率响应来判断闭环系统的稳定性，即奈奎斯特准则。以上各种方法都可以用来判别锁相环路的稳定性。根据奈奎斯特准则，可以用锁相环路开环频率响应的波特图来直接判定锁相环路闭环时的稳定性。这样，无须准确求出传输函数的零极点位置。在实际的锁相环路中，往往无法求出开环传递函数的确切表达式，但可以通过实验的方法得到环路开环频率响应的波特图，这样就可以用波特图判断闭环稳定性。所以，用开环的波特图判定闭环稳定性是工程中常用的一种稳定性判别方法，称为波特准则。

波特准则是利用环路的开环频率特性直接判别闭环稳定性的方法。系统的闭环传递函数 $H(s)$ 与开环传递函数 $H_o(s)$ 有式（3-3）的关系。对于式（3-3）表示的单位反馈环路，如果系统的开环特性是稳定的并且满足条件：

$$\begin{cases}|\phi_{H_o(\omega_k)}|=\pi\\|H_o(\omega_k)|<1\end{cases} \quad 或 \quad \begin{cases}|\phi_{H_o(\omega_k)}|<\pi\\|H_o(\omega_k)|=1\end{cases} \tag{3-7}$$

则系统闭环后一定是稳定的，这就是波特准则。波特准则可用波特图表示，如图 3-3 所示，其中图（a）、（b）、（c）分别表示稳定、临界、不稳定三种状况。

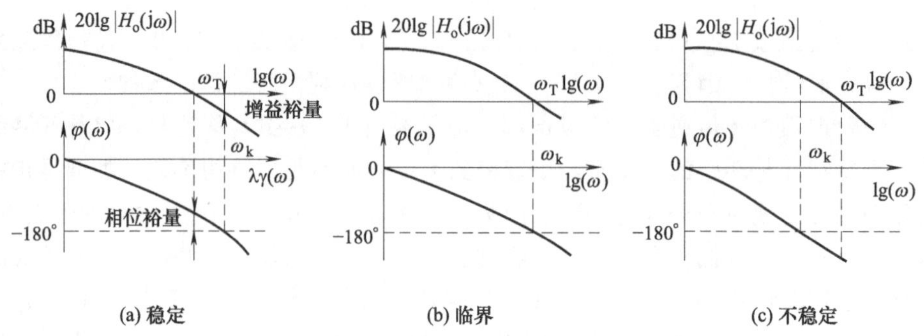

图 3-3　判断锁相环路稳定性的波特图

由图 3-3（a）可见，在 $\omega<\omega_T$ 时，开环增益大于 1，环路满足起振的振幅条件，但在此频率范围内，相移不足 180°，即不满足起振的相位条件，所以环路不能起振，是稳定的。在 $\omega<\omega_T$ 时，相移与 180°的差值称为相位裕量，记为 φ_m，这时有：

$$\begin{cases}20\lg|H_o(j\omega_T)|=1\\ \varphi_m=180+\varphi(\omega_T)\end{cases} \tag{3-8}$$

上式中，ω_T 称为增益临界频率。

在 $\omega\geqslant\omega_k$ 时，相移达到 180°，即满足了相位条件，但此时开环增益已小于 1，振幅条件不满足，所以环路仍然是稳定的。在 $\omega\geqslant\omega_k$ 时的开环增益称为增益裕量，记为 G_M，这时：

$$\begin{cases}|\varphi(\omega_k)|=180°\\ G_M=-20\lg|H_o(j\omega_k)|\end{cases} \tag{3-9}$$

这里 ω_k 称为相位临界频率。在 $\omega_T<\omega<\omega_k$ 范围内，振幅和相位条件均不满足，环路是稳定的。由图 3-3（b）可见，由于 $\omega_T=\omega_k$，环路处于临界状态。由图 3-3（c）可见，在 $\omega=\omega_k$ 时，环路同时满足起振的振幅和相位条件，环路起振，即不稳定。从波特图可以看出，当开环传递函数的对数幅频特性过零分贝线时，开环传递函数的相角滞后或超前不足 180°，则系统在闭环时是稳定的；若相角滞后或超前超过 180°，则系统是不稳定的。

3.3　电荷泵锁相环路的线性特性与传递函数

在单片集成锁相环中，环路滤波器通常采用无源滤波器，因为有源滤波器占用芯片面积大，容易引入外界噪声。一个应用于图 3-2 CPPLL 的三阶的无源滤波器如图 3-4 所示，电容 C_1 产生了环路的第一个极点。为了提高环路的稳定性，增大环路的相位裕量，C_1 与 R_1 串联用于产生一个零点。电容 C_2 用来减少环路控制电压的纹波和产生第二个极点。R_3 与 C_3 的串联用于产生第三个极点，用来进一步抑制环路的参考杂散。一阶的无源低通滤波器仅由 R_1 和 C_1 串联组成，由于存在比较大的电压纹波，一阶的无源低通滤波器在实际电路中很少采用，但是它对分析 2 类 CPPLL 非常有指导意义[14]。

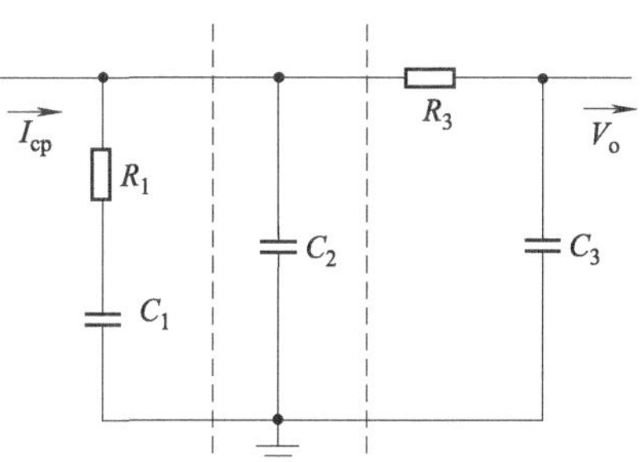

图 3-4　CPPLL 的无源滤波器

3.3.1　二阶锁相环

下面首先对二阶锁相环的模型进行分析。二阶锁相环是模型结构最简单的锁相环。二阶锁相环中电荷泵与图 3-4 中 R_1、C_1 串联组成的 LPF 的组合电路。R_1、C_1 串联组成的一阶环路滤波器的传递函数为：

$$F_1(s)=R_1+\frac{1}{sC_1}=\frac{1+s\tau_1}{sC_1}=R_1\frac{s+\omega_z}{s} \tag{3-10}$$

这里 $\tau_1=R_1C_1=1/\omega_z$，C_1 和 R_1 串联，在 $-1/(R_1C_1)$ 处产生了一个零点，该零点提高了环路的相位裕量。

二阶锁相环的开环传递函数定义为：

$$H_o(s)=\frac{\theta_2(s)}{\theta_e(s)}=\frac{K_dK_vR_1}{N}\frac{1+s\tau_1}{s^2}=K\frac{s+\omega_z}{s^2} \tag{3-11}$$

设 $K=(K_dK_vR_1/N)$。增益临界频率 ω_T 定义为使 $|H_o(j\omega_T)|=1$（即 0dB）时的频率，单位为 rad/s。令 $|H_o(j\omega_T)|=1$，可以求出环路的增益临界频率 ω_T 为：

$$\omega_T=\sqrt{\frac{K^2+K\sqrt{K^2+4\omega_z^2}}{2}} \tag{3-12}$$

其中相位裕量为：

$$\varphi_m=\tan^{-1}\left(\frac{\omega_T}{\omega_z}\right) \tag{3-13}$$

根据式（3-13），可求得 ω_z，代入式（3-12），可以得到：

$$\omega_T=K/\sin\varphi_m \tag{3-14}$$

二阶锁相环的闭环传递函数根据图 3-2 定义为：

$$H(s)=\frac{\theta_o(s)}{\theta_1(s)}=N\frac{H_o(s)}{1+H_o(s)}=N\frac{K(s+\omega_z)}{s^2+Ks+K\omega_z} \tag{3-15}$$

习惯上，常用无阻尼振荡频率和阻尼系数来描述系统的性能，这两个参数的符号为：ω_n 为无阻尼振荡频率（一般称为固有频率），rad/s；ζ 为阻尼系数，无量纲。2 类的 PLL 的传递函数可以用这两个参数完全确定。那么式（3-15）可以写为：

$$H(s)=N\frac{2\zeta\omega_n s+\omega_n^2}{s^2+2\zeta\omega_n s+\omega_n^2} \tag{3-16}$$

比较式（3-15）和式（3-16），可以得到固有频率 ω_n 和阻尼系数 ζ 分别为：

$$\omega_n=\sqrt{K\omega_z}=\omega_T\sqrt{\cos\varphi_m} \tag{3-17}$$

$$\zeta=\frac{1}{2}\sqrt{\frac{K}{\omega_z}}=\frac{1}{2}\sin\varphi_m/\sqrt{\cos\varphi_m} \tag{3-18}$$

根据式（3-17）和式（3-18）可以得到二阶锁相环中阻尼因子 ζ 与自然频率 ω_n 和 φ_m 的关系曲线如图 3-5 所示。

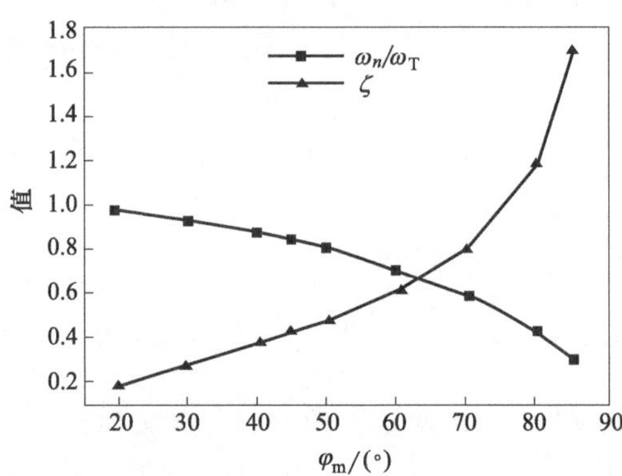

图 3-5　二阶锁相环中阻尼因子 ζ 与自然频率 ω_n 和 φ_m 的关系曲线

此闭环传递函数响应的幅频特性为：

$$H_{PLL2}(\omega)=N\frac{\sqrt{1+(2\zeta\omega/\omega_n)^2}}{\sqrt{(1-\omega^2/\omega_n^2)^2+(2\zeta\omega/\omega_n)^2}} \tag{3-19}$$

当 $\omega \ll \omega_n$ 或者 $\omega=\sqrt{2}\omega_n$ 时，$H_{PLL2}(\omega)=N$。令 $N=1$，可以画出不同 ζ 时的幅频特性曲线，如图 3-6 所示。从图 3-6 可见闭环函数的幅频特性具有低通

特性，且其特性与 ζ 有关，ζ 大，带宽宽而平坦。所有曲线在 $\omega/\omega_n=\sqrt{2}$ 处相交于 0dB，在 $\omega/\omega_n>\sqrt{2}$ 的范围内，幅频特性下降，ζ 越小，下降得越快。为求得 3dB 带宽，令 $H_{\mathrm{PLL2}}(\omega)=1/\sqrt{2}$，可以得到下降 3dB 所对应的频率 $\omega_{-3\mathrm{dB}}$ 为：

$$\omega_{-3\mathrm{dB}}=\omega_n\sqrt{2\zeta^2+1+\sqrt{(1+2\zeta^2)^2+1}} \tag{3-20}$$

将不同的 ζ 值代入上式，可求出对应的 $\omega_{-3\mathrm{dB}}/\omega_n$，$\omega_{\mathrm{T}}/\omega_n$ 的值。当 ζ 固定时，环路的 3dB 带宽与环路的固有频率 ω_n 之比是一个常数，因此经常用固有频率 ω_n 来说明环路的 3dB 带宽的大小。

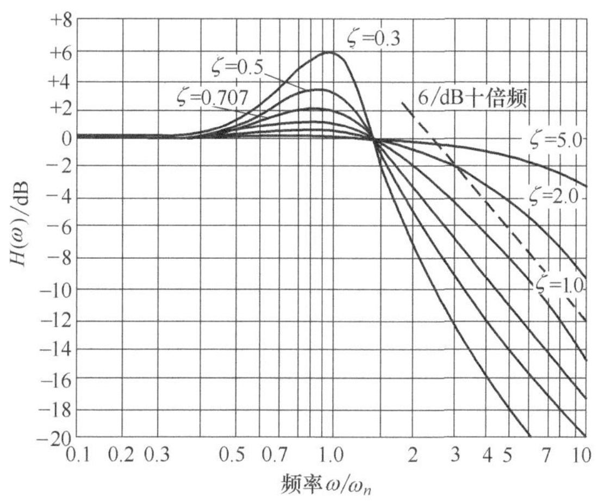

图 3-6　二阶锁相环闭环函数幅频特性

3.3.2　三阶锁相环

如图 3-4 所示的无源滤波器，当 $R_3=0$、$C_3=0$ 时，该无源滤波器是二阶的，锁相环路是三阶的，环路滤波器的传递函数为：

$$\begin{aligned}F_2(s)&=\left(R_1+\frac{1}{sC_1}\right)/\!/\frac{1}{sC_2}=\frac{1+s\tau_1}{s^2R_1C_1C_2+s(C_1+C_2)}\\&=\frac{1}{C_1+C_2}\times\frac{1+s\tau_1}{s(1+s\tau_2)}=\frac{1}{C_{\mathrm{total}}}\times\frac{1+s/\omega_z}{s(1+s/\omega_{p2})}\end{aligned} \tag{3-21}$$

式中，$C_{\mathrm{total}}=C_1+C_2$；$\tau_1=R_1C_1=1/\omega_z$；$\tau_2=R_1\dfrac{C_1C_2}{C_1+C_2}=1/\omega_{p2}$。

该三阶锁相环的开环传递函数为：

$$H_{\mathrm{o}}(s)=\frac{\theta_2(s)}{\theta_{\mathrm{e}}(s)}=\frac{K_d K_v}{N}\times\frac{1}{C_{\mathrm{total}}}\times\frac{1+s/\omega_z}{s^2(1+s/\omega_{p2})}=\frac{K}{R_1 C_{\mathrm{total}}}\times\frac{1+s/\omega_z}{s^2(1+s/\omega_{p2})} \tag{3-22}$$

环路的增益跨越频率 ω_{T} 为：

$$\omega_{\mathrm{T}}=K\frac{C_1}{C_1+C_2}\times\frac{\cos\varphi_{p2}}{\sin\varphi_z} \tag{3-23}$$

式中，$\varphi_z=\arctan(\omega_{\mathrm{T}}/\omega_z)$；$\varphi_{p2}=\arctan(\omega_{\mathrm{T}}/\omega_{p2})$。

开环的相位裕量为：

$$\varphi_{\mathrm{m}}=\arctan\left(\frac{\omega_{\mathrm{T}}}{\omega_z}\right)-\arctan\left(\frac{\omega_{\mathrm{T}}}{\omega_{p2}}\right) \tag{3-24}$$

求相位裕量对 ω 的微分，并令 $\mathrm{d}\varphi_{\mathrm{m}}/\mathrm{d}\omega=0$，可求出当 $\omega_T=\sqrt{\omega_{p2}\omega_z}$ 时，φ_{m} 有最大值，为：

$$\varphi_{\mathrm{m}}=\arctan\sqrt{\frac{\omega_{p2}}{\omega_z}}-\arctan\sqrt{\frac{\omega_z}{\omega_{p2}}} \tag{3-25}$$

将该三阶锁相环的环路参数设置如表 3-1 所示，仿真得到的开环传输函数的波特图如图 3-6 所示。

表 3-1 锁相环路的参数

K_v/(MHz/V)	I_{cp}/mA	N	φ/(°)	ω_{T}/kHz	C_1/nF	C_2/nF	R_1/kΩ
24	1	1000	53	12.5	77.5	2.1	4.08

从图中可以看出幅度曲线有 2 个转折点，分别在 ω_z 和 ω_{p2} 处。低频时，$1/s^2$ 项对幅度起主要作用，增益曲线随频率下降，以－40dB/dec 斜率下降。在 $\omega=\omega_z$ 时，环路滤波器的零点起作用，式（3-20）中分子项使幅度曲线斜率向上弯曲再次趋于－20dB/dec。然而在 $\omega=\omega_{p2}$ 以上，因为环路滤波器的非零极点的贡献，斜率又变为－40dB/dec。由于开始的幅度斜率为－40dB/dec，相位曲线开始的渐近值为－180°，因为滤波器的零点，大于 ω_z 相位的渐近值变为－90°。最后，当频率大于 ω_{p2}，相位的渐近值再次变为－180°。在频率 ω_z 和 ω_{p2} 之间，相位曲线出现一个尖峰，所以在这段范围内的某个特殊频率上存在局部的最大值。由前面的分析可以得到，相位函数的最大值位于$\sqrt{\omega_{p2}\omega_z}$处。

在实际的锁相环电路中，电阻和电容的实际值与理想值的差异以及 VCO 的压控增益系数 K_v 的变化都会影响相位裕量的数值。一般电容与电阻的数值误差为 10%～20%，而 VCO 的压控增益系数的实际值与理想值可能会有 2 倍以上的差异。可见实际电路中，VCO 的压控增益系数的变化对环路相位裕量的影响可

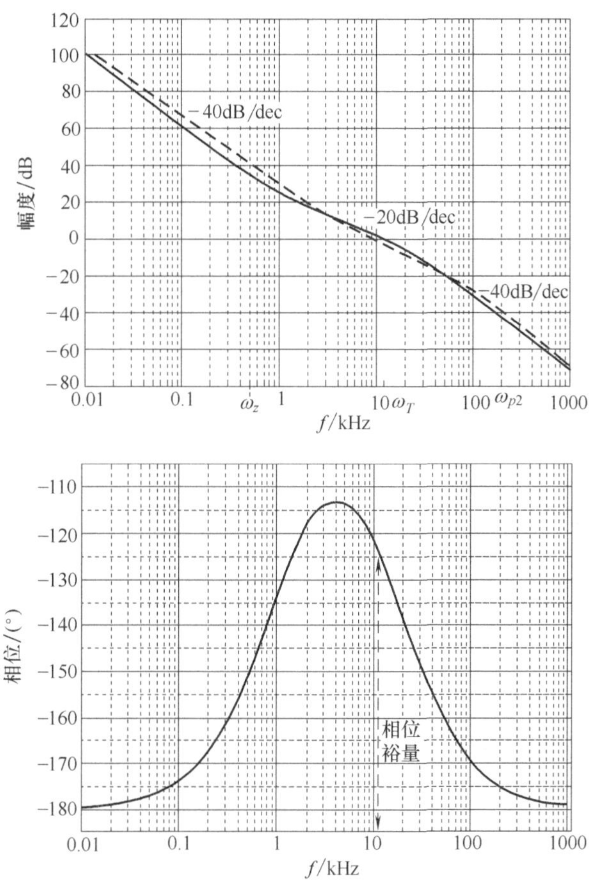

图 3-7　三阶锁相环的开环传递函数的波特图

能远远大于电容与电阻的数值差异所造成的影响。

当 φ_m 有最大值时的三阶锁相环的闭环传递函数为：

$$H(s)=N\frac{1+s/\omega_z}{1+s/\omega_z+s^2/(\omega_z\omega_T)+s^3/(\omega_z\omega_T\omega_{p2})} \tag{3-26}$$

3.3.3　四阶锁相环

一般在无线通信应用中，输入到锁相环鉴相器中的参考信号频率 f_{ref} 等于 RF 通道间隔，或者是其整数倍。而在锁相环中，数字电路（如分频器）和电荷泵电路产生的频率接近 f_{ref} 频率的开关噪声，会在射频输出端引起 FM 边带噪声。这种杂散边带噪声又会在相邻信道中引起噪声。因此，在应用中往往需要添加额外的滤波器（即增加滤波器的阶数），以衰减参考信号中的噪声。一般在VCO的前一级添加一个串联电阻和一个并联电容。该电路为环路增加了一个低通极点，可以对不需要的杂散噪声进行衰减。如图3-4所示的无源滤波器，当加入R_3和C_3的时候，可以构成二型四阶锁相环[7]。

环路滤波器的传递函数为：

$$
\begin{aligned}
F_3(s)&=\frac{F_2(s)\times\dfrac{1}{sC_3}}{F_2(s)+\dfrac{1+sR_3C_3}{sC_3}}\\
&=\frac{1+s\tau_1}{sC_3(1+s\tau_1)+(sC_{\text{total}}+s^2R_1C_1C_2)(1+sR_3C_3)}\\
&=\frac{1}{C_{\text{total}}}\times\frac{1+s\tau_1}{s+s^2\dfrac{(C_1+C_2)}{C_1+C_2+C_3}\left[\tau_2\left(\dfrac{C_3}{C_1}+1\right)+\tau_3(1+s\tau_2)\right]}
\end{aligned}
\tag{3-27}
$$

式中，$C_{\text{total}}=C_1+C_2$；$\tau_1=R_1C_1=1/\omega_z$；$\tau_2=R_1\dfrac{C_1C_2}{C_1+C_2}=1/\omega_{p2}$；$\tau_3=R_3C_3=1/\omega_{p3}$。

对于三阶的无源滤波器，为了提高环路的稳定性，也就是在临界频率处具有足够的相位裕量，要求R_3、C_3产生的极点要远离于主极点。一般在滤波器的设计中有$C_1\gg C_2$、$C_1\gg C_3$。式（3-27）可以进一步简化为：

$$
F_3(s)\approx\frac{1}{C_{\text{total}}}\times\frac{1+s\tau_1}{s+s^2[\tau_2+\tau_3(1+s\tau_2)]}=\frac{1}{C_{\text{total}}}\times\frac{1+s\tau_1}{s(1+s\tau_2)(1+s\tau_3)}
\tag{3-28}
$$

该四阶锁相环的开环传递函数为：

$$
\begin{aligned}
H_o(s)&=\frac{\theta_2(s)}{\theta_e(s)}=\frac{K_dK_v}{N}\times\frac{1}{C_{\text{total}}}\frac{1+s/\omega_z}{s^2(1+s/\omega_{p2})(1+s/\omega_{p3})}\\
&=\frac{K}{R_1C_{\text{total}}}\times\frac{1+s/\omega_z}{s^2(1+s/\omega_{p2})(1+s/\omega_{p3})}
\end{aligned}
\tag{3-29}
$$

令$|H_o(j\omega_T)|=1$，可以求出环路的增益临界频率ω_T为：

$$
\omega_T=K\times\frac{C_1}{C_1+C_2+C_3}\times\frac{\cos\varphi_{p2}\cdot\cos\varphi_{p3}}{\sin\varphi_z}
\tag{3-30}
$$

这里$\varphi_{p3}=\arctan(\omega_T/\omega_{p3})$，开环的相位裕量为：

$$
\varphi_m=\arctan\left(\frac{\omega_T}{\omega_z}\right)-\arctan\left(\frac{\omega_T}{\omega_{p2}}\right)-\arctan\left(\frac{\omega_T}{\omega_{p3}}\right)
\tag{3-31}
$$

由于 R_3、C_3 产生的极点要远离于主极点，由该极点引起的相位裕量的减少有限，可以忽略不计，当 $\omega_T=\sqrt{\omega_{p2}\omega_z}$ 时，φ_m 仍有最大值。

该四阶锁相环的环路参数设置如表 3-2 所示，要求环路的相位裕量不低于 60°，优化的临界频率为 12.5kHz，开环传递函数的波特图如图 3-8 所示。

表 3-2　锁相环路的参数

K_v(MHz/V)	I_{cp}/mA	N	φ/(°)	ω_T/kHz	C_1/nF	C_2/nF	C_3/pF	R_1/kΩ	R_3/kΩ
24	1	1000	52	12.5	92	6.5	47	2.7	0.91

从图 3-8 中可以看出幅度曲线有 3 个转折点，分别在 ω_z、ω_{p2} 和 ω_{p3} 处。低频时，$1/s^2$ 项对幅度起主要作用，增益曲线随频率下降，以 −40dB/dec 斜率下

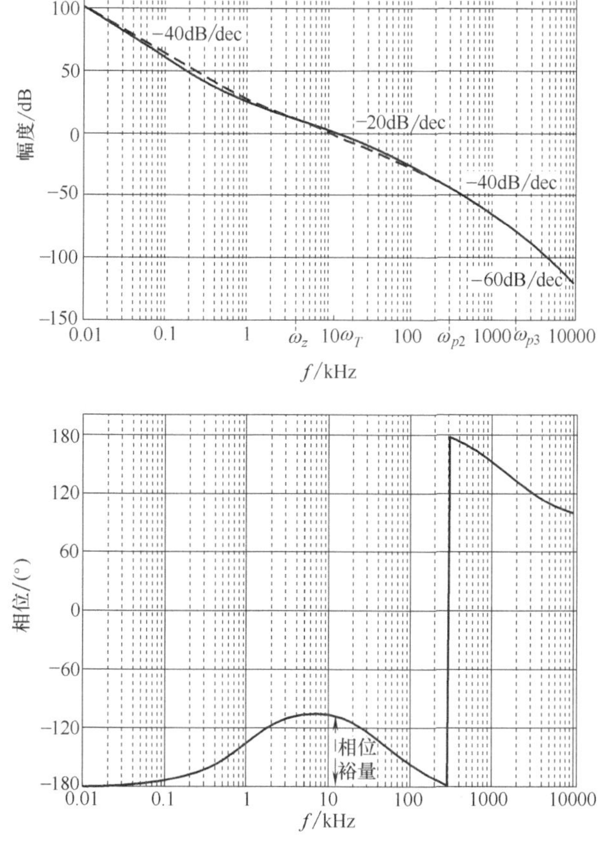

图 3-8　四阶锁相环的开环传递函数的波特图

降。在 $\omega=\omega_z$ 时环路滤波器的零点起作用，式（3-9）中分子项使幅度曲线斜率向上弯曲再次趋于－20dB/dec。在 $\omega=\omega_{p2}$ 以上，因为环路滤波器的第一个非零极点起作用，斜率又变为－40dB/dec。而在 $\omega=\omega_{p3}$ 以上，环路滤波器的第二个非零极点起作用，斜率变为－60dB/dec。由于开始的幅度斜率为－40dB/dec，相位曲线开始的渐近值为－180°，因为滤波器的零点，大于 ω_z 相位的渐近值变为－90°，最后，当频率大于 ω_{p2}，相位的渐近值再次变为－180°。在频率 ω_z 和 ω_{p2} 之间，相位曲线出现一个尖峰，所以在这段范围内的某个特殊频率上存在局部的最大值。

需要注意的是，以上关于相位裕量的计算都是基于 CPPLL 的连续线性模型，该模型在环路带宽一般小于参考频率的 1/10 时可以将其视为一个线性时不变系统，否则要考虑环路延时对环路增益和相位裕量的影响。

3.4 锁相环的非线性特性

在前面的分析中，都是在假定环路已经锁定的前提下来讨论环路的线性特性，输入信号的频率或相位发生了变化，环路通过自身的调节能跟上输入的变化。在跟踪过程中，相位误差很小，可以允许将环路线性化。但是在实际工作中，一开始环路总是失锁的，环路经失锁进入锁定的过程，也就是捕获的过程。失锁时，VCO 的频率不等于输入信号的频率，也不再满足误差相位很小的条件，因此分析捕捉过程必须用非线性分析。一般分析锁相环的捕捉特性主要分为下面三点：环路如何从失锁到锁定；环路能通过自身的调节达到锁定的最大输入频率，即捕捉带是多大；从失锁到锁定需要的捕获时间是多少。

研究捕获过程需要求解高阶非线性微分方程，这是十分复杂的过程。二阶环路是应用最多的一种环路，环路包含了 VCO 的固有积分环节外，还有一个一阶的环路滤波器。环路滤波器对鉴相输出的直流分量进行积分，不断增加的直流控制电压，牵引着 VCO 的频率向着与信号频差不断减小的方向变化，最终使环路进入锁定。在二阶锁相环中存在相位捕获和频率捕获的两个捕获过程。

3.4.1 二阶环路的同步性能

要想获得环路捕获的全部信息，在考虑鉴相器的非线性的情况下，严格求解环路的动态方程式（2-16）。但是除去一阶环路非线性微分方程外，二阶以上的环路非线性微分方程难以用解析法求解，分析过程也都比较烦琐，本节将从基本概念出发说明二阶环路的同步性能和捕捉过程。

对于一个锁定的环路，锁定的范围是有限度的。如果人为地将输入信号频率 ω_i 增大或减小到某一定值或将压控振荡频率 $\omega_o(t)$ 缓慢漂移超出某一数值，环路将丧失跟踪能力而失锁。环路能够维持锁定的最大固有频差称为同步范围，即同步带，用 $\Delta\omega_H$ 表示，可以通过计算相位误差为最大值时的频率，获得同步范围的大小。对于不同类型的鉴相器，计算锁定范围的表达式也不相同。

对于 CPPLL，在 $-2\pi<\theta_e<2\pi$ 的整个范围内，鉴相器的输出与相位误差成比例，为得到同步范围 $\Delta\omega_H$，必须确定稳态相位误差接近 2π 时的频率值。同步范围的界限处的输入频率 ω_H 可表示为：

$$\omega_H=\omega_r/N+\Delta\omega_H \tag{3-32}$$

因此可得相位误差为：

$$\theta_H(t)=t\Delta\omega_H \tag{3-33}$$

相位信号的拉普拉斯变换为：

$$\theta_H(s)=\Delta\omega_H/s^2 \tag{3-34}$$

利用式 (3-6)，可以求出相位误差为：

$$\theta_e(s)=\theta_H(s)H_e(s)=\frac{\Delta\omega_H}{s^2}\times\frac{s}{s+K_pF(s)} \tag{3-35}$$

利用拉普拉斯变换终值定理，可以得到时域的终值相位误差 $\theta_e(\infty)$ 为：

$$\theta_e(\infty)=\lim_{s\to 0}s\theta_s(s)=\frac{\Delta\omega_H}{K_p}\lim_{s\to 0}\frac{1}{F(s)} \tag{3-36}$$

将式 (3-10) 代入上式，可以得到在图 3-4 中由 R_1、C_1 串联组成的 LPF 的二阶 CPPLL 的同步范围为∞。

3.4.2　二阶环路的捕捉过程

(1) 快捕带

在二阶环路中，如果输入信号和压控振荡器之间的固有频差 $\Delta\omega_o$ 很小，环路可能不需依靠频率牵引就进入锁定，这样的捕捉过程叫快捕。能够不经频率牵引而实现快捕的最大固有频差叫快捕带，也称为锁定范围，用 $\Delta\omega_L$ 表示，其单位是 rad/s。

现在假设开始时锁相环失锁，鉴频鉴相器的两个输入信号分别为：

$$u_{ref}(t)=U_{ref}\mathrm{rect}\left(\frac{\omega_r}{N}t+\Delta\omega t\right) \tag{3-37}$$

$$u'_{out}(t)=U'_{out}\mathrm{rect}\left(\frac{\omega_r}{N}t\right) \tag{3-38}$$

式中，rect( ) 表示矩形波；U_{ref} 和 U'_{out} 为矩形信号的幅度。因此两个输入信号的相位误差 $\theta_e(t)$ 为：

$$\theta_e(t)=t\Delta\omega \tag{3-39}$$

相位误差随时间线性增加，当相位误差限定在 $-2\pi<\theta_e<2\pi$ 的范围内，鉴相器输出：

$$u_d(t)=K_d\theta_e(t)=K_d t\Delta\omega \tag{3-40}$$

因为环路滤波器可以滤除较高频率的分量，于是环路滤波器输出信号 $u_f(t)$ 为：

$$u_f(t)=K_d\left|F(\mathrm{j}\Delta\omega)\right|\theta_e(t) \tag{3-41}$$

环路滤波器输出信号 $u_f(t)$ 加在 VCO 的控制端，改变 VCO 的频率，造成 VCO 的频率偏移最大值为：

$$\Delta\omega_{max}=K_dK_v\left|F(\mathrm{j}\Delta\omega)\right|2\pi \tag{3-42}$$

当分频器的分频比为 N 时，VCO 输出经分频器后最大频率偏移量为 $\Delta\omega_{max}/N$，当 $\Delta\omega_{max}/N$ 等于 $\Delta\omega$ 时，环路不需依靠频率牵引就进入锁定，在此条件下，$\Delta\omega$ 与锁定范围 $\Delta\omega_L$ 相等，即：

$$2\pi K_dK_v\left|F(\mathrm{j}\Delta\omega_L)\right|/N=\Delta\omega_L \tag{3-43}$$

将式（3-8）代入上式，得到一个关于 $\Delta\omega_L$ 的非线性方程。如果对 $F(\mathrm{j}\Delta\omega_L)$ 近似，方程的求解会变得很简单。根据实际应用考虑，认为锁定范围总是远大于环路滤波器的拐角频率，通过求解可以得到锁定范围的近似表达式：

$$\Delta\omega_L\approx4\pi\zeta\omega_n \tag{3-44}$$

（2）捕捉带

如果输入信号与压控振荡器之间的初始频差明显地超过环路带宽，对于某些二阶环路，则有可能通过环路自身的频率牵引作用最终使环路锁定。能使环路经过频率牵引最终自行锁定的最大固有频差称为环路的捕捉带，也称为捕捉范围，用 $\Delta\omega_p$ 表示。

当压控振荡频率与输入频率之差 $\Delta\omega_o$ 大于环路带宽时，环路在闭合之初将处于失锁状态，这时 PFD 的输出是一个频率为 $\Delta\omega_o$ 的差拍信号。对于二阶环路，在它的滤波器中都有 RC 积分器，由输出的差拍电压中的直流分量对积分电容充电，使电容两端积累电压，而且由于环路滤波器是低通的，对直流成分的衰减远小于对差拍信号的衰减，因此加到压控振荡器的直流分量可以远大于经滤波器衰减后的差拍信号振幅，这个电压促使压控振荡器的频率向减小频差的方向变化，而且频差越小，PFD 输出的不对称差拍电压的频率越低，即直流分量越大。可见，电容器上积累的电压是不断增加的，即频率牵引量是逐步递增的。正是由于这个直流分量，促使压控振荡器频率向输入信号频率靠拢，这就是捕捉过程中的频率牵引现象。

另一方面随着 PFD 输出差拍电压频差的降低，环路滤波器对其衰耗也在减小，一旦控制压控振荡器的差拍电压能使其瞬时频率摆动到环路的快捕带，则环路将经过快捕而锁定。图 3-8 表示理想二阶环路整个捕捉过程的 PFD 输出电压波形。由图可见，在二阶环路中，捕捉过程实际上分成两个阶段，在 $t=t_A$ 以前的频率牵引阶段，在 t_A 以后的相位牵引阶段，即属于快捕阶段，前段属于频率锁定过程，后段属于相位锁定过程。应当指出，“频率锁定”与“相位锁定”只是用于区别环路运动状态的两个不同的过程，在频率锁定过程结束时，并非环路的频率已被锁定不变，因为相差的改变意味着频率的改变，只是在快捕带内相差的变化不再超过 2π。

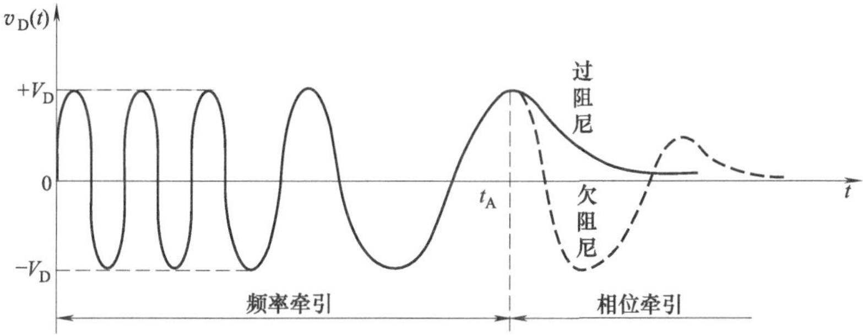

图 3-9　理想二阶环路捕捉过程的 PFD 输出电压波形

对于二阶环路的捕捉带的计算公式，则与所用环路滤波器及所用近似方法有关。对于采用图 3-4 中，由 R_1、C_1 串联组成的 LPF 来说，在 $s=0$ 处有一个极点，也就是说该滤波器在直流时具有“无限增益”，理论上 $\Delta\omega_P$ 为无穷大，但是捕获范围不可能超过 VCO 产生的频率范围。

（3）拉出范围

拉出范围 $\Delta\omega_{PO}$ 的定义为：频率阶跃信号作为激励加入 PLL 参考输入时，能够引起 PLL 失锁的频率阶跃值。这是锁相环稳定工作的动态界限。如果在这个范围内跟踪丢失，一般情况下锁相环还能再次锁定，但如果是捕捉过程，这个过程会较慢。在使用 PFD 时，拉出范围定义为可以使峰值相位误差超过 2π 的频率阶跃值。由于在 $-2\pi<\theta_e<2\pi$ 的范围内，PFD 的输出与相位误差成比例，因

此可以解析地求出拉出范围。利用 PLL 的线性模型，当输入频率阶跃时：

$$\theta_1(t)=\Delta\omega t\times 1(t) \tag{3-45}$$

其拉氏变化：

$$\theta_1(s)=\Delta\omega/s^2 \tag{3-46}$$

对于采用图 3-4 中，由 R_1、C_1 串联组成的 LPF 来说，可以求出环路的误差传递函数，得到环路相位误差响应的拉氏变化：

$$\theta_e(s)=H_e(s)\theta_1(s)=\frac{\Delta\omega}{s^2+2\zeta\omega_n s+\omega_n^2} \tag{3-47}$$

将上式分母因式分解并展开部分分式：

$$\theta_e(s)=\frac{\Delta\omega}{s^2+2\zeta\omega_n s+\omega_n^2}=\frac{A}{s-s_1}+\frac{B}{s-s_2} \tag{3-48}$$

式中，s_1 和 s_2 为此二阶系统的两个极点，即：

$$s_1=-\omega_n(\zeta+\sqrt{\zeta^2-1}),\ s_2=-\omega_n(\zeta-\sqrt{\zeta^2-1}) \tag{3-49}$$

其中：

$$A=(s-s_1)\theta_e(s)\big|_{s=s_1}=-2\omega_n\sqrt{\zeta^2-1},\quad B=(s-s_2)\theta_e(s)\big|_{s=s_2}=\frac{\Delta\omega}{2\omega_n\sqrt{\zeta^2-1}} \tag{3-50}$$

对式 (3-48) 进行拉氏反变换得到：

$$\theta_e(t)=A\mathrm{e}^{s_1 t}+B\mathrm{e}^{s_2 t}=\frac{\Delta\omega}{2\omega_n\sqrt{\zeta^2-1}}\left(\mathrm{e}^{-\omega_n(\zeta-\sqrt{\zeta^2-1})t}-\mathrm{e}^{-\omega_n(\zeta+\sqrt{\zeta^2-1})t}\right) \tag{3-51}$$

按照阻尼系数的值，可以分为三种不同情况：

$$\theta_e(s)=\begin{cases}\dfrac{\Delta\omega}{\omega_n\sqrt{\zeta^2-1}}\mathrm{e}^{-\zeta\omega_n t}\sin\sqrt{1-\zeta^2}\,\omega_n t, & 0<\zeta<1\\[2ex] \dfrac{\Delta\omega}{\omega_n}\mathrm{e}^{-\omega_n t}\omega_n t, & \zeta=1\\[2ex] \dfrac{\Delta\omega}{\omega_n\sqrt{\zeta^2-1}}\mathrm{e}^{-\zeta\omega_n t}\sinh\sqrt{\zeta^2-1}\,\omega_n t, & \zeta>1\end{cases} \tag{3-52}$$

将上式对时间求导，可求出最大相位误差的条件，据此就能计算出导致相位误差超过 2π 时的频率阶跃值，得到：

$$\Delta\omega_{PO}=\begin{cases}2\pi\omega_n \exp\left(\dfrac{\zeta}{\sqrt{1-\zeta^2}}\tan^{-1}\dfrac{\sqrt{1-\zeta^2}}{\zeta}\right), & 0<\zeta<1\\ 2\pi\omega_n \mathrm{e}, & \zeta=1\\ 2\pi\omega_n \exp\left(\dfrac{\zeta}{\sqrt{1-\zeta^2}}\tanh^{-1}\dfrac{\sqrt{\zeta^2-1}}{\zeta}\right), & \zeta>1\end{cases} \tag{3-53}$$

用最小二乘拟合出的线性近似表达式为：

$$\Delta\omega_{PO}\approx 11.55\omega_n(\zeta+0.5) \tag{3-54}$$

（4）捕捉时间

捕捉时间就是环路从开始工作到锁定所需的时间，用 T_P 表示。由上述捕捉过程可知，捕捉时间为：

$$T_P=T_F+T_L \tag{3-55}$$

式中，T_F 为频率捕捉时间；T_L 为相位捕捉时间，即环路实现快捕所需的时间，也称为锁定时间。

如果锁相环快速锁定时，在一个振荡周期内瞬态响应逐步消失，一般用下式来近似计算锁定时间：

$$T_L\approx\frac{2\pi}{\omega_n} \tag{3-56}$$

假设 PLL 起始状态是锁定状态，下面来计算由于信道的改变引起环路的分频比发生变换时，在给定频率误差下环路的锁定时间。当 VCO 的输出频率由 f_1 变化到 f_2 时，相应地，经 N 分频后输出的反馈频率的数值也由 f_1/N 变化到 f_2/N。通常分频比发生改变时 N 的变化很小，因此所造成的反馈时钟的相位误差远远小于 2π，因此在分析环路的动态特性时，N 可以视为不变。采用如图 3-4 所示的无源滤波器，构成 2 型四阶锁相环时，环路滤波器的传递函数为式（3-27），那么可以很容易地得到环路的闭环传递函数为：

$$H(s)=N\frac{\dfrac{K_d K_v}{NC_{total}}(1+s\tau_1)}{\tau_2\tau_3 s^4+(\tau_2+\tau_3)s^3+s^2+\dfrac{K_d K_v}{NC_{total}}(1+s\tau_1)} \tag{3-57}$$

为了简化分析，忽略闭环传递函数分母中高阶项，这些高阶项对环路的影响与低阶项相比很小，式（3-57）可简化为：

$$H(s)=N\frac{\frac{K_dK_v}{NC_{total}}(1+s\tau_1)}{s^2+\frac{K_dK_v\tau_1}{NC_{total}}s+\frac{K_dK_v}{NC_{total}}} \tag{3-58}$$

定义环路的阻尼系数和自由振荡频率分别为：

$$\zeta=\frac{\tau_1}{2}\sqrt{\frac{K_dK_v}{NC_{total}}} \tag{3-59}$$

$$\omega_n=\sqrt{\frac{K_dK_v}{NC_{total}}} \tag{3-60}$$

式（3-58）可写为：

$$H(s)=N\frac{2\zeta\omega_n s+\omega_n^2}{s^2+2\zeta\omega_n s+\omega_n^2} \tag{3-61}$$

由式（3-61）可以求出二阶锁相环的两个极点为：

$$\omega_{CP\_PLL2}=\begin{cases}(\zeta\pm j\sqrt{1-\zeta^2})\omega_n, & 0<\zeta<1\\ \omega_n, & \zeta=1\\ (\zeta\pm j\sqrt{\zeta^2-1})\omega_n, & \zeta>1\end{cases} \tag{3-62}$$

利用拉普拉斯变换的终值定理来求解环路的锁定时间：

$$\lim_{t\to\infty}\theta(t)=\lim_{s\to\infty}s\theta(s) \tag{3-63}$$

可以求出，由于输出频率的突变，造成环路反馈产生的归一化频率误差为：

$$\varepsilon_{PLL2}(s)=\frac{f_{out}(s)-f_1}{f_2-f_1}=\frac{H(s)}{Ns} \tag{3-64}$$

式中，$f_{out}(t)$ 为 VCO 的输出频率，运用拉普拉斯反变换将系统的频域特性转换为时域特性，式（3-64）可以变换为：

$$\varepsilon_2(t)=\begin{cases}e^{-\zeta\omega_n t}\left[\cos(\omega_n t\sqrt{1-\zeta^2})+\frac{-\zeta}{\sqrt{1-\zeta^2}}\sin(\omega_n t\sqrt{1-\zeta^2})\right], & 0<\zeta<1\\ e^{-\omega_n t}(1-\omega_n t), & \zeta=1\\ e^{-\zeta\omega_n t}\left[\cosh(\omega_n t\sqrt{\zeta^2-1})+\frac{-\zeta}{\sqrt{\zeta^2-1}}\sinh(\omega_n t\sqrt{1-\zeta^2})\right], & \zeta>1\end{cases} \tag{3-65}$$

在很多的文献中，关于二阶锁相环的锁定时间的计算都基于式（3-65）。在大多数的工程设计中 $0<\zeta<1$，式（3-65）中的 $\varepsilon_2(t)$ 括号中的部分具有最大值 $1/\sqrt{1-\zeta^2}$，据此可以求出二阶锁相环的锁定时间为：

$$T_L=\frac{\ln\left(\varepsilon\sqrt{1-\zeta^2}\right)}{\zeta\omega_n} \tag{3-66}$$

下面来计算采用图 3-4 中，由 R_1、C_1 串联组成的 LPF 的二阶 CPPLL 的捕捉时间 T_P。假设开始时 PLL 处于失锁状态，VCO 的工作于中心频率 ω_r，假设输入的参考频率为 f_{ref} 明显高于 VCO 经 N 分频后的输出频率，结合图 2-15（a）和图 2-16（c），PFD 的输出脉冲 Q_A 在状态 0 和 1 之间翻转，Q_A 的平均信号周期性地从 0 上升到 1，是一个锯齿波函数，很显然 Q_A 的平均占空比为 50%，它对环路的作用可以等效为一个占空比为 50%的脉冲信号。该等效信号控制着电流源 I_{cp} 对电容 C_P 充电。在 1/2 周期内，电容 C_P 上的电压线性上升，在一个周期的其它时间内，电容 C_P 上的电压保持不变。一周期内电压变化的平均量为 $V_{out}=I_{cp}/(2C)$，该电压作用于 VCO，引起的 VCO 的频率变化为 $K_vI_{cp}/(2C)$，经过时间 T_P 后，至压控振荡器的电压经 N 分频后能使其瞬时频率摆动到环路的快捕带，则环路将经过快捕而锁定。这样就可以得到：

$$T_P=\frac{2C\Delta fN}{I_{cp}K_v} \tag{3-67}$$

图 3-10 为线性二阶锁相环工作的频率范围。锁相环有可能工作在锁定和捕获之间的范围内，但条件是失锁的持续时间非常短。捕获和跟踪之间的范围内是

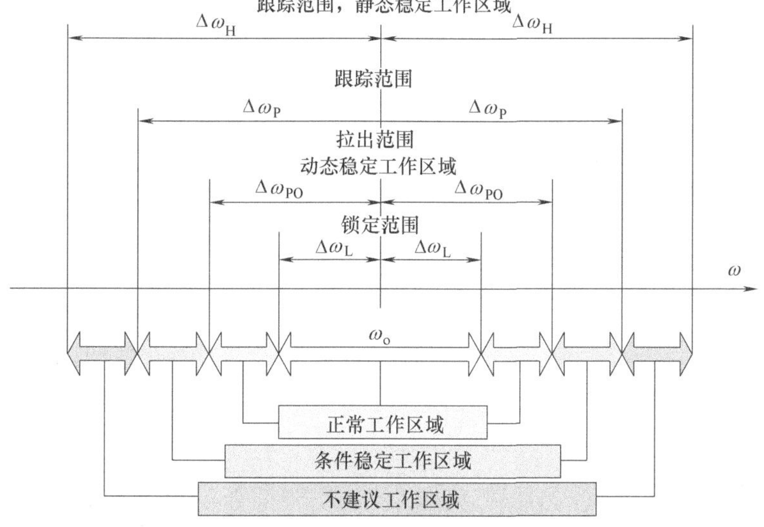

图 3-10 二阶锁相环的静态、动态稳定工作频率范围

非建议工作区，因为即使采用捕获技术，PLL 也几乎没有重新进入锁定范围的可能了。表 3-3 列出了二阶 CPPLL 关键参数的计算公式。

表 3-3　二阶 CPPLL 关键参数的计算公式

参数	二阶 CPLL	参数	二阶 CPLL
自然频率	$\omega_n=\sqrt{K/\tau_1}$	捕捉带	$\Delta\omega_P\to\infty$
阻尼因子	$\zeta=\sqrt{K\tau_1}/2$	锁定时间	$T_L\approx 2\pi/\omega_n$
同步范围	$\Delta\omega_H\to\infty$	捕获时间	$T_P=\dfrac{2C\Delta fN}{I_{cp}K_v}$
快捕带	$\Delta\omega_L\approx 4\pi\zeta\omega_n$	拉出范围	$\Delta\omega_{PO}\approx 11.55\omega_n(\zeta+0.5)$

3.5　CPPLL 的行为级模型与仿真

在锁相环设计时，环路带宽通常要小于参考频率的 1/10，而 VCO 的振荡频率在大的分频比时可以是参考频率的上千倍，锁相环电路级的瞬态仿真是一个非常缓慢的过程，需要花费大量的时间和资源。因此，基于数学模型的行为仿真方法对锁相环的动态特性进行分析得到了广泛的应用，这样极大地加快了仿真速度。通常用于对锁相环动态特性进行分析的平台有 MATLAB＋Simulink[17]、VHDL-AMS、MATLAB+C 语言以及 ADS 等综合 EDA 设计软件都提供了锁相环动态模型的行为仿真工具。图 3-11 为在通用的仿真环境 Simulink 中建立的三阶 CPPLL 行为模型示意图。这个模型中基本环路参数是参考频率 f_{ref}，电荷泵电流 I_{cp}，环路滤波器的电阻 R_1 以及电容 C_1 和 C_2，分频器的分频比为 N，VCO 的参数主要是自由振荡频率 f_r 和增益系数 K_v。

锁相环的环路参数设置如表 3-4 所示，对 CPPLL 做动态行为仿真，VCO 控制电压仿真波形如图 3-12 所示。根据图 3-12 可以得到，在 VCO 自由振荡频率

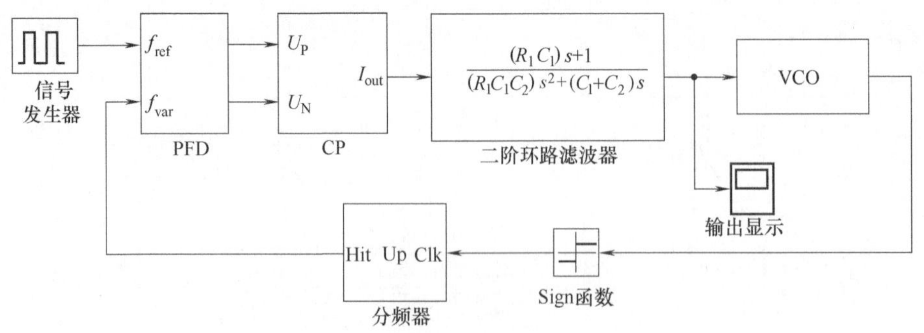

图 3-11　CPPLL 在 Simulink 仿真环境中的行为模型示意图

为 280MHz 时，环路发生了跳周现象，这时 VCO 的控制电压会突然下降，这种现象也可以从观察电荷泵的充放电电流脉冲，得到进一步的解释，如图 3-13 所示。开始时分频器的输出频率小于输入的参考频率，相位误差随着时间的推移而增加，大约在 1.0μs 时，相位误差已经大于 2π，超出了 PFD 的线性鉴相范围，电荷泵充电电流的占空比从接近 100%下降到几乎为 0，这样就会导致 VCO 的控制电压突然下降。可以利用式（3-67）来计算环路的捕捉时间，式中 C 为电容 C_1 和 C_2 之和，计算的捕捉时间为 12μs，与仿真结果有很好的一致性。

表 3-4　锁相环路的参数

K_v/(MHz/V)	I_{cp}/mA	N	φ/(°)	ω_T/kHz	C_1/nF	C_2/nF	C_3/pF	R_1/kΩ	R_3/kΩ
10	275	120	10	30	51	100	35.8	251	17.9

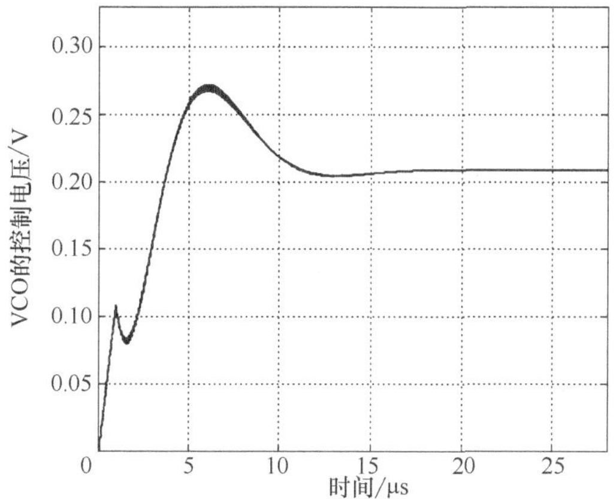

图 3-12　VCO 的控制电压波形

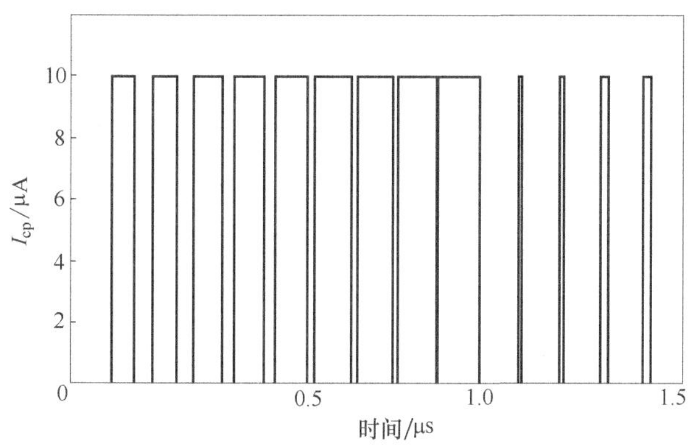

图 3-13　电荷泵的输出电流脉冲

当相位误差在 PFD 的线性鉴相范围内时，其锁定过程为相位捕捉过程，可以在 CPPLL 的行为模型中加入开关来仿真当分频器的分频比发生变化时的相位锁定过程，锁相环的环路参数设置如表 3-5 所示，分别仿真不同的相位裕量下的 VCO 控制电压波形，仿真结果如图 3-14 所示。从图中可以看出，当相位裕量在 50°左右时，锁定时间最短。

表 3-5　锁相环路的参数

f_{ref}/MHz	f_r/MHz	f_T/kHz	K_v/(MHz/V)	I_p/μA	$N/(N+1)$
10	990	100	40	100	100/101

将环路带宽与参考频率的比值设为 1/10，锁相环的环路参数设置如表 3-6 所示，分别仿真不同的相位裕量下的 VCO 控制电压波形，仿真结果如图 3-15 所

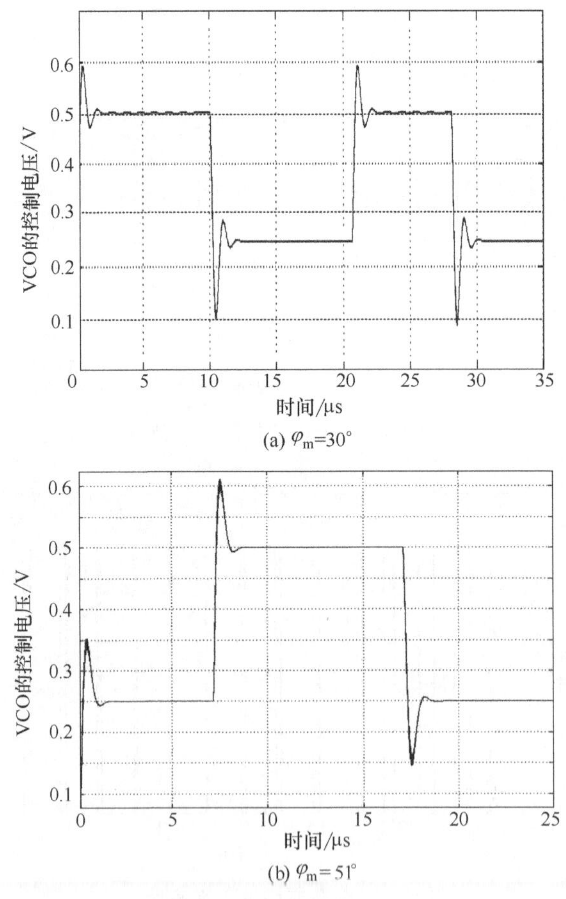

(a) φ_m=30°

(b) φ_m= 51°

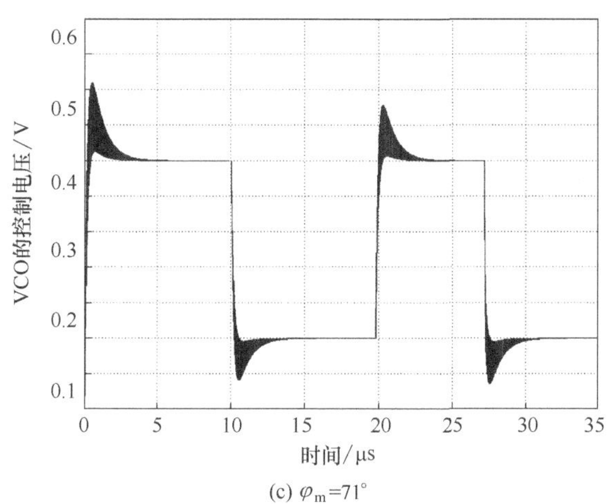

(c) φ_m=71°

图 3-14 VCO 的控制电压波形

示。从图中可以看出，环路的稳定性有所下降，容易导致自激的产生。当相位裕量在 45°左右时，锁定时间最短。

表 3-6 锁相环路的参数

f_{ref}/MHz	f_r/MHz	f_T/kHz	K_v/(MHz/V)	I_p/μA	$N/(N+1)$
1	9	100	4	100	10/11

通过采用动态模型对环路进行的分析，可以对 CPPLL 中的主要环路参数的变化与环路稳定时间之间的关系进行直观的分析。电荷泵的充放电电流的大小直接决定了鉴频鉴相器与电荷泵单元的总增益。图 3-16（a）和（b）分别为电荷泵电流设为 100μA 和 3mA 时锁相环的动态仿真结果，锁相环的其它环路参数设置如表 3-6 所示，并将环路相位裕量设为 51°。通过图 3-16（a）和（b）的比较可以发现，电荷泵的电流较小时，环路的稳定时间较长，但是环路的稳定性较高。电荷泵的电流较大时，环路的稳定时间缩短，但是环路的稳定性有所下降，电荷泵电流取得过大，容易引起环路的不稳定，导致自激的产生。大电流电荷泵的充放电电流的匹配设计往往也是设计的难点。因此，电荷泵电流的数值应在保持环路稳定的前提下，尽可能地提高，以缩短环路的稳定时间。

压控振荡器的压控灵敏度也是环路模型的一个主要参数。图 3-17 为锁相环模型中压控灵敏度设为 800MHz/V 时环路的动态仿真结果，锁相环的其它环路参数设置如表 3-6 所示，并将环路相位裕量设为 51°。

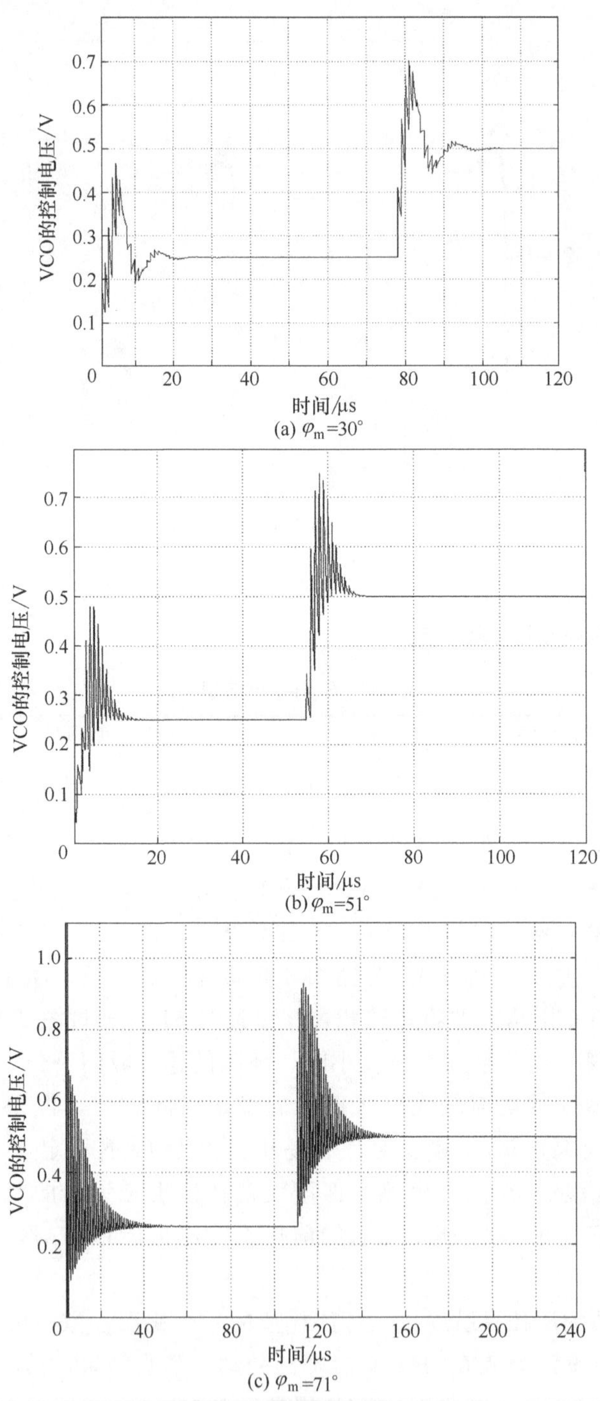

(a) φ_m=30°

(b) φ_m=51°

(c) φ_m=71°

图 3-15 VCO 的控制电压波形

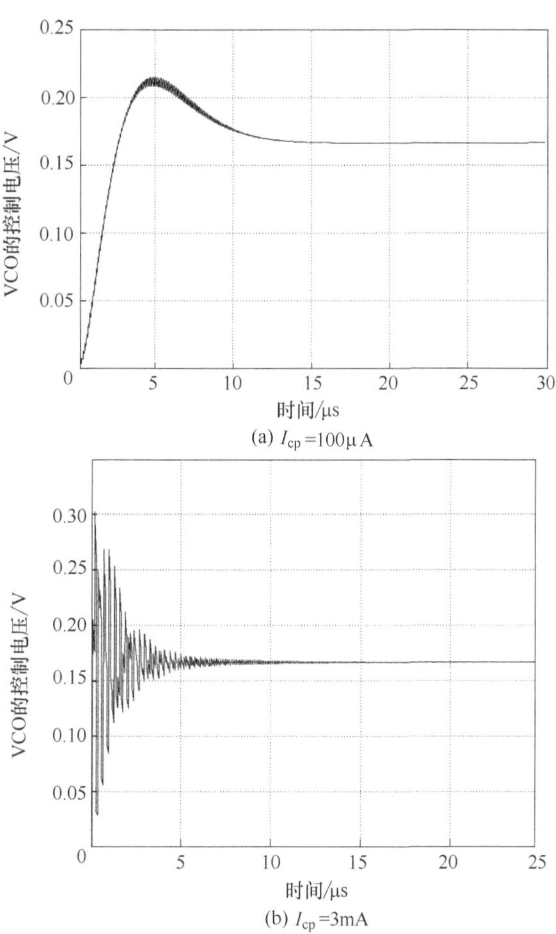

(a) I_{cp}=100μA

(b) I_{cp}=3mA

图 3-16　电荷泵的充放电电流对环路稳定时间的影响

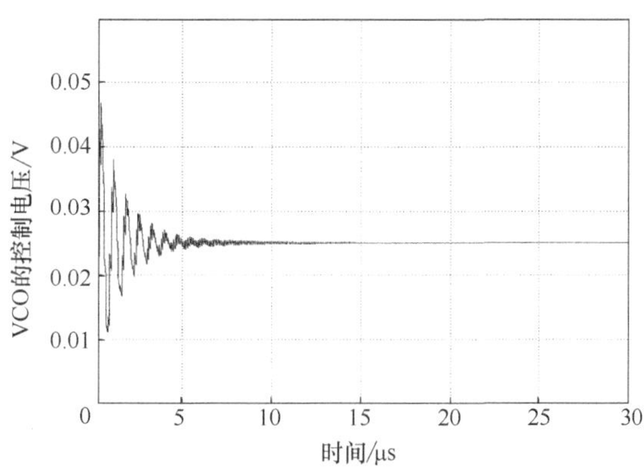

图 3-17　VCO 的压控灵敏度为 800MHz/V 时的环路动态仿真结果

通过图 3-16（a）与图 3-17 的比较可以发现，压控振荡器的压控灵敏度较小时，环路的稳定时间较长。压控振荡器的压控灵敏度较大时，环路的稳定时间缩短。但是压控灵敏度过大，会使环路的稳定性有所下降，导致自激的产生，而且过大的压控灵敏度也会将低频段的噪声放大，加大环路输出时钟的相位噪声。因此，压控振荡器的压控灵敏度的选择既要保证不恶化环路的噪声性能，又要有效地降低环路的稳定时间。

第4章 频率合成器及噪声分析

在一个简单的锁相环中插入可编程分频器，就可以构成锁相环频率合成器。频率合成器作为收发机的本振源，是射频电路中最重要的模块之一，它可以产生与基准参考信号具有同样高精度和稳定度的频率信号[16]。频率合成器几乎在所有的射频无线收发机中都是最重要的模块电路之一。在无线收发机中，基于锁相环结构的频率合成器输出符合系统指标要求的本振信号，将中频信号上变频或将射频信号下变频[17]。锁相环也可用于频率调制和解调。时钟恢复系统也采用锁相环。

4.1 频率合成器的分类

现有的频率合成器主要分为四类：直接模拟频率合成器、直接数字频率合成器、锁相环型频率合成器和延迟锁相环频率合成器。基于锁相环的频率合成器，结构相对简单，而性能优越，并且成本较低，是目前应用最为广泛的一种频率综合方法[18]。下面重点介绍锁相环型频率合成器的结构组成和基本工作原理。

4.1.1 整数分频频率合成器

由于整数分频结构锁相环频率合成器结构简单，因此应用非常广泛。一个典型的整数分频锁相环频率合成器原理框图如图 4-1 所示。这个锁相环系统由鉴相器、环路低通滤波器、压控振荡器、分频器四个部分构成。系统通过分频器将 VCO 的输出信号分频 N 倍。当环路锁定时，进入鉴相器的两个信号频率相等，

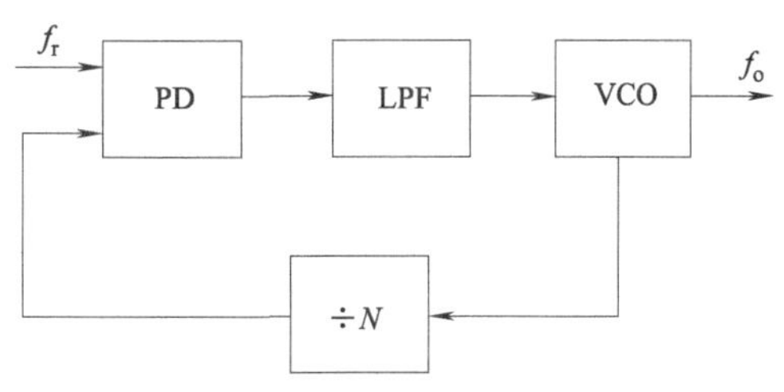

图 4-1 整数分频频率合成器结构

所以 $f_o=Nf_r$，VCO 的输出频率是参考频率的 N 倍，改变 N 的数值，就可以

改变输出信号的频率，所以分频器一般是可编程分频器。此频率合成器的输出频率范围主要取决于 VCO 的可调频率范围，频率稳定度与输入参考信号的频率稳定度相同。

对于高频的频率合成器，首先解决的问题就是高的输出频率与可编程分频器的最高工作频率（一般几十兆赫兹）之间的矛盾。一般采用的方法就是在可编程分频器前面加高速前置固定分频器（参数为 K），经前置固定分频器后，可编程分频器的工作频率降低了 K 倍。由于 K 不变，因此频率合成器的信道间隔变为原来的 K 倍，不符合设计要求。还可以通过降低参考频率的方法来保证信道间隔的要求，但是过低的参考频率会产生下面的问题：一是使鉴相频率变低，建立时间变长；二是输入参考频率变低，为了保证环路稳定就要求环路的带宽减小，这使得建立时间更长，抑制 VCO 噪声能力变差。对于解决高的 VCO 输出频率与低速的可编程分频器之间的矛盾，并保证有合适的信道间隔，常采用双模预分频的锁相环频率合成器。双模预分频的锁相环频率合成器的可编程分频器由高速的双模预分频器、吞吐脉冲计数器 A、程序计数器 M 和模式控制电路几部分组成，见图 4-2。

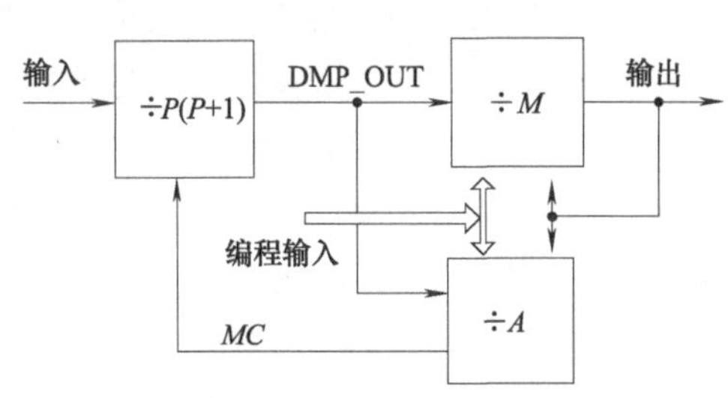

图 4-2　可编程分频器结构

可编程分频器开始工作时，数值 A 和 M 被分别通过指令设置到计数器 A 和计数器 M，同时开始计数。双模分频器（DMP）工作在除（$P+1$）的模式下，直到计数器 A 计数满 A 为止。此时计数器 A 关闭，DMP 开始工作在除 P 模式下，直到计数器计数满 M 为止。然后两个计数器被重置，DMP 又重新开始工作在除（$P+1$）模式下。这样总的分频比为：

$$N=A(P+1)+(M-A)P=MP+A \tag{4-1}$$

由上述分析可知，只有双模预分频器工作在高速状态，而可编程的计数器 M 和 A 的工作速度比双模预分频器低了 P 倍。另外由于 $f_o=f_r(MP+A)$，计数器 A 是分频比的个位，当 A 变化时，信道间隔仍为 f_r，克服了上面所述的高速固定前置分频器使信道间隔变为原来的 K 倍的缺点。

4.1.2　小数分频频率合成器

整数分频结构简单，但存在一些严重的缺点：①由于环路带宽比较窄，所以锁定时间变长；②它的参考信号频率必须等于信道间隔，当信道间隔很小时，会导致很大的分频比，放大鉴相器输入端的噪声；③参考频率的降低会导致转换时间的提高，降低了转换速度。假若可编程分频器能提供小数分频比，每次只改变某位小数，就可以在不降低参考频率的情况下提高频率分辨率。可惜数字分频器本身无法引进小数分频，这就需要采取一定的措施。如果要实现 $N.F$（其中 N 为整数部分，F 为小数部分）的小数分频，可以在每 10^m（m 为 F 的位数）次分频中，作（10^m-F）次除 N，再作 F 次除（$N+1$），可得：

$$N.F=\frac{(10^m-F)\times N+F\times(N+1)}{10^m} \tag{4-2}$$

例如，为了实现 10.1 的小数分频，只要在每 10 次分频中作 9 次除 10，再作 1 次除 11，也就是输出信号频率在前 9 个参考信号周期中被 10 分频，在第 10 个参考信号周期中被 11 分频，那么 10 个参考信号周期中输出信号频率共变化了 $9\times10+1\times11=101$ 个周期，即平均分频比为 10.1。如果 $f_r=1\text{MHz}$，那么 $f_o=10.1\text{MHz}$，原理图如图 4-3 所示。

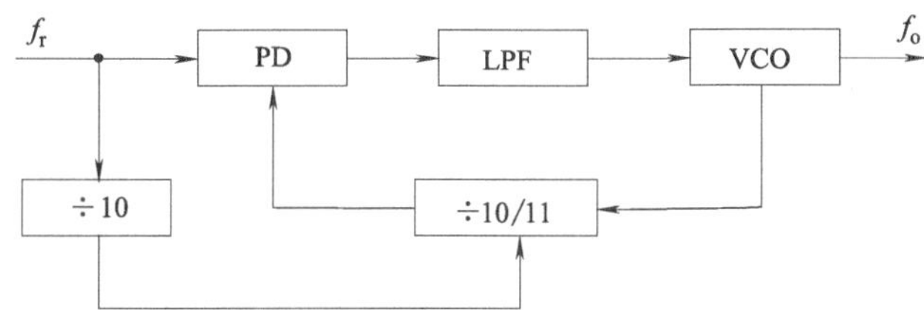

图 4-3　10.1 小数分频频率合成器原理框图

4.1.3　多环频率合成器

用高参考频率且仍能得到高频率分辨率的一种可能的方法是，在锁相环路的输出端再进行分频，如图 4-4 所示。VCO 输出频率经 M 次分频之后为：

$$f_o=\frac{Nf_r}{M} \tag{4-3}$$

式中，M 为后置分频器的分频比；N 为可编程分频比。由式（4-3）可见，频率分辨率为 f_r/M，只要 M 足够大，就可得到很高的分辨率。这种技术存在

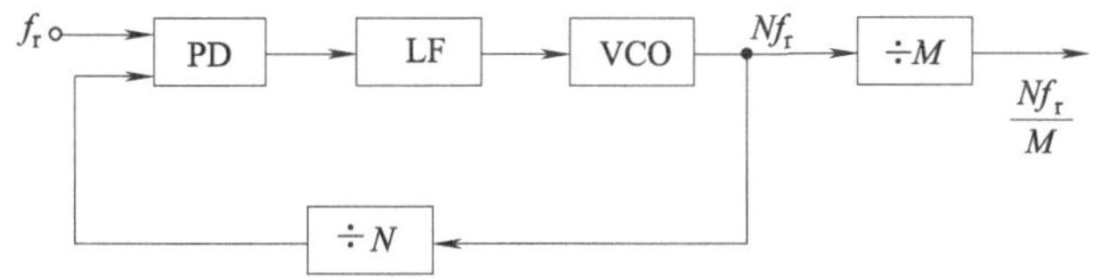

图 4-4　后置分频器的 PLL 合成器

的问题是，环路工作频率需比要求的输出频率高 M 倍，有时可能难以实现。

上述后置分频器的概念在多环频率合成器中是十分有用的。多环频率合成器中有多个锁相环路。其中，高位锁相环路提供频率分辨率相对差一些的较高频率输出；低位锁相环路提供高频率分辨率的较低频率输出；而后再用一个锁相环路将这两部分输出加起来，从而获得高工作频率、高频率分辨率、快速转换频率的合成输出。

图 4-5 就是一个以这种方式构成的三环频率合成器。图中 B 环为高位环，它工作在合成器的工作频段，但分辨率等于 f_r，尚未满足合成器的性能要求。A 环为低位环，它的输出经后置分频器除 M 分频之后输出频率较低，工作频段只等于高位环输出的频率增量，分辨率则达到了 f_r/M，满足合成器的性能要求。例如当 $f_r=100\text{kHz}$，$N_B=351\sim396$，则 B 环的输出频率为 $f_B=35.1\sim39.6\text{MHz}$，频率分辨率为 100kHz。若 $N_A=300\sim399$，则 A 环输出频率 $f_A=30.0\sim39.9\text{MHz}$，取 $M=100$，则经后置分频之后的低位环输出频率为 $f_A=300\sim399\text{kHz}$，其频率分辨率为 100kHz，正好等于 B 环输出的频率增量。通过 C 环将 f_A 和 f_B 相加，最后得到三环合成器的输出频率为 $f_o=35.400\sim39.999\text{MHz}$，频率分辨率为 1kHz。

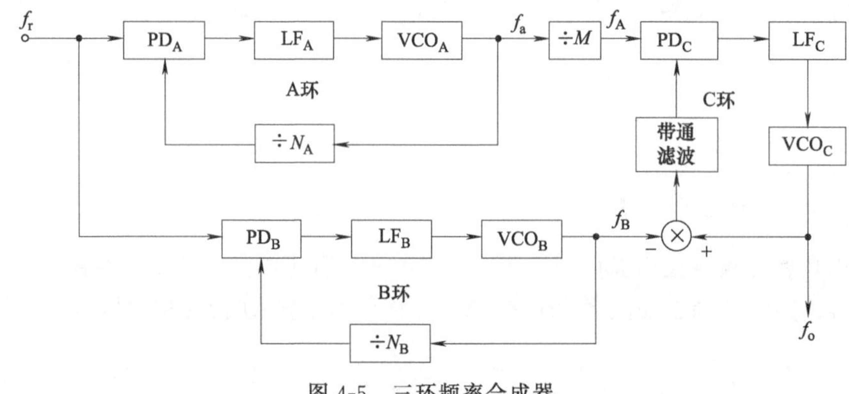

图 4-5　三环频率合成器

4.2 抖动与相位噪声的基本概念

噪声最广泛的定义为“除了所希望信号之外的所有信号”。噪声不可避免地存在于电路的每个部分。在电路或系统中，噪声源除了电路自身产生的以外，还包括来自于外界环境中的噪声。电路设计的一个主要任务就是减少外界环境中带来或由电路本身产生的噪声，以保证信号有良好的质量，因此噪声问题是电路研究的关键问题之一。

相位噪声是锁相环的一个主要性能指标，它影响着接收机的灵敏度和发射机的临近信道干扰。在电路设计领域，对相位噪声的研究一直受到关注，因为只有深入了解锁相环的相位噪声产生机制，才能设计出低相位噪声的本振源。本节首先介绍相位噪声的基本概念，然后分析相位噪声对通信系统的影响，最后分析锁相环中相位噪声的产生原理以及如何从系统角度通过选择合适的环路带宽来抑制噪声。另外，由于压控振荡器的噪声是锁相环中最主要的噪声源，这里专门对它进行理论分析。

锁相环的输出一般为时钟信号，而抖动与相位噪声是描述时钟信号质量的重要指标。一个考虑了噪声影响的周期信号可以表示为：

$$v(t)=A(t)\cos[2\pi f_{c}+\varphi(t)] \tag{4-4}$$

式中，$A(t)$ 对信号的影响称为幅度调制；$\varphi(t)$ 对信号的影响则称为相位调制。理想的周期信号中 $A(t)$ 和 $\varphi(t)$ 均为定值，信号的频谱只在频率为 f_{c} 处有一分量。但是由于噪声的存在，$A(t)$ 和 $\varphi(t)$ 均会受到干扰，导致实际的频谱会在 f_{c} 附近扩展。实际电路中，幅度的变化往往可以通过限幅机制来削弱，但相位的变化会体现在输出信号上，在时域上，相位的变化可以用抖动(Jitter) 来描述，而在频域上，则可以用相位噪声来描述[19]。

4.2.1 抖动的定义

锁相环输出的时钟，也即振荡器的输出时钟，经常被限幅后应用于数字系统中，限幅后的时钟经常以方波等非正弦数字信号存在，常用抖动来描述这一类波形信号的相位偏差。下面主要介绍抖动的几种不同的定义形式。

考察一个周期性信号 $v_{o}(t)$，它的第 n 个上升沿位于时刻 t_{n}，第 n 个周期可以定义为 $T_{n}=t_{n+1}-t_{n}$。对于理想信号，信号的周期是恒定的，但是实际中由于噪声的影响，T_{n} 与 n 有关，若多个周期的平均值为 $\overline{T}$，可以定义每个周期的偏差为 $\Delta T_{n}=T_{n}-\overline{T}$，$\Delta T_{n}$ 可以被用来计算和表示抖动。

（1）绝对抖动

绝对抖动有时也被称为长期抖动、累积抖动，可以定义为：

$$\Delta T_{\text{abs}}(N)=\sum_{n-1}^{N}\Delta T_{n} \tag{4-5}$$

该式可以理解为 n 个周期后，实际信号与一个理想时钟信号总的相位差。绝对抖动是时间的函数，观察的时间越长，抖动也会越大。不同的应用也会有不同的观察时间，从微秒到毫秒不等。绝对抖动不适合描述振荡器，因为自由振荡的振荡器没有相位约束机制，这导致输出信号的相位误差会随着时间的增长而趋于无穷大。由于锁相环输出信号的相位是以输入参考时钟为基准的，因此其绝对抖动趋于定值。

（2）周期间抖动和周期抖动

更适合于描述振荡器噪声的一种抖动叫作周期间抖动，定义为：

$$\Delta T_{\mathrm{c}}=\lim_{N\to\infty}\sqrt{\frac{1}{N}\sum_{n-1}^{N}(T_{n+1}-T_{n})^{2}} \tag{4-6}$$

表示相邻两个周期之差的均方根，有时也被称为短期抖动。

此外，还有一种常用的抖动称为周期抖动，其定义为：

$$\Delta T_{\mathrm{c}}=\lim_{N\to\infty}\sqrt{\frac{1}{N}\sum_{n-1}^{N}\Delta T_{n}^{2}} \tag{4-7}$$

表示每个周期与平均时钟周期间误差的均方根。图 4-6 给出了这两种抖动定义的示意图。周期间抖动和周期抖动这两者之间有一定区别。周期间抖动只比较相邻两个周期的误差，因此会忽略相位的长期变化。例如，如果信号受到 $1/f$ 噪声的调制，周期间抖动就不能很好地反映这一影响，因为 $1/f$ 噪声的频率很低。一个振荡器如果应用在锁相环中，它的长期抖动会受到锁相环环路特性的影响，而周期间抖动却与自由振荡时几乎相同，因此这个指标更适合描述振荡器的相位噪声性能。

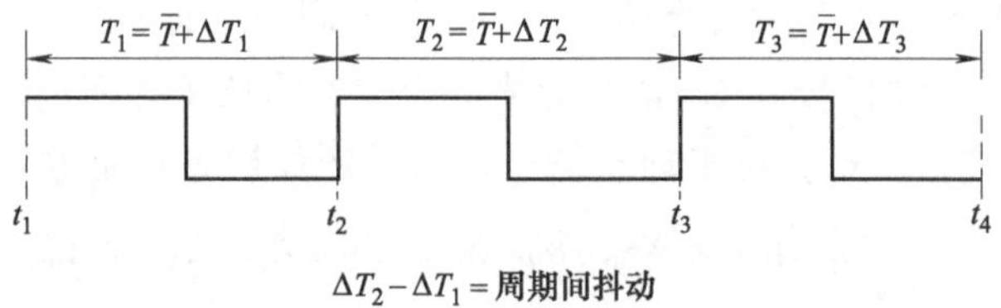

图 4-6 周期间抖动和周期抖动

4.2.2 相位噪声的定义

相位噪声一般是指在系统内各种噪声作用下引起的输出信号相位的随机起伏。通常相位噪声又分为频率短期稳定度和频率长期稳定度。所谓频率短期稳定度，是指由随机噪声引起的相位起伏或频率起伏。至于由温度和老化等引起的频率慢漂移，则称之为频率长期稳定度。通常我们主要考虑的是频率短期稳定度问题，可以认为相位噪声就是频率短期稳定度。

一般用功率谱密度来量化相位噪声，功率谱密度可以表示为双边带形式，也可以表示为单边带形式。单边频谱由双边频谱的负频率谱部分对称于纵轴反褶后加到正频率谱上来获得。有多种定义可以用于表征相位噪声的量，下面分别予以介绍。

（1）相位功率谱密度

相位功率谱密度是指式（4-1）中 $\varphi(t)$ 的功率谱密度。$\varphi(t)$ 可以用一个随机过程表示，其功率谱密度的双边带表示形式为 $P_{\varphi}(f)$，即其自相关函数的傅里叶变换，其单位是 $\mathrm{rad}^2/\mathrm{Hz}$。图 4-7 所示为一个典型的相位功率谱密度的双边带和单边带表示形式。

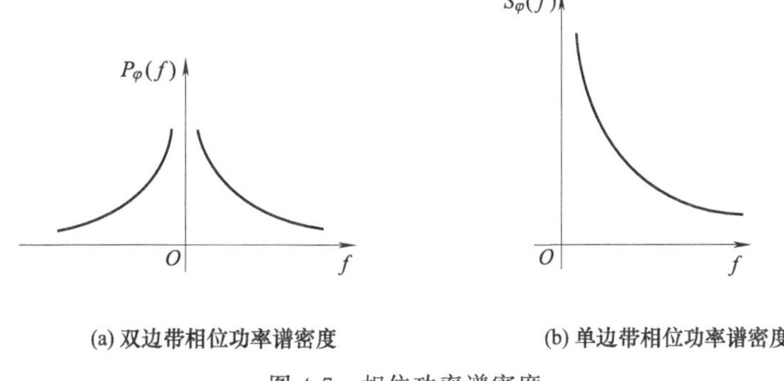

(a) 双边带相位功率谱密度　(b) 单边带相位功率谱密度

图 4-7　相位功率谱密度

（2）电压功率谱密度

在实际应用中，相位功率谱密度不容易测量，而电压功率谱密度可以由频谱分析仪直接得到，因此在实际中应用较多。电压功率谱密度是指式（4-1）中 $v_{\mathrm{o}}(t)$ 的功率谱密度 $S_v(f)$，其单位是 V^2/Hz。一个理想正弦信号的电压功率谱密度是一个单一频率的脉冲，如图 4-8（a）所示。由于相位噪声的影响，载波附近出现了其它的频谱分量，如图 4-8（b）所示。

（3）单边带归一化相位噪声

在实际设计振荡器、锁相环、频率合成器等电路时，单边带归一化相位噪声是最常用的一个指标。其定义可以表示为：

$$L(\Delta f)(\mathrm{dBc/Hz})=10\lg\left(\frac{\text{频率}(f_{\mathrm{c}}+\Delta f)\text{处单位频率的功率}}{\text{载波功率}}\right) \tag{4-8}$$

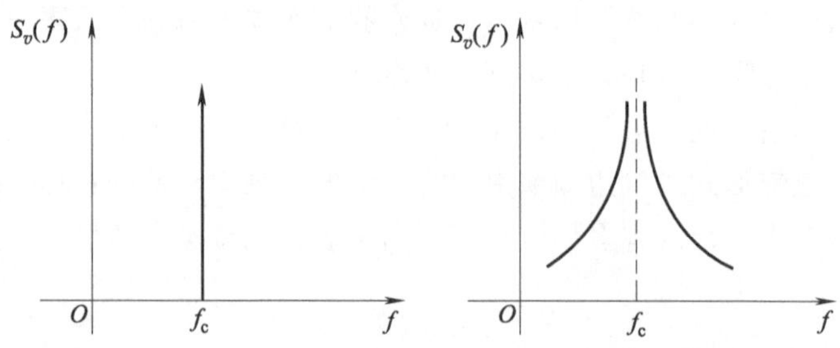

图 4-8　电压功率谱密度

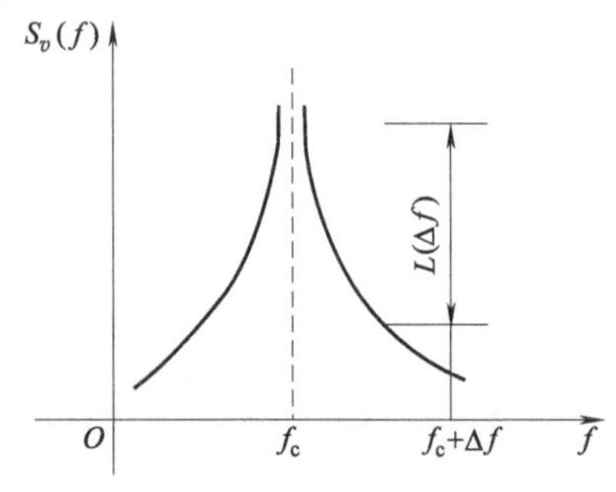

图 4-9　单边带归一化相位噪声的计算

式（4-8）中，f_c 是载波频率。从频谱分析仪上读出某一频偏处的功率，除以仪器的分辨率带宽（Resolution Bandwidth，RBW）以获得单位噪声功率谱频率，再除以载波功率就可以计算出单边带归一化相位噪声，如图 4-9 所示。

文献［20］研究了 $S_\varphi(f)$、$S_v(f)$ 和 $L(\Delta f)$ 之间的关系。得到的结论是：

$$L(\Delta f)\approx\frac{S_\varphi(\Delta f)}{2} \tag{4-9}$$

$$S_v(f)\approx\frac{A^2}{2}\delta(f-f_c)+\frac{A^2}{4}[S_\varphi(f-f_c)+S_\varphi(f+f_c)] \tag{4-10}$$

式中，A 是振荡器的平均输出振幅。可见，几种描述相位噪声的量，是可以相互转换的。电路设计中，一般最常用的是单边带归一化相位噪声 L（Δf）。

抖动和相位噪声从不同的角度评价时钟信号的质量，它们之间可以相互转换，一些文献研究了由测量得到的相位噪声计算出均方根抖动的方法，得出了一些近似计算公式，对此不再详述。对于电路设计而言，在模拟电路中，可以同时关注这两种指标，最直接有效的方法是借助于仿真工具评价电路的抖动或者相位噪声。在对芯片进行测试时，可以同时对两种指标进行测试与评估。

4.3　电荷泵锁相环频率合成器系统噪声分析

锁相环路无论工作在何种应用场合，都不可避免地受到噪声与干扰的影响。噪声与干扰的来源主要有两类：一类是与信号一起进入环路的输入噪声与谐波干扰，输入噪声包括信号源或信道产生的高斯白噪声、环路作载波提取时信号调制形成的调制噪声；另一类是环路部件产生的内部噪声与谐波干扰，以及压控振荡器控制端感应的寄生干扰等，其中压控振荡器内部噪声是主要的噪声源。

噪声与干扰的作用必然会增加环路捕获的困难，降低跟踪性能，使环路输出相位产生随机的抖动。因此，分析噪声与干扰对环路性能的影响是完全必要的，它对于工程上进行环路的优化设计与性能估算是不可缺少的。

图 4-10 为一个典型的电荷泵锁相环频率合成器系统噪声模型。按照噪声源位置的不同，噪声又可以分为 VCO 的噪声、PFD 与 CP 的噪声、下分频模块的噪声等。

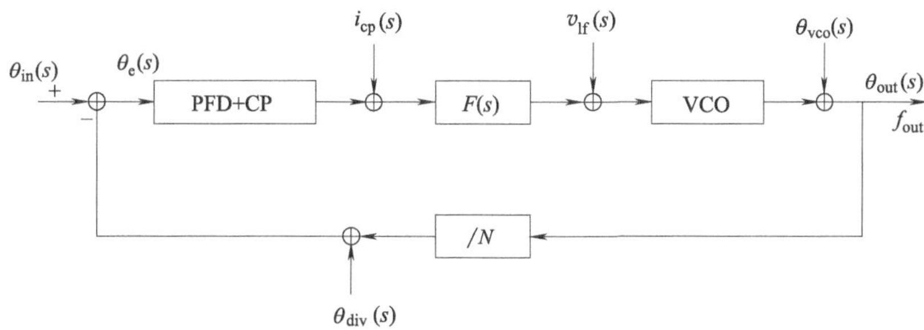

图 4-10　电荷泵锁相环频率合成器系统噪声模型

图中的 $\theta_{in}(s)$ 主要是参考信号源的噪声，$i_{cp}(s)$ 是由 PFD 与 CP 引起的电流噪声，$v_{lf}(s)$ 是环路滤波器引起的电压噪声，$\theta_{vco}(s)$ 是 VCO 的相位噪声，$\theta_{div}(s)$ 是这个分频器产生的相位噪声，$\theta_{out}(s)$ 是 PLL 的输出相位噪声，$F(s)$ 是低通环路滤波器的传递函数，K_d 为 PFD/CP 组合的鉴相灵敏度，K_v 为 VCO 的控制灵敏度。

对噪声进行研究的一个前提条件是认为各部件的相位噪声是统计独立不相关的。在噪声和干扰的强度都比较弱，不足以超出环路线性作用区域的情况下，可以使用叠加原理，分别求出每个噪声源对环路的响应，然后用功率或方差相加的方法，近似求出它们共同作用的结果[21]。

根据图 4-10，运用线性分析方法可得环路方程：

$$\begin{cases} \theta_{in}(s)-\left(\dfrac{\theta_{out}(s)}{N}+\theta_{div}(s)\right)=\theta_e(s) \\ \left[(\theta_e(s)K_d+i_{cp}(s))F(s)+v_{lf}(s)\right]\dfrac{K_v}{s}+\theta_{vco}(s)=\theta_{out}(s) \end{cases} \tag{4-11}$$

经合并运算后，可得环路总输出相位噪声：

$$\theta_{out}(s)=[\theta_{in}(s)-\theta_{div}(s)]\frac{NH_o(s)}{1+H_o(s)}+i_{cp}(s)\frac{N}{K_d}\times\frac{H_o(s)}{1+H_o(s)}$$

$$+v_{lf}(s)\frac{K_v}{s}\times\frac{1}{1+H_o(s)}+\theta_{vco}(s)\frac{1}{1+H_o(s)} \tag{4-12}$$

从式（4-9）中可以很容易得到 PLL 各噪声源相位噪声传递函数，$H_o(s)$ 为锁相环的开环传递函数，根据图 4-10，在分频器后将环路断开，可以很容易得到环路的开环传递函数为：

$$H_o(s)=\frac{K_dK_vF(s)}{Ns} \tag{4-13}$$

下面以四阶锁相环频率合成器为例来计算各噪声源的相位噪声功率谱密度，再归算到输出端的功率谱密度，对于四阶的电荷泵的锁相环的滤波器的传递函数及环路的传递函数 $F(s)$，在第 3 章的第 4 节有详细的推导。设 ϕ_{in} 为参考信号输入端的相位噪声功率谱密度，将其代入闭环传递函数，可得到归算到输出端的输入端相位噪声的功率谱密度 Ψ_{in} 为：

$$\Psi_{in}=\phi_{in}N^2\left|\frac{H_o(s)}{1+H_o(s)}\right|^2=\phi_{in}\left|\frac{NK_dK_v(1+s\tau_1)}{NC_{total}s^2(1+s\tau_2)(1+s\tau_3)+K_dK_v(1+s\tau_1)}\right|^2 \tag{4-14}$$

在环路带宽之内，式（4-11）分母的第一项远远小于第二项，此时 $\Psi_{in}\approx N^2\phi_{in}$。噪声经过锁相环的倍频作用被放大 N^2 倍，表现在功率谱上则是被提高 20lg(N) 倍。在环路带宽之外，以－20dB/10 倍频程的速率衰减，因此，输入参考信号相位噪声谱传递到输出端时，受其低通传递函数的影响。为了尽量减小噪声，环路带宽应尽可能小，但这样减慢了锁定速度、限制了捕获范围、降低了稳定度。根据表 4-1，输入信号相位噪声和下分频模块的相位噪声归算到输出端，具有相同的数值，传递函数仅差一个负号。

利用同样的方法可以得到归算到输出端的鉴频鉴相器、电荷泵以及滤波器的相位噪声。在环路带宽之内，鉴频鉴相器、电荷泵的噪声经过锁相环的倍频作用被放大 N^2 倍，表现在功率谱上则是被提高 20lg(N) 倍。在环路带宽之外，则以－20dB/10 倍频程的速率衰减。可见，环路传递函数对 PFD＋CP 模块的相位噪声也起低通滤波的作用，因此，PFD＋CP 模块的相位噪声谱传递到输出端时，受其低通传递函数的影响。为了尽量减小噪声，环路带宽应尽可能地控制在一定的范围之内。

表 4-1　PLL 相位噪声传递函数

噪声源	传递函数表达式	特性	噪声源	传递函数表达式	特性
输入噪声	$\frac{\theta_{out}(s)}{\theta_{in}(s)}=\frac{NH_o(s)}{1+H_o(s)}$	低通	VCO 的相位噪声	$\frac{\theta_{out}(s)}{\theta_{vco}(s)}=\frac{1}{1+H_o(s)}$	高通
PFD/CP 的电流噪声	$\frac{\theta_{out}(s)}{i_{cp}(s)}=\frac{N}{K_d}\frac{H_o(s)}{1+H_o(s)}$	低通	分频器的相位噪声	$\frac{\theta_{out}(s)}{\theta_{div}(s)}=-\frac{NH_o(s)}{1+H_o(s)}$	低通
LF 的电压噪声	$\frac{\theta_{out}(s)}{v_{lf}(s)}=\frac{K_v}{s}\frac{1}{1+H_o(s)}$	带通			

设 ϕ_{VCO} 为 VCO 的相位噪声功率谱密度，则归算到 PLL 输出端的 VCO 的相位噪声功率谱密度 Ψ_{VCO} 为：

$$\begin{aligned}\Psi_{VCO}&=\phi_{VCO}\left|\frac{1}{1+H_o(s)}\right|^2=\phi_{VCO}\left|\frac{Ns}{Ns+K_dK_vF(s)}\right|^2\\&=\phi_{VCO}\left|\frac{NC_{total}s^2(1+s\tau_2)(1+s\tau_3)}{NC_{total}s^2(1+s\tau_2)(1+s\tau_3)+K_dK_v(1+s\tau_1)}\right|^2\end{aligned}\tag{4-15}$$

由上式可知，环路带宽之内，式（4-12）分母的第一项远远小于第二项，VCO 的噪声则随着频率的减小以 -40dB/10 倍频程的速率衰减。在环路带宽之外，式（4-12）分母的第一项远远大于第二项，因此 $\Psi_{VCO}\approx\phi_{VCO}$。由此可见，VCO 模块的相位噪声不同于输入参考信号相位噪声之处在于环路对 VCO 模块的相位噪声起着高通滤波的作用。为了尽量减小 VCO 的相位噪声对环路性能的影响，必须使环路带宽足够大。

锁相环的带宽决定了哪一种噪声源对系统的输出时钟的抖动具有主要的影响。参考信号输入端引入的外部噪声沿着参考信号的通路进入锁相环系统，因此，参考信号引入噪声的传递函数与参考信号本身的传递函数具有相同的形式。如果系统的环路带宽比较窄，输入参考信号噪声的高频分量会得到消除，从而降低对系统输出时钟抖动的影响。但另一方面，由于锁相环系统对于 VCO 的噪声工作在一个高通滤波器的状态下，过窄的系统带宽会增加 VCO 的相位噪声。

总体而言，环路中所有的构成部分都会对整个环路的噪声与抖动产生影响，如 PFD 的噪声、下分频模块的噪声等都会影响到整个锁相环的输出相位噪声或抖动。但通常情况下，下分频模块的噪声、PFD/CP 的噪声可以通过电路结构的改进以及加入滤波器等手段加以消减，这些噪声在实际的设计中都是可以忽略的。PLL 系统的输出信号的相位噪声或抖动主要受到参考信号和 VCO 所形成的噪声源的影响，在这种情况下一般选择环路带宽在两噪声源谱密度线的交叉点频率附近，其比较接近于最佳状态，这可作为工程上适用的一种方法。如果频率合成器的参考信号来自晶体振荡器，它有很高的频率稳定度，相位噪声很小，因此环路的噪声主要来自于 VCO 的相位噪声，故抑制 VCO 的噪声是频率合成器设计的主要任务之一。VCO 是 PLL 中的关键单元之一，VCO 的相位噪声会对整个锁相环路的相位噪声产生重要影响，有必要对 VCO 的相位噪声进行深入的分析和讨论。

4.3.1 VCO 相位噪声的线性时不变模型

一般使用图 4-11 来分析振荡器的相位噪声性能，为了分析简单，假设有源器件是无噪声的，R 是电路中唯一的噪声源。LC 谐振电路上的噪声电压为噪声电流源与通过噪声电流源所看到的有效阻抗的乘积。在振荡器稳定振荡时，负阻提供的能量等于振荡回路损失的能量，因此负阻与 R 互相抵消，噪声电流源看到的有效阻抗是理想无损 LC 网络的阻抗。

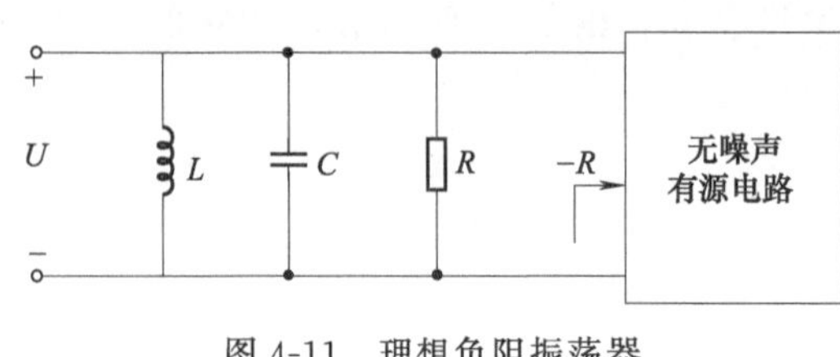

图 4-11　理想负阻振荡器

在稍微偏离振荡频率 ω_0 处（偏移量 $\Delta\omega$），LC 回路的阻抗近似为：

$$Z(\omega_0+\Delta\omega)\approx -\mathrm{j}\,\frac{\omega_0 L}{2(\Delta\omega/\omega_0)} \tag{4-16}$$

考虑到并联 LC 谐振回路的品质因数为 $Q=R/\omega_0 L$，因此：

$$|Z(\omega_0+\Delta\omega)|\approx R\,\frac{\omega_0}{2Q\Delta\omega} \tag{4-17}$$

LC 谐振电路上的噪声电压功率谱密度为噪声电流源的功率谱密度与 LC 回路阻抗平方的乘积：

$$\frac{\overline{v_n^2}}{\Delta f}=\frac{\overline{i_n^2}}{\Delta f}|Z|^2\approx 4kTR\left(\frac{\omega_0}{2Q\Delta\omega}\right)^2 \tag{4-18}$$

由于 LC 谐振电路提供了滤波功能，输出噪声电压的功率谱密度与频率无关，它与载波频率 ω_0 的平方成正比，而与频率偏移量 $\Delta\omega$ 的平方成反比，而且输出噪声电压的功率谱密度与 LC 谐振腔回路的品质因数平方成反比。

在这种理想模型中，电阻 R 的热噪声引起振荡信号的幅度和相位扰动，在没有自动幅度控制的情况下，根据热动力学平分定律，噪声能量将平等地转化为幅度扰动和相位扰动。实际的振荡器都存在幅度控制措施，因此输出噪声电压仅对相位扰动产生贡献，其值为式（4-15）的一半。按照相位噪声的定义，这种理想振荡器的相位噪声为：

$$L\{\Delta\omega\}=10\lg\left[\frac{2kT}{P_s}\left(\frac{\omega_0}{2Q\Delta\omega}\right)^2\right] \tag{4-19}$$

式中，k 是波尔兹曼常数；T 是绝对温度；P_s 为振荡信号能量，它与振荡信号幅度 V_o 之间的关系为 $P_s=V_o^2/2R$。

从式（4-16）可以看出，振荡器的相位噪声与振荡信号能量和 LC 谐振回路的品质因数的平方成反比，因此提高振荡信号幅度和 LC 谐振腔 Q 值可以提高振荡器的相位噪声性能。式（4-16）还表明振荡器的振荡频率与频率偏移量的平方成反比，实际测量得到的相位噪声与频率偏移量之间的关系曲线如图 4-12 所示。

图 4-12 分为三个不同的区域：与偏移频率无关的区域称为平坦区；与偏移频率平方成反比的区域称为 $1/f^2$ 区；与偏移频率立方成反比的区域称为 $1/f^3$ 区。对照式（4-16），可以看出 $1/f^2$ 区域的相位噪声与电阻热噪声相关。实际电路中的有源器件会引入 $1/f$ 噪声，经上变频后会转移到载波频率附近，造成偏移频率量很小时的 $1/f^3$ 区域。为了避免负载效应（负载变化时，振荡频率发生变化），振荡器一般都有一个输出缓冲电路，该电路会限制可以观测到的振荡器噪声基底，测试设备本身也存在可测量的噪声基底，当偏移频率较大，振荡器噪声谱低于输出缓冲电路或者测试设备的噪声基底时，振荡器本身的噪声是测量不出来的，这就形成了平坦区。

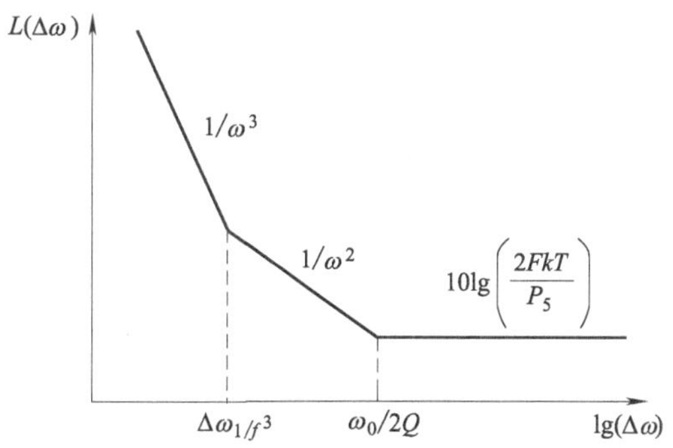

图 4-12　实测相位噪声与频率偏移量之间的关系曲线

根据以上因素，Leeson 在 20 世纪 70 年代提出一种基于线性时不变系统的分析方法，称为 Leeson 模型[22]，它是迄今为止最常用的相位噪声模型：

$$L(\Delta f)=10\lg\left\{\frac{2FkT}{P_s}\left[1+\left(\frac{f_0}{2Q_L\Delta f}\right)^2\right]\left(1+\frac{\Delta f_{1/f^3}}{|\Delta f|}\right)\right\} \tag{4-20}$$

式中，F 是经验常数；k 是波尔兹曼常数；T 为绝对温度；P_s 为谐振回路中等效并联电阻上的平均功率耗散；Q_L 是谐振回路的有载品质因数；$\Delta f_{1/f^3}$ 是 VCO 功率谱中 $1/f^3$ 和 $1/f^2$ 区域的拐角频率。Leeson 用晶体管 $1/f$ 噪声的拐角频率来代替 $1/f^3$ 拐角频率。

Leeson 模型预测了振荡器的相位噪声行为，而且数学表达式非常简单，因此得到了广泛应用。但 Leeson 模型中包含一个试验参数 F，需要进行实际测量后拟合得到，因此它不能预测振荡器的相位噪声性能，这是 Leeson 模型最大的问题。按照 Leeson 模型，平坦区与 $1/f^2$ 区域的分界点应该等于 $\omega_0/2Q$，但实际中并不总是成立。Leeson 模型的另一个问题是 $\Delta f_{1/f^3}$ 也不总是等于有源器件的 $1/f$ 噪声的拐角频率，更多地将它作为一个试验值。

4.3.2 VCO 相位噪声的线性时变模型

Hajimiri 提出的线性时变相位噪声模型是一种通用的、精确的定量分析方法[23]。因为任何振荡器都是一个周期变化的时变系统，因此噪声模型必须精确地考虑振荡电路的时变特性。线性时变模型能够分析平稳噪声，甚至是周期平稳噪声。该特点是线性时不变噪声模型所不具备的。线性时变相位噪声模型还可以分析器件闪烁噪声上变频成为相位噪声的程度与振荡波形对称性的关系。通常认为，相位噪声的 $1/f^3$ 噪声的拐角频率就是器件闪烁噪声的拐角频率，而通过线性时变相位噪声模型的分析，可以知道前者要小于后者。振荡器的这种特性，使得在闪烁噪声性能差的 CMOS 工艺上也能够设计出相位噪声性能高的振荡器，甚至可以比双极性工艺还要好。本节主要介绍线性时变相位模型。

假设 VCO 的输出信号为 $V_{\text{out}}(t)=A(t)\cos[\omega_0 t+\varphi(t)]$，其中振幅 $A(t)$ 和相位 $\varphi(t)$ 都是时间 t 的函数，$f[\omega_0 t+\varphi(t)]$是一个周期为 2π 的函数。信号幅度对冲击电流的响应是呈衰减趋势的，最终会稳定在初始状态，而相位对冲击电流的响应则是呈阶跃状态的，稳态时相位会产生 $\Delta\theta$ 的改变。因此，VCO 的信号幅度在稳态时受噪声电流的影响很小，VCO 的相位噪声主要来自噪声电流对信号相位的影响。若在时刻 τ 对振荡器电路的某一节点注入冲击电流，相位的冲击响应为：

$$h_{\varphi}(t,\tau)=\frac{\Gamma(\omega_0\tau)}{q_{\max}}u(t-\tau) \tag{4-21}$$

式中，$q_{\max}$ 为电路该节点在电路振荡时电荷量可以改变的最大值，$q_{\max}=C_{\text{eq}}V_{\text{p-p}}$，$V_{\text{p-p}}$ 为振荡信号的电压峰-峰值。电流脉冲只会改变电容两端电压，而不会影响经过电感的电流。从图 4-13 可以看出，$A(t)$ 和 $\varphi(t)$ 的变化结果与时间相关。极端情况下，如果脉冲加在电容两端电压的峰值上，将没有相位偏移而只产生幅度变化，如图 4-13 (a) 所示。另一个极端的情况是脉冲加在过零点上，将会对剩余相位 $\varphi(t)$ 有最大的影响，对幅度有最小的影响，如图 4-13 (b) 所示。当电流脉冲加在其它任何时刻，将会同时改变振荡器的幅度和相位。有一点很重要，不论注入电荷多么小，振荡器都是时变的。因此幅度 $A(t)$ 和相位

$\varphi(t)$ 对电流脉冲的响应函数 $h_A(t,\tau)$ 和 $h_\varphi(t,\tau)$ 是时变函数。

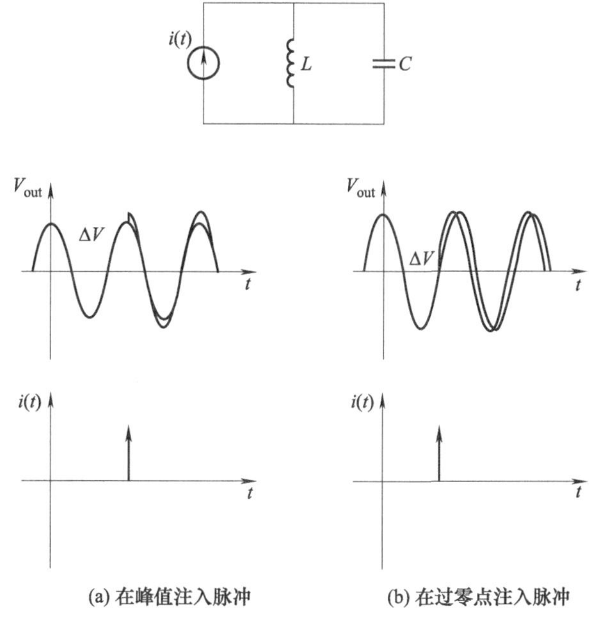

图 4-13　谐振腔时变冲击响应

$\Gamma(\omega_0\tau)$ 为冲击灵敏度函数（Impulse Sensitivity Function，ISF），引入 ISF 后，相位噪声的计算就变得相对简单了，不必采用复杂的非线性理论去分析。ISF 是一个无量纲的周期为 2π 的函数，表征了在 $t=\tau$ 时刻由单位冲击电流引起的相移的大小。由于是周期函数，ISF 可以展开为傅里叶级数：

$$\Gamma(\omega_0\tau)=\frac{c_0}{2}+\sum_{n=1}^{\infty}c_n\cos(n\omega_0\tau+\varphi_n) \tag{4-22}$$

式中 c_n 是实系数；φ_n 为 n 次谐波的初始相位，因为它不影响相位噪声的计算，在后面的计算中可以忽略它[24]。

有了冲击响应后，可以通过卷积得到相位对任意输入电流的响应。根据式（4-18）和式（4-19）可以得到：

$$\varphi(t)=\int_{-\infty}^{\infty}h_\theta(t,\tau)i(\tau)\mathrm{d}\tau=\frac{1}{q_{max}}\left[\frac{c_0}{2}\int_{-\infty}^{t}i(\tau)\mathrm{d}\tau+\sum_{n=1}^{\infty}c_n\int_{-\infty}^{t}i(\tau)\cos(n\omega_0\tau)\mathrm{d}\tau\right] \tag{4-23}$$

若在该节点的噪声电流为 $i(t)=I_n\cos[(n\omega_0+\Delta\omega)t]$，即噪声电流的频率在振荡频率的整数倍附近，根据式（4-20）和谐波之间的正交特性可以得到：

$$\varphi(t) \approx \frac{1}{q_{\max}}\left[c_n\int_{-\infty}^{t} I_n\cos[(n\omega_0+\Delta\omega)\tau]\cos(n\omega_0\tau)\mathrm{d}\tau\right] \approx \frac{I_n c_n \sin(\Delta\omega t)}{2q_{\max}\Delta\omega} \tag{4-24}$$

因此，在频率（$n\omega_0+\Delta\omega$）处的注入噪声电流将会在频率（$\omega_0+\Delta\omega$）处，相对于载波 ω_0 产生的单边带功率为：

$$P_{\mathrm{SBC}}(\Delta\omega)=10\lg\left(\frac{I_n c_n}{4q_{\max}\Delta\omega}\right)^2 \tag{4-25}$$

4.3.3 单边带噪声谱密度与噪声载波功率比

现在讨论随机电流噪声 $i_n(t)$ 的情形，它的功率谱密度包括平坦区和 $1/f$ 区域，如图 4-14 所示。根据前述及式（4-19）可知，位于振荡频率整数倍附近的噪声分量都变换为 $S_\varphi(\omega)$ 的低频噪声边带，它又变为 $S_v(\omega)$ 频谱中的接近载波的相位噪声，如图 4-14 所示，可以看出 $S_\varphi(\omega)$ 的总量等于 ω_0 整数倍附近器件噪声产生的相位噪声贡献的总和，权重因子为 c_n，这点示于图 4-15（a）（对数频率尺度）。得到的单边带噪声谱密度 $L\{\Delta\omega\}$ 绘于图 4-15（b）中的对数坐标系。

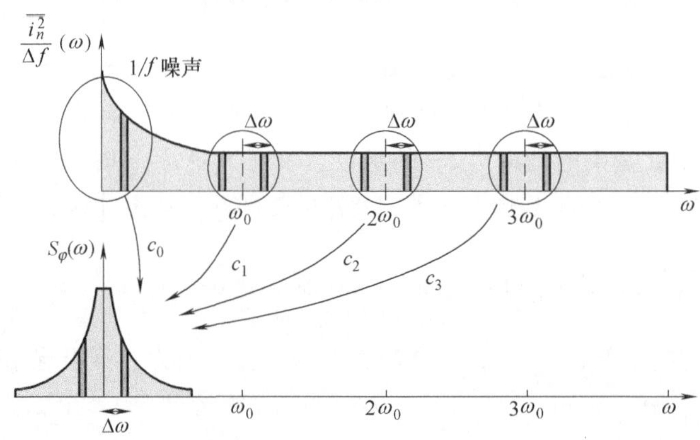

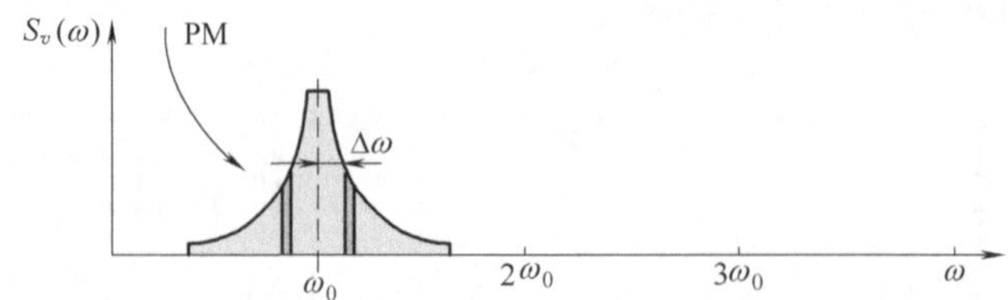

图 4-14　器件噪声到相位噪声的转换过程

这就预言了相位噪声谱中 $1/f^3$、$1/f^2$ 平坦区域的存在。低频噪声源，如闪烁噪声，乘以因子 c_0，表现为相位噪声谱中的 $1/f^3$ 区域，而白噪声项，乘以其它的因子 c_n，表现为相位噪声谱中的 $1/f^2$ 区域。很显然，如果原始噪声电流 $i(t)$ 中包含 $1/f^n$ 的低频噪声项，它们就会在相位噪声谱中的 $1/f^{n+2}$ 区域出现。最后，图 4-15 中的平坦区噪声源于振荡器噪声源的基底白噪声。总的边带噪声功率是这两者的和，在同一幅图中以粗线标出。为了对相位噪声边带功率进行定量分析，现在考虑一输入噪声电流，具有白噪声功率谱密度 $i_n^2/\Delta f$。因此在由噪声源引起的某一节点的 $\Delta\omega$ 频偏处产生的单边带功率为：

$$P_{\mathrm{SBC}}\{\Delta\omega\}=10\lg\left(\frac{\overline{i_n^2}}{\Delta f}\sum_{n=0}^{\infty}c_n^2/4q_{\max}^2\Delta\omega^2\right) \tag{4-26}$$

其中，噪声功率谱密度为$\dfrac{\overline{i_n^2}}{\Delta f}=\dfrac{I_n^2}{2}$，根据 Parseval 原理有：

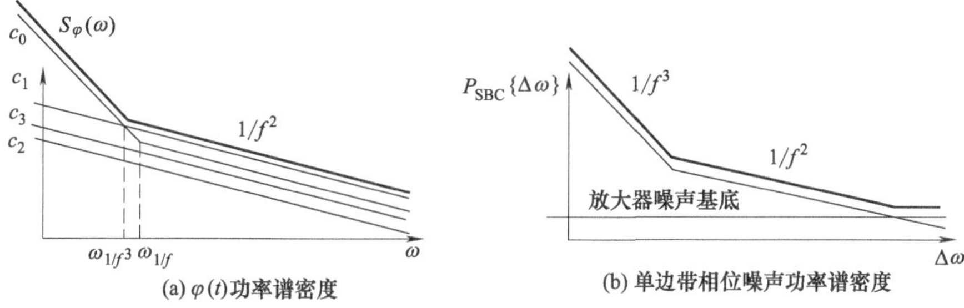

图 4-15　相位增量和单边带相位噪声

$$\sum_{n=0}^{\infty}c_n^2=\frac{1}{\pi}\int_0^{2\pi}|\Gamma(x)|^2\mathrm{d}x=2\Gamma_{\mathrm{rms}}^2 \tag{4-27}$$

式中，Γ_{rms} 是 $\Gamma(x)$ 的均方根值。结果是：

$$P_{\mathrm{SBC}}\{\Delta\omega\}=10\lg\left(\frac{\Gamma_{\mathrm{rms}}^2\overline{i_n^2}/\Delta f}{2q_{\max}^2\Delta\omega^2}\right) \tag{4-28}$$

这个方程代表了任意振荡器 $1/f^2$ 区域的相位噪声谱。

现在可以定量地研究器件 $1/f$ 拐角频率和相位噪声 $1/f^3$ 拐角频率之间的关系。从图 4-15 中可以看出，这两个频率之间的关系明显依靠各个系数 c_n 的特殊值。

噪声谱中闪烁噪声占主要部分（$\Delta\omega<\omega_{1/f}$）的器件噪声可以描述为：

$$\overline{i_{n,1/f}^2}=\overline{i_n^2}\frac{\omega_{1/f}}{\Delta\omega} \quad (\Delta\omega<\omega_{1/f}) \tag{4-29}$$

式中，$\omega_{1/f}$ 是器件 $1/f$ 噪声拐角频率。导出的相位噪声 $1/f^3$ 部分的表达式为：

$$P_{\mathrm{SBC}}\{\Delta\omega\}=10\lg\left(\frac{c_0^2}{q_{\max}^2}\times\frac{\overline{i_n^2}/\Delta f}{8\Delta\omega^2}\times\frac{\omega_{1/f}}{\Delta\omega}\right) \tag{4-30}$$

器件闪烁噪声产生的相位噪声与器件白噪声产生的相位噪声相等时的拐角频率点定义为相位噪声 $1/f^3$ 和 $1/f^2$ 区域间的拐角频率 ω_{1/f^3}，也即式（4-26）与式（4-28）相等，可得到：

$$\omega_{1/f^3}=\omega_{1/f}\left(\frac{c_0}{2\Gamma_{\mathrm{rms}}}\right)^2\approx\omega_{1/f}\ \frac{1}{2}\left(\frac{c_0}{c_1}\right)^2 \tag{4-31}$$

可以看出，内部噪声源产生的 $1/f^3$ 相位噪声拐角频率不等于器件 $1/f$ 噪声拐角频率，而是偏小，差了一个系数 $(c_0/2\Gamma_{\mathrm{rms}})^2$。下面要讨论的是，由于 c_0 与振荡波形相关，如果振荡波形中存在一定的对称性，c_0 将会显著减小。因此，器件 $1/f$ 噪声特性差并不表明近载波相位噪声特性差。

通过研究相位噪声的 LTV 模型，可以得到很多对于设计 VCO 有用的结论。归纳如下：在电路设计时，在满足应用要求的前提下尽可能选取噪声小的有源器件；电路中信号通过的各个节点上可以改变的电荷量越大，信号的相位噪声会越小。因此，增加节点电容或者增加信号的幅度都可以达到目的；在振荡频率整数倍附近（$n\omega_0+\Delta\omega$）的噪声功率谱都会被搬移到（$\omega_0+\Delta\omega$），形成 VCO 的相位噪声，而且 ISF 傅里叶变换的系数 c_n 决定了相应的噪声功率；ISF 的系数 c_0 的大小决定了 VCO 相位噪声在 $1/f^3$ 区域的大小，c_0 也是 ISF 的直流分量，其大小与振荡信号瞬态波形的对称性有关。信号对称性越好，c_0 就越小，反之亦然，这里的对称性是指信号本身边沿的对称性。对于差分电路，应该保证正负两路信号各自都是对称的，而不应该仅仅看差分信号的对称性。因此，优化信号的对称性可以在很大程度上减小 VCO 的低频噪声；VCO 相位噪声 $1/f^3$ 区域和 $1/f^2$ 区域的拐角频率 ω_{1/f^3} 与 MOSFET $1/f$ 噪声拐角频率 $\omega_{1/f}$ 有关，但二者并不相等。ω_{1/f^3} 的大小还取决于 ISF 系数 c_0 和 c_1 的比值。因此，只要设计合理，采用 $1/f$ 噪声大的器件并不意味着 VCO 的相位噪声也大。

4.3.4 LC-VCO 中的相位噪声降低技术

互耦对相当于一个单平衡混频器，电流源引入的低频噪声成分经上变频后转移到振荡频率附近，在载波附近形成两个相等的 AM 边带；电流源引入的基频附近噪声成分经上变频后转换到二阶谐波频率处或者经下变频后转换到低频频率处，这些成分都会被 LC 谐振回路衰减；而电流源引入的二阶谐波频率处噪声成分经下变频后转换到振荡频率附近，经上变频后转换到三阶谐波频率处，三阶谐波频率成分会被 LC 谐振回路衰减。电流源引入噪声的其它高阶谐波成分经混频后都被转移到其它的频率成分处（一阶近似，实际上，互耦对的非线性有可能将高阶噪声成分转移到载波频率处，但转换增益将大大降低，在分析中可以忽略），这些频率成分都会被 LC 谐振回路衰减。因此，电流源引入的噪声中，仅低频成分和二阶谐波频率处的噪声成分可以转移到载波频率附近，注入到 LC 谐振电路中。LC 谐振电路会将这些注入的频率成分相等地分解为振荡频率附近的 AM 和 PM 边带，仅 PM 边带成分才会对相位噪声产生贡献。

电流源在差分 LC 振荡器中起到了两方面的作用，一方面它设置了振荡器的偏置电流，另一方面它在互耦对的共源点和地之间插入了一个高阻抗通道，正是这个高阻抗通道阻止了线性区工作的互耦对晶体管给谐振电路引入额外的损耗。注意到，在平衡型振荡器中，奇次阶谐波在差分路径上循环，而偶次阶谐波则通过共模路径（谐振回路的接地电容或者互耦对晶体管到地）进行流动，如图 4-16 所示。因此严格说来，电流源仅需要在偶次阶谐波频率处提供一个高阻抗就可以了，而偶次谐波中，主要是二阶谐波产生影响。

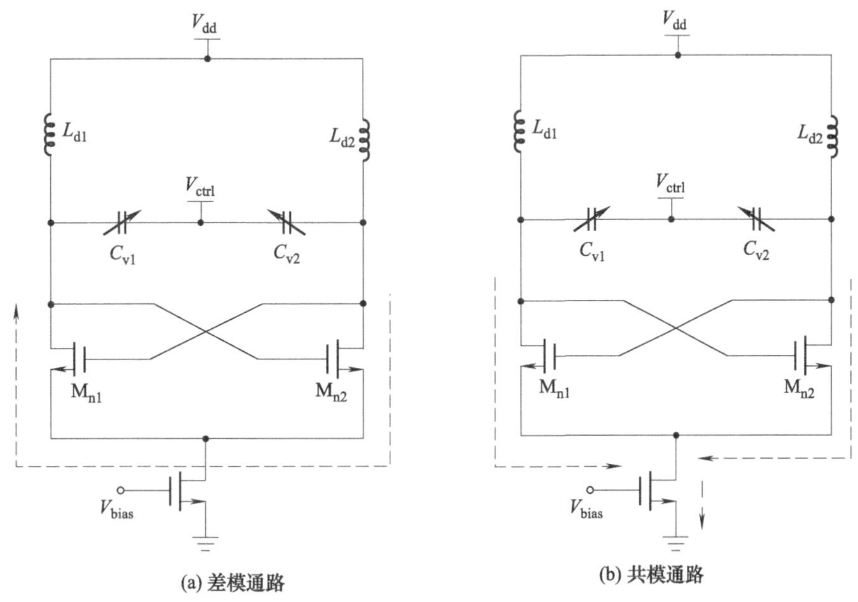

图 4-16　差模通路与共模通路

综上可以看出，电流源引入的噪声中仅二阶谐波频率处的热噪声才会对振荡器相位噪声产生贡献，而且，电流源仅需要在二阶谐波频率处提供一个到地的高阻抗通道就可以阻止线性区工作的互耦对给谐振回路引入额外的损耗。这表明可以用一个窄带电路来压缩电流源的噪声，使它对振荡器来说近似呈现无噪状态。将一个大的电容与电流源并联可以衰减二阶谐波频率处的电流源噪声成分［图 4-17（a)］，但它没有给互耦对提供高阻抗通道，线性区工作的互耦对会给谐振回路引入额外的损耗。为了提高阻抗，可以在电流源和互耦对的共源点之间插入一个电感。该电感与互耦对共源节点的寄生电容在 $2\omega_0$ 处谐振，在二阶谐波频率附近提供一个高阻抗，所实现的阻抗大小依赖于电感的品质因数。这种高阻抗阻止了电流源在二阶谐波频率处的热噪声进入振荡器，二阶谐波频率处的热噪声由与电流源并联的大电容短路到地，该电容必须足够大，使得在二阶谐波频率处，电流源漏极近似短路到地。该高阻抗还可以防止线性区工作的互耦对晶体管给谐振回路引入损耗。插入的电感和与电流源并联的大电容组成的网络被称为噪声滤波器。在采用顶部偏置的电流偏置型振荡器中，电流源从电源电压注入到差分电

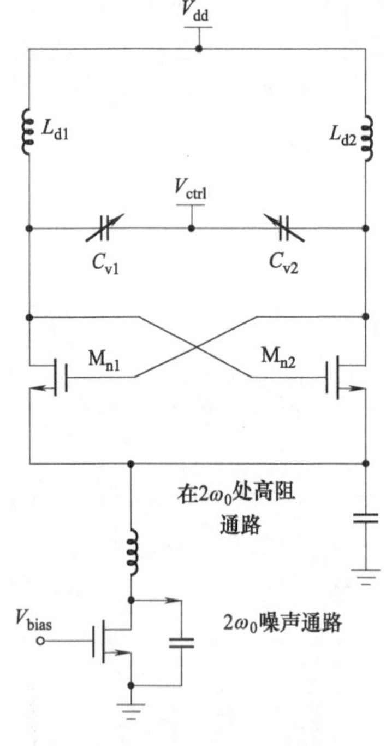

(a) 尾电流源的噪声滤波网络

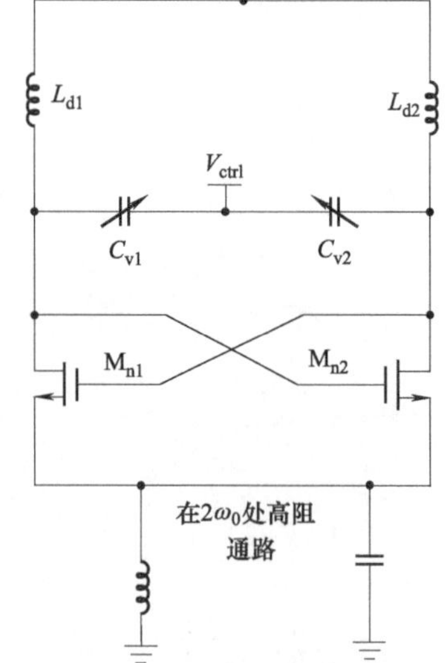

(b) 顶部电流源的噪声滤波网络

图 4-17　电流偏置型差分负阻振荡器的噪声滤波网络

感的中心抽头处，如图 4-17（b）所示。如果忽略到地的结电容，顶部偏置的振荡器和尾部偏置的振荡器的性能是完全一样的，既然偏置电流源都是和电源电压串联的，但考虑到接地的结电容，这两种结构存在一些不同的地方，如顶部偏置的振荡器对衬底耦合噪声具有更好的抑制作用（电流源可以放在一个单独的 n 阱中），顶部偏置的振荡器的 $1/f$ 噪声影响更小（PMOS 管的 $1/f$ 噪声要小于 NMOS 管）等。顶部偏置振荡器和尾部偏置振荡器最大的不同在于噪声滤波网络。在顶部偏置振荡器中，与电流源并联的电容仍然将二次谐波频率处的电流源热噪声短路到地，但电感只能接在互耦对的共源点和地之间，与共源节点的寄生电容在二次谐波频率处谐振，阻止二次谐波电流经接地的结电容和互耦对晶体管流到地。

4.4　电源噪声与衬底噪声

实际的 PLL 系统中，由于电源噪声、衬底噪声此类的外部的噪声源的平均功率谱密度较之诸如热噪声之类的电路内部器件噪声源的功率谱密度要大得多。因此，由外部噪声而形成的噪声源对系统输出抖动的影响比电路内部器件噪声源对系统输出抖动的影响要大得多[25]。

4.4.1　电源噪声

由于 PLL 电路与接收机系统中的其它模块共用相同的电源总线，这就使得 PLL 受到了电源噪声的作用。电源噪声的本质是电源线上的开关噪声，主要包括了由于电源线自身阻抗引入的噪声、芯片的封装键合过程中由于键合线电感所引入的噪声等。在锁相环中，电源噪声会使得 VCO 的频率发生偏离，同时电源噪声会通过外接参考信号的通路影响到 PFD、电荷泵以及滤波器等低频部分的性能，因此对相位噪声造成影响的主要噪声源是 VCO 和外接参考信号。在 VCO 中，假设 VCO 由 n 级单元构成，电源噪声和衬底噪声对相位噪声及输出时钟抖动，与级数有关而与电路的功耗无关。由于 VCO 每一级都受到相同的干扰，呈现完全相关的噪声。在频率一定时，级数越多则电源噪声对相位噪声及输出时钟的抖动影响越大。同时，在每一级构成单元中，通过选用高 Q 值的无源器件如电感、电容等形成谐振腔以及在有源部分采用差分耦合的电路结构，都可以降低由电源噪声和衬底噪声所造成的时钟抖动及相位噪声[26]。

通常，在芯片的设计过程中，通过在输出驱动电路的电源端与输出端之间引入耦合电容以消除由于输出驱动电路中的开关活动而引入电路的噪声。如果耦合电容的数值足够大，甚至超过了开关电容的数值，那么片上的开关效应而引发的噪声可以被有效地消除。但是这种方法对片外的输出驱动电路一般是没有效果的，所以这些电路会受到电源总线与地总线之间的电压波动的影响。

4.4.2 衬底噪声

随着电路技术的发展，芯片的集成度越来越高，单位面积内器件的数量越来越大。在一块芯片掩模上往往同时存在着对噪声敏感度较高的模拟电路模块与大规模的数字电路模块。由数字电路中的大信号的瞬间的开关活动所引起的噪声会影响到模拟电路的性能。在芯片中，数字电路中的噪声通常通过数字电路与模拟电路共同的衬底与电源或地之间的通路影响模拟电路。大量的数字门电路可能会将噪声通过系统的总地线或电源线注入到衬底。尤其在输出时钟发生变化时，会将大量的毫伏数量级的干扰引入到衬底电位上，这些噪声会影响其中的模拟电路输出的高频时钟的信号的完整性。由于电路中注入衬底噪声中的主要的分量是由于电源与地之间的通路中由电压波动而产生的电荷泄漏。因此在对一个数模混合电路的衬底噪声进行分析时，既要注意到数字电路中由于大信号瞬态的开关而注入衬底产生的噪声，也要考虑模拟电路中由于电源与地之间的电压波动而注入衬底形成的噪声。

集成电路中的衬底噪声和电源噪声属于电路干扰，而热噪声、散弹噪声和闪烁噪声等则属于器件噪声。器件噪声主要是由电阻和场效应管所产生的。

4.5 电荷泵频率合成器的输出杂散

杂散是指锁相环频率合成器输出信号频谱中与目标频率不同的频率分量，一般用杂散频率分量功率与目标频率功率（载波功率）之比取对数进行量化表示，单位 dBc。锁相环中的杂散是由 VCO 控制电压中的交流分量通过 VCO 对输出信号进行调频产生，分析杂散首先要看 VCO 控制电压中的交流分量。通过分析交流分量的来源可以找到减小系统杂散的方法[27]。

设控制电压中的交流分量为 $v_s(t)$，且输出信号初始相位为零时则有：

$$v_{out}(t)=V_{out}\cos\left(\omega_{out}t+K_{vco}\int_0^t v_s(\tau)d\tau\right) \tag{4-32}$$

为分析方便，假设 $v_s(t)$ 是偶函数，将 $v_s(t)$ 按三角傅里叶级数展开，有：

$$v_s(t)=\sum_{n=1}^{+\infty}V_{sn}\cos(n\omega_s t) \tag{4-33}$$

那么

$$v_{\text{out}}(t)=V_{\text{out}}\cos\left(\omega_{\text{out}}t+K_{\text{vco}}\int_0^t\left[\sum_{n=1}^{+\infty}V_{\text{sn}}\cos(n\omega_{\text{s}}\tau)\right]\mathrm{d}\tau\right) \tag{4-34}$$

因为 $v_{\text{s}}(t)$ 幅度很小，故系数 V_{s1} 等谐波分量系数也很小，所以 $v_{\text{out}}(t)$ 近似后可得：

$$v_{\text{out}}(t)\approx V_{\text{out}}\cos(\omega_{\text{out}}t)-V_{\text{out}}K_{\text{vco}}\sin(\omega_{\text{out}}t)\left[\sum_{n=1}^{+\infty}\frac{V_{\text{sn}}}{n\omega_{\text{s}}}\sin(n\omega_{\text{s}}t)\right]$$

$$=V_{\text{out}}\cos(\omega_{\text{out}}t)-\sum_{n=1}^{+\infty}V_{\text{out}}K_{\text{vco}}\frac{V_{\text{sn}}}{2n\omega_{\text{s}}}\left[\cos(\omega_{\text{out}}t-n\omega_{\text{s}}t)-\cos(\omega_{\text{out}}t+n\omega_{\text{s}}t)\right] \tag{4-35}$$

交流分量第 n 次谐波引起的杂散抑制为：

$$S\{n\omega_{\text{s}}\}=10\lg\left[\frac{1}{2}\left(\frac{K_{\text{vco}}V_{\text{sn}}}{n\omega_{\text{s}}}\right)^2\right] \tag{4-36}$$

从式（4-33）可以看出，PLL 输出的杂散主要由 VCO 控制电压中的交流分量造成，而实际 PLL 中引起 VCO 产生交流分量的原因在于鉴频鉴相器和电荷泵的很多非理想因素。

第5章 电压控制振荡器的设计

对于一个无线接收机，VCO是频率合成器中的重要组成模块，其性能的优劣直接影响着整个接收机的性能。VCO设计的主要目标是低功耗、低相位噪声和大的调谐范围等。随着无线通信的持续增长，无线系统的设计在向低功耗和低价格方向发展，以提高电池的使用寿命和产品的市场竞争力。

5.1 超低功耗LC-VCO的设计

现有的低电压低功耗的VCO设计技术要么使用非标准的工艺，要么应用片外的高品质因数的电感元件。对于非标准的工艺，晶体管的阈值电压降低到能使用低电压工作，应用绝缘体上硅（SOI）工艺无掺杂沟道的MOSFETs的nFET和pFET的开启电压分别降低到－0.22V和0.16V[28]。本节提出了采用0.18μm混合信号与射频1P6M CMOS SMIC工艺实现一个单片变压器反馈的交叉耦合电压控制振荡器设计方法，该电压振荡器即使在电源电压低于器件的阈值电压时也具有很好的性能。

5.1.1 电路的设计与分析

本节提出的超低功耗的LC-VCO电路如图5-1（a）所示，该VCO由LC频率调谐回路和提供负反馈电阻的交叉耦合NMOS差分对管组成。交叉耦合的NMOS差分对管产生的负阻用来抵消LC谐振回路的损耗；LC频率调谐回路由在片集成的平面螺旋变压器、PMOS变容管和固定MIM电容组成。在片集成的变压器替代了传统的VCOs电感，该变压器形成的反馈能够提供大的电压摆幅，提高负载的品质因数，减小噪声到相位噪声的转变，这样就在低电压低功耗条件下提高了VCO的性能。变压的初级线圈的自感是L_d，连接在NMOS晶体管的漏端，同与之相连的电容形成谐振回路。次级线圈的自感为L_s，连接在源端，次级线圈的L_s与初级线圈L_d之间相互耦合。利用变压器的磁耦合作为反馈，是非常理想的反馈元件，在低电压设计中十分重要。该振荡电路在电源电压为0.4V时，仿真的单端电压输出波形如图5-1（b）所示。应用变压器反馈，漏电压的最大峰值会超过电源电压，电源电压最小峰值会低于地电位，更重要的是漏-源信号保持同相。当栅极电压增加时，漏极和源极电压会同时减小，而有效的栅-源过驱动电压会进一步增大。事实上，振荡的幅度提高了，为实现相同的相位噪声，偏置电压可以降低，从而降低功耗，或者在相同的功率消耗下实现更好的相位噪声。该结构能在低电压供电时具有大的振荡幅度，从而在给定的偏置电流下具有低的功率消耗。由于VCO的相位噪声还主要取决于电感的品质因数，所以变压器的设计和优化是实现该低功耗VCO的关键环节[29]。

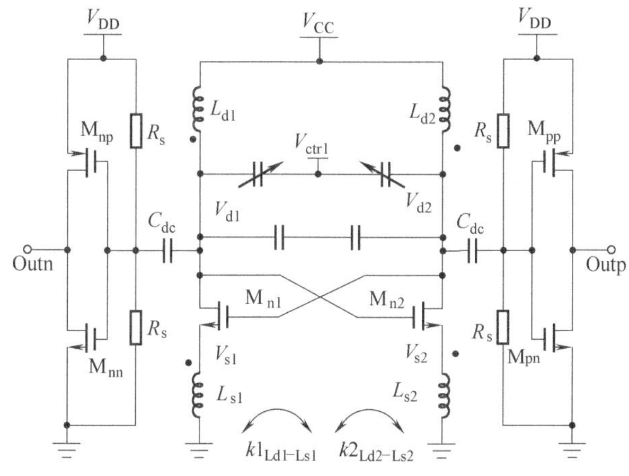

(a) 电路结构

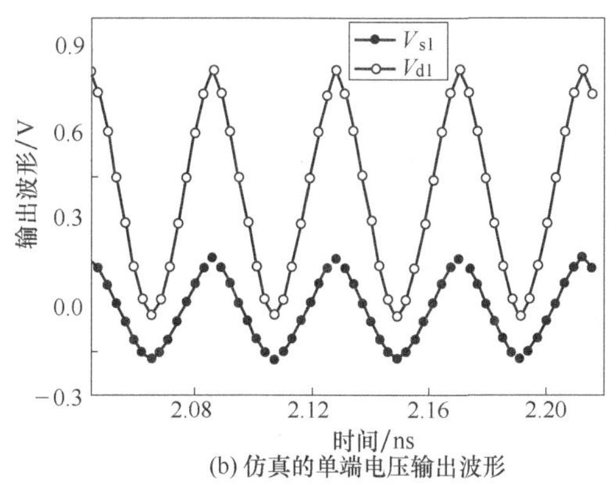

(b) 仿真的单端电压输出波形

图5-1　超低功耗的LC-VCO

根据式（4-17），对于给定偏置条件当谐振回路谐振时有最大的振荡幅度和最大的信号功率。因此为了实现 VCO 的低功耗和低相位噪声，须通过减小谐振回路的损耗以及提高电感电容的比值实现。在给定了中心频率和调谐范围，从而限制了电感电容比的时候，必须通过优化电感的版图使电感的串联损耗达到最小。

5.1.2 变压器的设计与测试

变压器优化设计主要集中在变压器的形状、直径、圈数和间距等，优化的目标是尽可能地减少变压器的损耗，在所需的频率范围内具有最大的品质因数。在形状设计上首先采用 45°设计规则构成八边形结构，因为根据片上螺旋电感的设计经验，版图形状越接近圆形，电感 Q 值越高。八边形设计的电感较四边形电感还具有更小的插入损耗、更平坦的频率特性。图 5-1（a）中两个集成的平面螺旋变压器采用 SMIC 0.18μm 的 CMOS 工艺进行了设计，SMIC 0.18μm CMOS 工艺的加厚顶层金属的厚度达到 2.17μm，根据金属损耗的原理，增加金属厚度可以减小损耗，所以变压器的设计全部采用顶层厚金属。经过优化设计，工作在 2.4GHz 时的变压器的最佳尺寸为：外径 400μm，线宽 10μm，线间距 2μm，匝比为 2∶5。该电路设计的特点还在于为了减少芯片面积，将两个变压器嵌套在一起，最后优化设计的变压器版图如图 5-2 所示。该变压器初级输入阻抗很低，将初级线圈与晶体管的源极相连，以获得一个更有效的耦合信号，而次级与漏极相连，并与漏极负载电容发生谐振来实现需要的振荡波形。为了验证所设计的变压器的精确度，变压器与振荡器一起进行了流片和测试，为了去除测试结构的寄生电容、寄生电阻对变压器的影响，变压器测试的结构还包括了去嵌入结构，去嵌入结构包括开路和通路两种结构，开路结构主要去除焊盘的寄生电容的影响，通路结构用来去除焊盘到变压器之间连接金属的串联电阻。

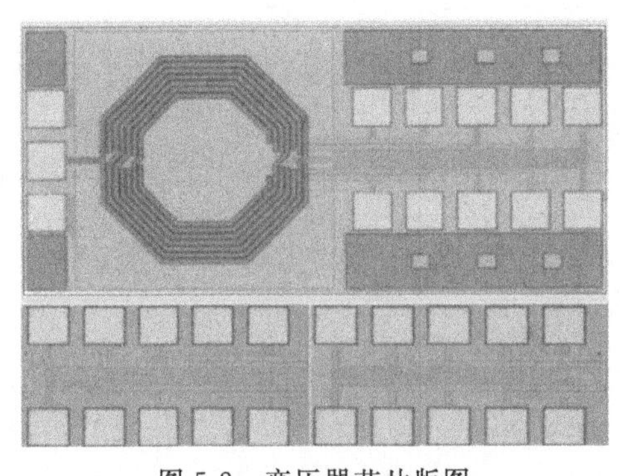

图 5-2　变压器芯片版图

该变压器的集总参数的等效电路模型如图 5-3 所示。等效模型中的参数的含义都可以在工艺手册和参考文献中查到。提取的变压器等效电路模型的主要参数如表 5-1 所示。

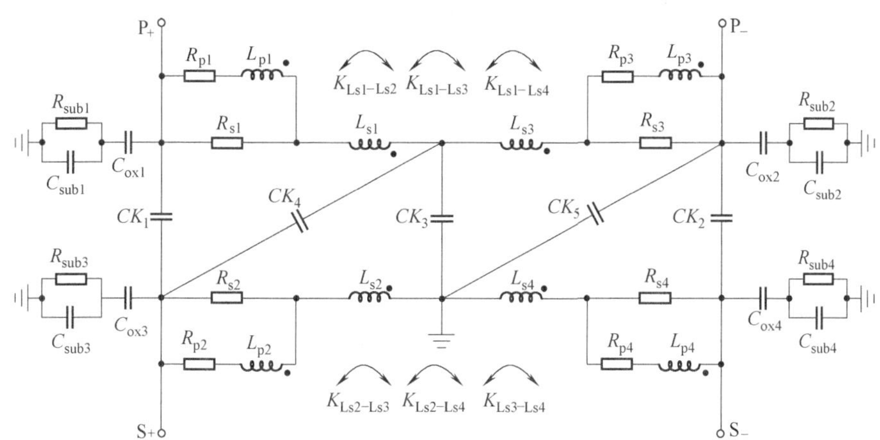

图 5-3 变压器的等效电路模型

表 5-1 提取的变压器等效电路模型的主要参数

参数	数值	参数	数值
L_{pp}、L_{sp}/nH	2.35、0.85	C_{sub1}、C_{sub3}/fF	37、18
R_{pp}、R_{sp}/Ω	5.97、2.80	C_{ox1}、C_{ox2}/fF	53、23
L_{p1}、L_{s1}/nH	1.02、0.36	C_{ov1}、C_{ov2}/fF	35、22
R_{p1}、R_{s1}/Ω	3.16、1.45	K_{Lpp_Lpn}、K_{Lsp_Lsn}	0.78、0.75
R_{sub1}、R_{sub3}/Ω	922、706	K_{Lpp_Lsp}、K_{Lpp_Lsp}	0.72、0.74

变压器的差模 s 参数应用 Agilent E5071B 网络分析仪进行了测量，图 5-4 比较了模型拟合和测试的变压器的差模 s 参数，模型拟合和测试结果在 500MHz 到 5GHz 范围内都能很好地吻合。

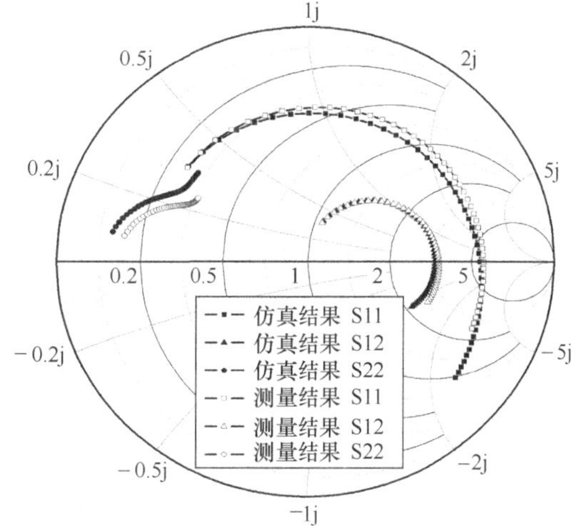

图 5-4 模型拟合和测试的变压器的差模 s 参数

5.1.3 芯片测试结果

提出的变压器反馈的 LC-VCO 采用 SMIC 0.18μm CMOS 工艺进行了设计验证。这个工艺的 NMOS 和 PMOS 器件的阈值电压分别是 0.45V 和−0.55V。图 5-5 给出了电路的芯片版图，包括焊盘，面积为 675μm×690μm。根据冲击灵敏度函数的理论，如果振荡器输出的振荡波形对称性越好，相位噪声就会越小，因此版图的设计必须完全对称。反相器作为缓冲电路用来测量，使用微波探针测试台和 Agilent 4448EA 频谱分析仪在晶圆上对 VCO 芯片进行测试。在 V_{DD} 和 V_{CC} 分别为 0.4V 和 1.8V 时，电压-频率控制特性曲线的仿真和测试结果如图 5-6 所示。频率在调谐电压 0.2～1.3V 的变化时，从 2.28GHz 变化到 2.48GHz，相应的调谐范围为 200MHz（8.7%），测量的振荡频率低于仿真频率的主要原因是工艺模型和变压器建模的不精确以及寄生电容的影响。图 5-7 给出了电路在 0.4V 电源电压和 1.2V 调谐电压下测量的 VCO 的相位噪声，结果为 －125.3dBc/Hz@1MHz，其中工作频率为 2.433GHz，VCO 振荡电路仅消耗 0.18mA 的电流。图 5-8 给出了测量输出信号的频谱。

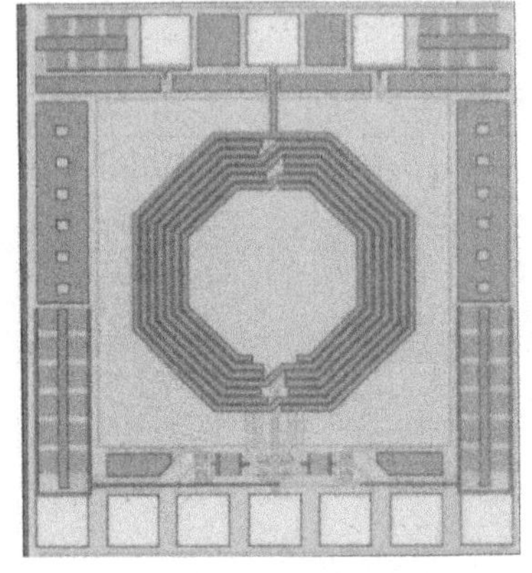

图 5-5　VCO 的芯片版图

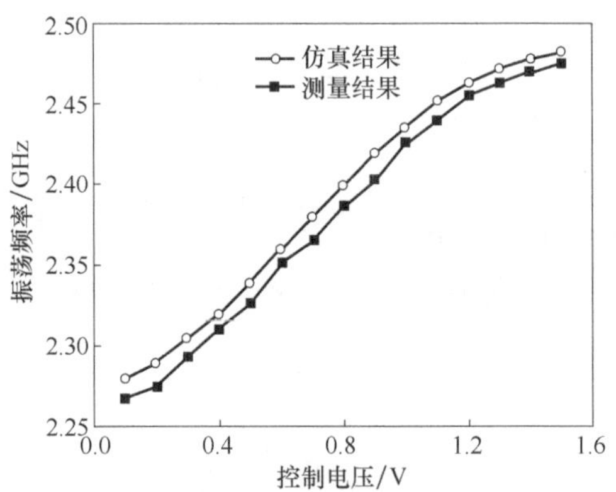

图 5-6　控制特性曲线的仿真和测量结果

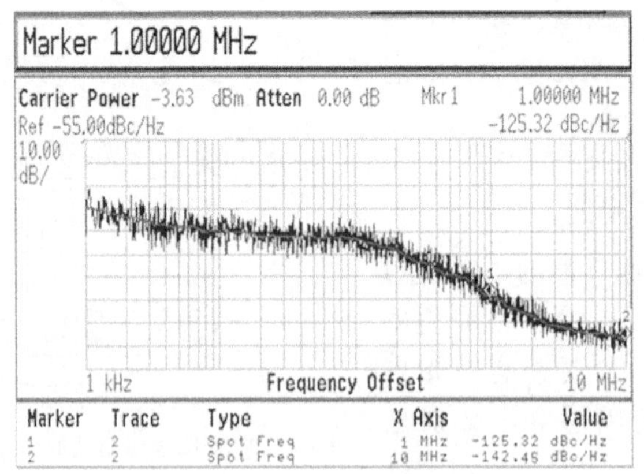

图 5-7　测量的相位噪声

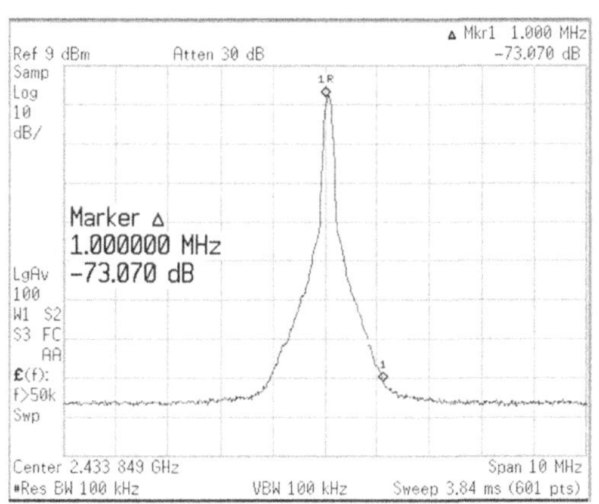

图 5-8　测量输出信号的频谱

从图 5-8 中可以得知，输出信号的功率大约为 1dBm，从示波器可以得到输出信号的峰-峰值约为 700mV。根据定义的优值（Figure of Merit，FOM）进一步评估实现的 VCO 的性能，优值的定义为：

$$\mathrm{FOM}=L(f_0,\Delta f)+10\log\left(\left(\frac{\Delta f}{f_0}\right)^2 P_{\mathrm{VCO}}\right) \tag{5-1}$$

式中，f_0 是中心频率；Δf 为频偏；$L(f_0,\ \Delta f)$ 为偏离载频 Δf 处的相位噪声；P_{VCO} 为电路消耗的功耗。该 VCO 的优值为－193.7dB。

5.2 正交 VCO 的设计

5.2.1 电路结构

在经典的二次变频结构的接收机结构中，全差分振荡器的振荡波形通过 RC-CR 相移网络完成 90°相移，产生互相正交的信号，该方法称为 RC-CR 相移网络法。该方法占用芯片面积大，相位误差主要取决于器件的匹配程度，无法保证 I/Q 两路振荡信号的相位精度，且功耗太大。而通过两个振荡频率相同的振荡器之间的互相耦合，迫使两个振荡器的相位保持 90°的相移，这样就能够得到相互正交的振荡信号，该方法称为正交耦合振荡器法。该方法直接将两个相同的 VCO 耦合在一起，尽管相对于单个 VCO 来说功耗和面积会有所增加，但由于其输出信号具有相位噪声小、正交特性好的优点，得到了广泛的应用。这是目前 CMOS 工艺上实现全集成正交输出振荡器的最可行的办法[30]。

正交压控振荡器（Quadrature Voltage Controlled Oscillator，QVCO）的原理是将两个相同的 LC-VCO 耦合在一起，这样就能强制两个 VCO 输出相位间隔 90°的四路信号，其结构和相位如图 5-9 所示。

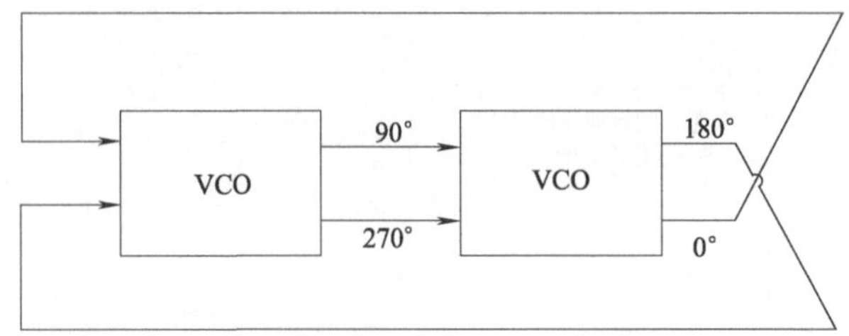

图 5-9 QVCO 的结构及相位

对于 QVCO 来说，通常采用晶体管耦合，一般有两种耦合方式，耦合管与开关管并联和串联，结构如图 5-10 所示。在并联结构中，相位误差与耦合强度具有很强的函数关系，导致了二者之间的折中。而在串联结构中，相位误差仅仅是耦合强度的弱函数，因此相位噪声和相位误差性能可以得到优化。两种结构的 QVCO 都通过晶体管来耦合，不仅增大了电路的功率消耗，而且更重要的是恶化了电路的相位噪声，难以获得精确的正交信号。

设计的正交输出的 VCO 采用的结构是将两个相同的 LC-VCO 通过差分变压器耦合，这样省略了耦合的晶体管，在减少电路功耗的同时减少了其对电路相位噪声的影响。VCO 设计采用的电路结构如图 5-11 所示。

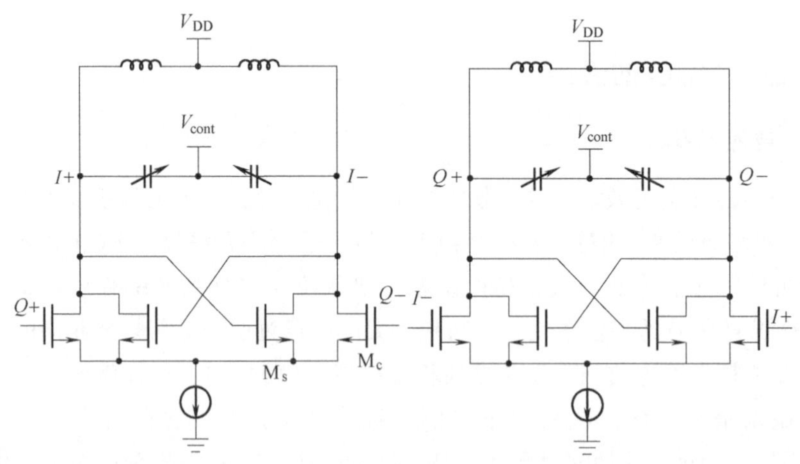

(a) 并联结构

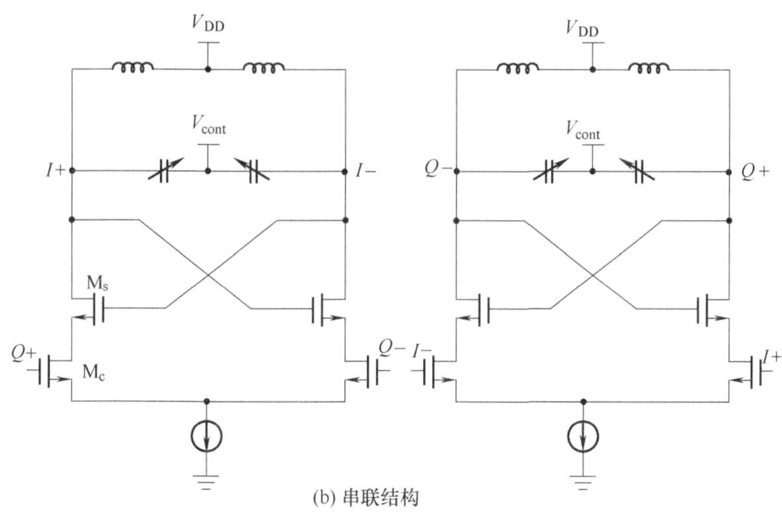

(b) 串联结构

图 5-10　QVCO 的耦合方式

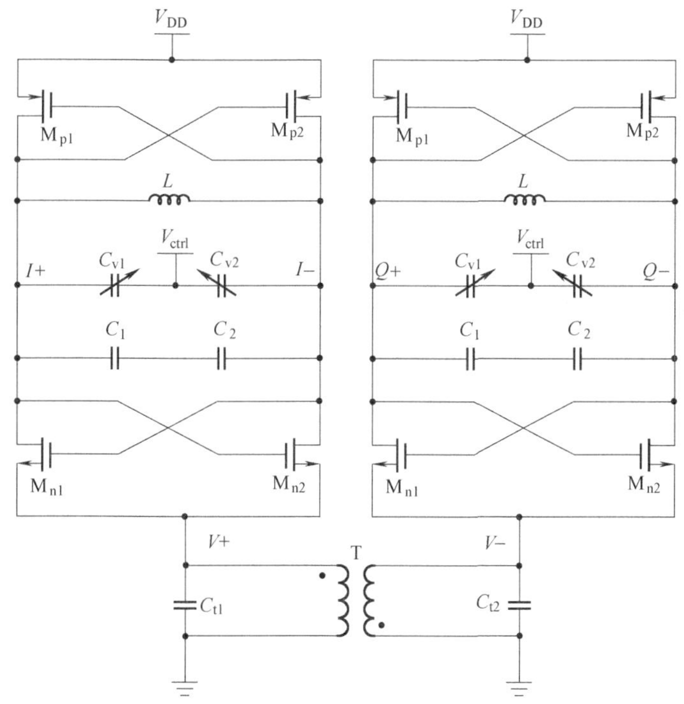

图 5-11　变压器耦合的 LC-QVCO

5.2.2 变压器结构

片上螺旋形变压器是在传输线的基础上发展起来的，它通常被认为是分布参数结构元件，因此它的完整电路行为很难用闭式公式精确预测。数值分析方法是分析分布参数元件的一个有效方法，3D Maxwell 方程的数值解可以得到最精确的结果。随着计算方法和仿真软件的改善，这种方法在多匝螺旋形变压器的设计方法中占据了主要地位。但是数值分析方法复杂而费时，在定性分析和优化时不够简单直观。使用集总元件等效模型对片上螺旋形变压器进行分析成为目前通用的一种替代 3D 数值分析的方法。在诸多文献中已经证实，当导体段的物理长度远小于工作频带内的导波长度时，这个方法是有效而准确的。而目前的射频频段，3GHz 的工作频率对应的导波波长约为 100mm，即使工作频率高达 10GHz，对应的导波波长仍有 30mm，大部分片上螺旋形变压器尺寸远小于这个长度。虽然集总元件等效模型的有效性受到工作频率和参数提取的精度的限制，但是对于从电路角度分析器件、定性地了解器件特性仍然十分有效。同时，射频电路设计时的仿真和优化通常需要一个从物理版图和工艺参数推导出来的集总参数电路模型，所以研究集总参数等效模型也可以为器件建模提供基础。因此，下面首先从集总元件等效模型入手，对片上螺旋形变压器进行一个简单的定性分析，为后续的版图设计提供一定的理论基础和指导。而对于具体的片上螺旋形变压器版图和性能的讨论，仍然以电磁场仿真方法为主以获得更精确的性能参数。

本次设计的变压器实际上就是一个带中心抽头的平面螺旋电感，电感的两个端口分别连接在两个 LC-VCO 的共模点处。变压器的线宽 8μm，线间距 1.5μm，线圈外径 212μm，圈数为 4.5 圈，除了必要的交叉引线和端口引出线外，线圈的螺旋部分均使用顶层金属绕制而成。设计的变压器的版图如图 5-12（a）所示，根据 SMIC 0.18μm CMOS 工艺提供的射频集成电路设计文件，可得变压器的紧凑的等效集总参数模型，如图 5-12（b）所示。模型中的所有参数都有直观明确的物理意义，这个模型在相当宽的频带内有效。L_p 和 L_s 分别代表初级线圈和次级线圈的自感，线圈间耦合系数为 k，R_{p1} 和 R_{s1} 以及 L_{s1} 和 L_{p1} 分别表示趋肤效应引起的电阻和电感，R_p 和 R_s 表示组成螺旋电感的金属连线的电阻，C_{ps} 表示螺旋电感两端点间的耦合电容，C_{ox1}、C_{ox2} 表示螺旋电感和衬底之间的氧化层电容，C_{sub1}、C_{sub2} 表示衬底电容，R_{sub1}、R_{sub2} 表示衬底电阻。

利用 Agilent ADS 2003 对变压器版图进行 EM 仿真，根据仿真结果提取的等效的电路参数如表 5-2 所示。根据模型仿真的变压器 s 参数和 EM 仿真的结果

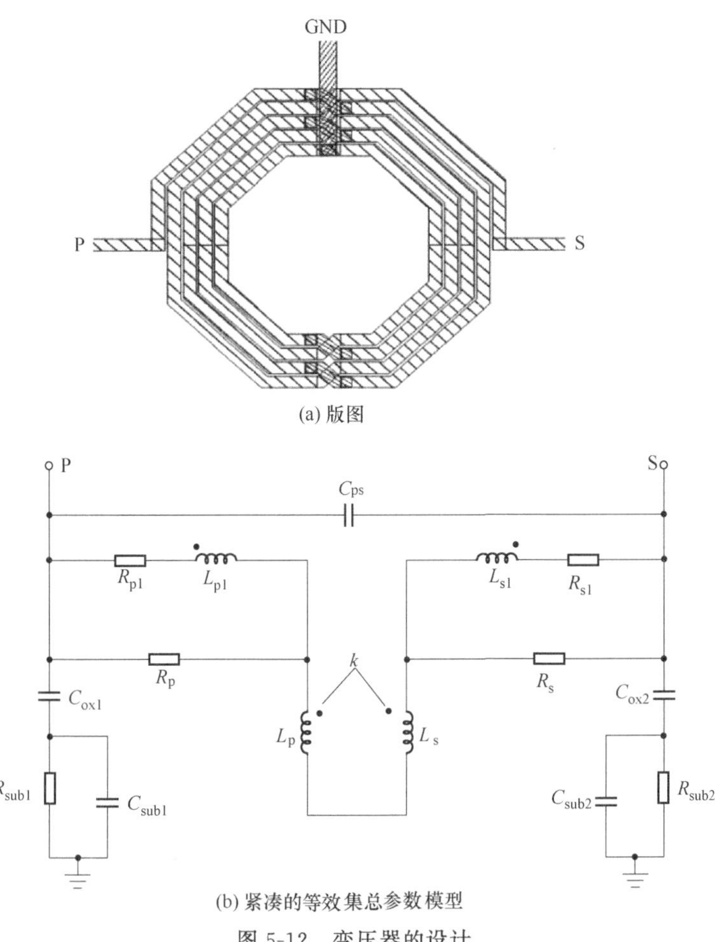

图 5-12　变压器的设计

比较如图 5-13 所示，从图中可以得知，在 500MHz～10GHz 的范围内模型仿真与 EM 仿真都能很好地吻合[31]。

表 5-2　提取的变压器等效电路参数

参数	L_p/nH	R_p/Ω	L_{p1}/nH	R_{p1}/Ω	R_{sub1}/Ω	C_{sub1}/fF	C_{ox1}/fF	C_{ps}/fF	k
数值	2.05	4.92	0.99	3.04	767	18	23	99	0.76

5.2.3　版图与测试结果

在版图设计中，该正交压控振荡器设计讲求完全的对称。电路采用 SMIC 公司 0.18μm 混合信号与射频 1P6M CMOS 工艺流片，制成的芯片版图如图 5-14 所示，芯片面积 0.55mm×1.1mm。

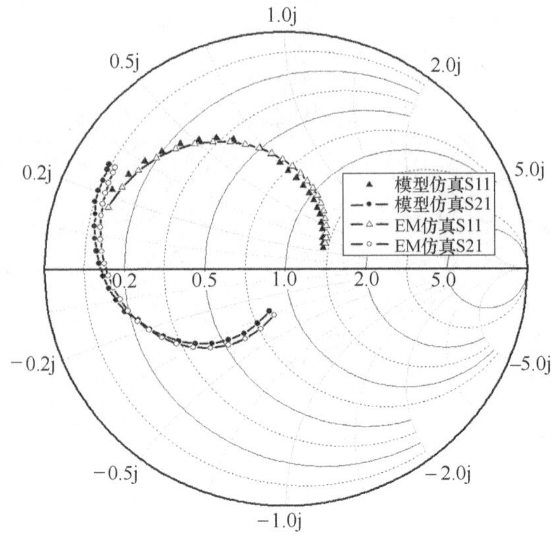

图 5-13 变压器等效模型与 EM 仿真的 s 参数比较

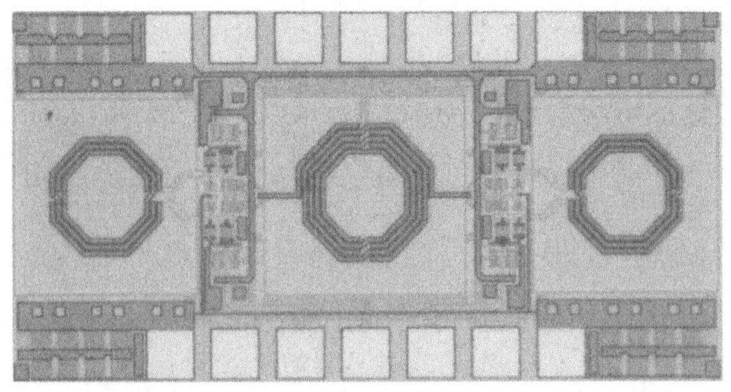

图 5-14 QVCO 的芯片版图

图 5-15 为测试的 QVCO 的压控特性，QVCO 的控制电压在 0.2～1.5V 的范围内变化时，振荡频率为 4.4～4.72GHz。图 5-16 为 QVCO 的相位噪声测试结果，QVCO 在 4.6GHz 频率时的相位噪声为－125.7dBc/Hz@1MHz，具有良好的相位噪声性能。图 5-17 为测试的频谱。图 5-18 为测试的四路输出波形，从输出的波形可以得到，输出波形的峰-峰值为 500mV，输出的功率约为－2dBm。

频谱分析仪的输入电阻为 50Ω，为了测试方便，振荡器一般通过漏极开路的 NMOS 缓冲到 50Ω 或者采用源极跟随器进行输出阻抗匹配，这样输出信号的幅度较大，效率较高，但是这样整个电路的功耗较大。本书中仅为了观测正交振荡器的输出波形，以用来计算相误差，所以采用了简单的反相器作为输出缓冲，没

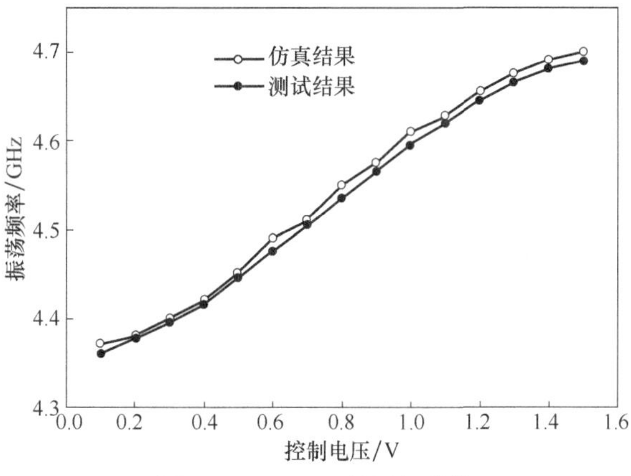

图 5-15　QVCO 的压控特性

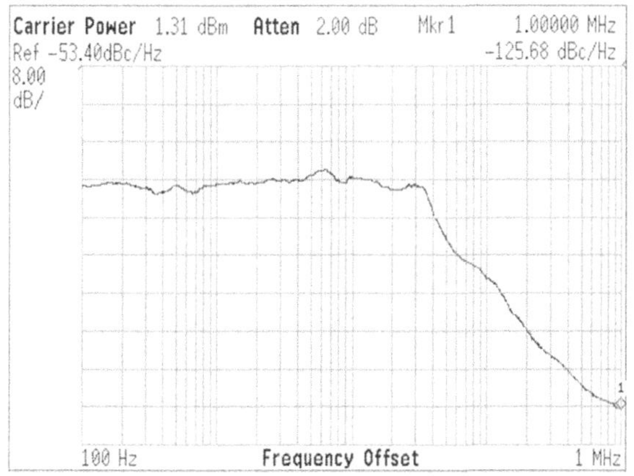

图 5-16　测量的相位噪声

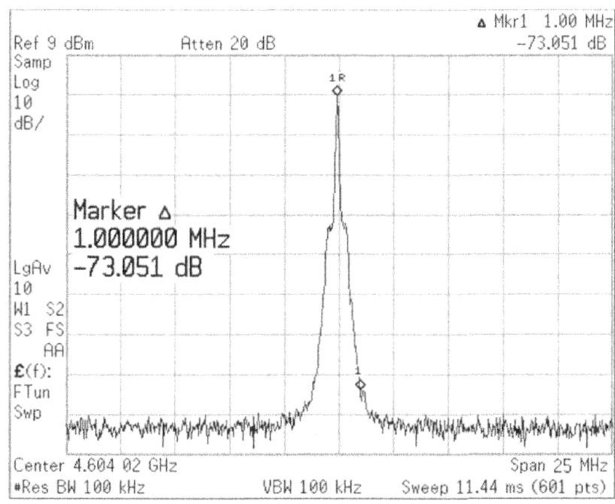

图 5-17　测量的输出频谱

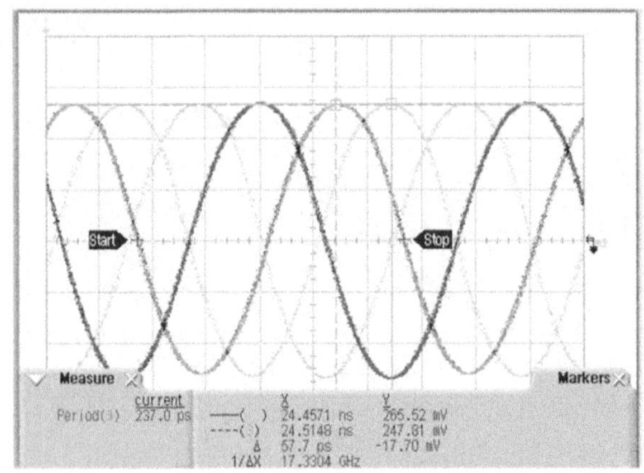

图 5-18　测量的输出波形

有进行输出阻抗匹配，所以信号幅度相对较小。从输出的波形可算得的波形的相位误差约为 1.5°。电路在 1.8V 电源供电时，核心直流功耗为 10mW。四路输出缓冲的功耗为 18mW 左右。根据式（5-2）可以得到电路的 FOM 为－189dB。

5.3　宽频带和环形电压控制振荡器的设计

5.3.1　宽频带 LC-VCO 的设计

压控振荡器最重要的指标要求有低相位噪声、低功耗、宽调谐范围等[32]。文献［33］中提出了用于全数字频率综合器、频率覆盖范围 8.95～11.02GHz 的数字控制 LC 振荡器，其采用带有尾电感的互补型 LC 振荡器结构，含有 3 组可编程电容阵列，以此来配合数字频率综合器的 3 个频率锁定过程，同时采用了由电容电感组成的滤波回路以代替尾电流源和接于供电处，以提高电路的相位噪声，但是带来了版图面积的急剧增大，此外，其给出的频率粗调可变电容的方式的三个开关管的寄生效应大，如何实现大的可变电容范围以及步进也是需要考虑的问题。文献［34］中提出了一种数控最小变电容结构的 LC 振荡器，其采用互补型变容管两端跨接固定电容结构，可以使用较大尺寸变容管实现较小的变容值，从而减小了工艺误差对设计结果的影响，同时解决了大摆幅振荡信号下的非线性问题，缓解了失配电容由于失配率一致性对最小变容值的影响，但对如何具体实现各种电容阵列，文献中没有进行说明。在不影响振荡电路工作情况下，判断和测量高频振荡信号幅度也是一项有意义的工作。

本书下面提出了一种带有幅度检测与电容开关阵列的 LC 压控振荡器的设

计，其通过外部电路提供的电平信号可以改变电压控制振荡器的调谐范围和电压控制振荡器的控制灵敏度，不仅可以实现大的变容范围和线性度高的控制灵敏度，并且还能进一步判断电路能否正常振荡工作，实现了得到高频振荡信号的幅度测量。

（1）系统结构及工作原理

带有幅度检测的宽频带 LC-VCO 包括振荡器 VCO 和振荡信号幅度检测单元 PK-VCO，电路框图如图 5-19 所示，其中的振荡器 VCO 单元如图 5-20 所示，包括：LC 谐振单元，其通过振荡生成差分正弦信号；电容阵列单元 VCO _ cdac，其接收外部输入的 FTRIM⟨0：$n-1$⟩n 位电平信号用以选通内部固定电容对应的开关，将相应的固定电容并联至 LC 频率谐振单元的输出端，从而调节 LC 压控振荡器的调谐范围即带宽；变容管阵列单元 VCO_varacl，接收外部输入的 KVCO⟨0：$k-1$⟩k 位电平信号用以选通内部变容管电容对应的开关，将相应的变容管电容并联至 LC 频率谐振单元的输出端，同时根据外加的控制电压 VCTRL 控制变容管的变容范围，从而调节 LC 压控振荡器的控制灵敏度即压控增益。振荡信号幅度检测单元 PK _ VCO 用于检测所述差分正弦信号的峰值，k 和 n 均为大于 1 的自然数。

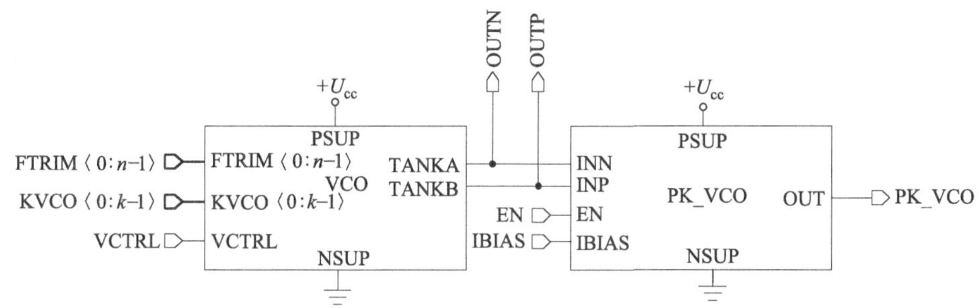

图 5-19　带幅值测量的宽频带 LC-VCO 的结构图

图 5-20 中的 LC-VCO 结构包括电容 $C_0 \sim C_1$、带中心抽头的螺旋差分电感 L_0、两个 NMOS 管 $NM_1 \sim NM_2$、RC 滤波网络。螺旋差分电感 L_0 的一端与电容 C_0 的一端、NM_1 的漏极及 NM_2 的栅极相连并作为第一输出端产生一路差分正弦信号，螺旋差分电感 L_0 的另一端与电容 C_1 的一端、NM_2 的漏极以及 NM_1 的栅极相连并作为第二输出端产生另一路差分正弦信号，螺旋差分电感 L_0 的中心抽头接电源电压，电阻 R 和电容 C 组成 RC 滤波电路，一方面在电路的共模点上提供高阻抗，阻止振荡回路中电流的二次谐波分量交流到地，另一方面能够阻止衬底和电源噪声进入振荡器，这样可以有效地消除电路的闪烁噪声，提

高输出信号的摆幅，改善电路的性能。

在并联谐振回路中，交叉耦合的差分的 NMOS 对管产生的等效负阻的阻值必须小于等于 RLC 回路的等效并联阻抗时，电路就开始振荡。当它们阻值相等时，电路产生等幅的振荡信号，能量在电感和电容之间互相转换，而回路损耗所消耗的能量由负阻提供；当负阻的阻值小于 RLC 回路的等效并联阻抗时，负阻提供的能量大于 RLC 回路消耗的能量，振荡信号幅度逐渐增加。当负阻由有源器件（电路）来实现时，有源器件（电路）本身固有的非线性会限制振荡信号幅度不能无限制增长，最终振荡信号会稳定在某一个固定的振荡幅度上。电路稳定振荡后，振荡频率由谐振腔的并联电感 L_0 与电容决定，电容值为加在谐振回路 TANKA、TANKB 间的电容和，即并联在谐振回路 TANKA、TANKB 间固定的高 Q 值 MIM 电容（两个 $C_0 \sim C_1$ 串联）、MIM 电容组成电容阵列单元 VCO_cdac 的电容及 PMOS 管构成的变容管阵列单元 VCO_varacl 电容三部分的总和，电容的变化范围为 $C_{\min} \sim C_{\max}$，则振荡频率的理论值为：

$$f_{\max}=\frac{1}{2\pi\sqrt{LC_{\min}}},f_{\min}=\frac{1}{2\pi\sqrt{LC_{\max}}} \tag{5-2}$$

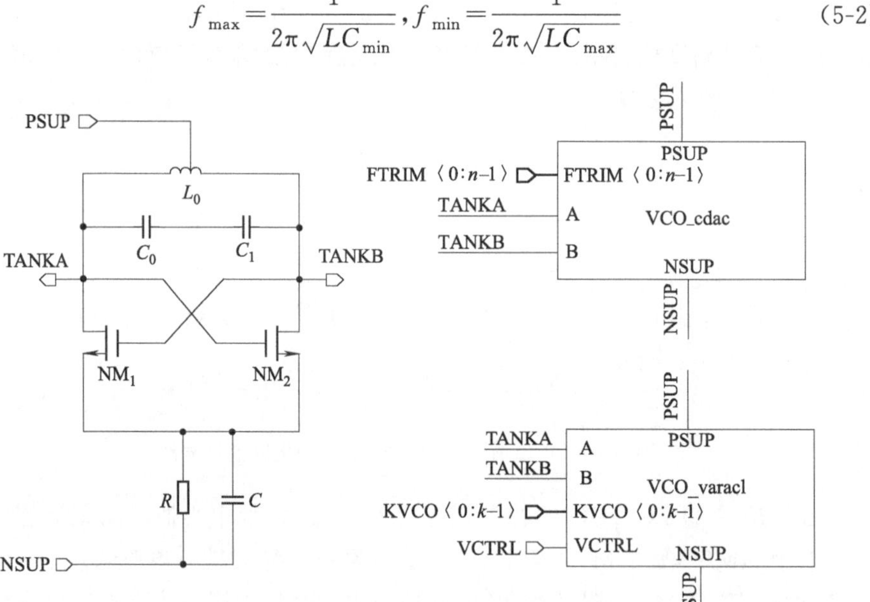

图 5-20 VCO 谐振单元框图

（2）开关电容阵列单元及等效电路分析

由 MIM 电容组成的开关电容阵列如图 5-21 所示，以 $n=4$ 为例，其接收输入的 4 位控制信号 FTRIM〈0：3〉来选通内部的 MOS 开关管，第一位 FTRIM

〈0〉在其内部通过反相器产生两路选通信号 selb〈0〉和 sel〈0〉来选通第一支并联在谐振回路 A、B 间的电容支路，当输入的 FTRIM〈0〉电平信号为低电平时，selb〈0〉为高电平，sel〈0〉为低电平，第一支并联在谐振回路 A、B 间电容支路中开关管 NM_{00} 与 NM_{01} 断开，NM_{02} 也断开，使得第一支电容并联支路悬空在谐振回路 A、B 间，呈现高阻状态；当输入的 FTRIM〈0〉电平信号为高电平时，selb〈0〉为低电平，sel〈0〉为高电平，第一支并联在谐振回路 A、B 间电容支路中开关管 NM_{00} 与 NM_{01} 导通，使得 NM_{02} 的源漏端直流电位被拉低到零点位，确保了 NM_{02} 也能导通，这样 A、B 之间的两个串联电容 C_f 就并联在了谐振回路上，使得第一支电容并联支路起作用了。以此类推，第 4 位 FTRIM〈3〉选通第 4 支并联在谐振回路 A、B 间电容支路。由于金属-氧化物-金属（MIM）电容 C_f 采用的是二进制权重的电容阵列，开关电容阵列的电容值的变化范围为（0～15）×$C_f/2$，步进为 $C_f/2$。

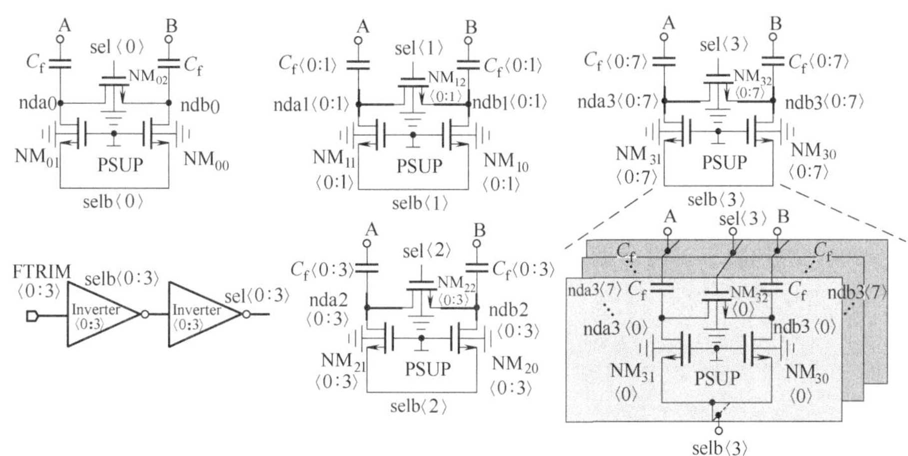

图 5-21　VCO_cdac 结构图（$n=4$）

设 NM_{00}、NM_{01} 与 NM_{02} 的导通时的等效电阻分别为 R_{on0}、R_{on1} 和 R_{on2}，经过简单的推导可得到第一条支路的等效电路如图 5-22（a）所示，当开关电容阵列全部导通时的等效电路如图 5-22（b）所示。

图中：

$$R_{on\_p0}=\frac{1}{[\omega_0^2(C_f/2)^2R_{on\_s0}]} \tag{5-3}$$

式中，$R_{on\_s0}=R_{on2}(R_{on0}+R_{on1})/(R_{on0}+R_{on1}+R_{on2})$；$\omega_0$ 为振荡器信号频率。该等效电阻引入的噪声电压功率谱密度为：

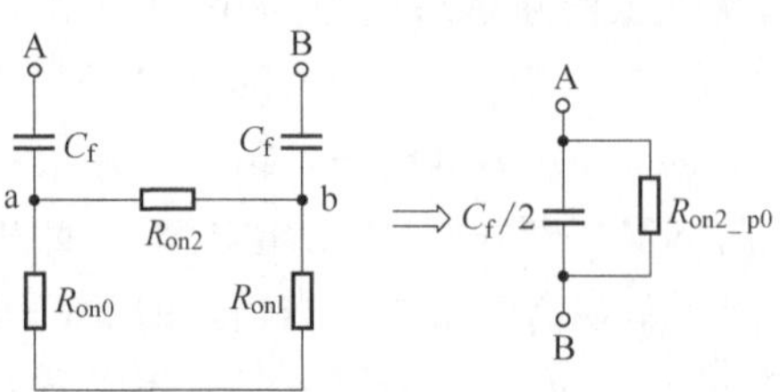

(a) 第一条支路的等效电路

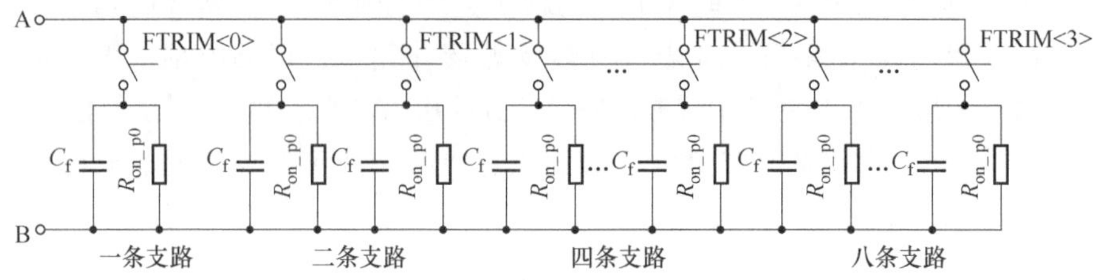

(b) 开关电容阵列的等效电路

图 5-22 开关电容阵列的等效电路

$$\frac{\overline{v_n^2}}{\Delta f}=\frac{kT}{R_{on\_p0}(\omega_0 C_{tot})^2}\left(\frac{\omega}{\Delta\omega}\right)^2 \tag{5-4}$$

式中，k 为波尔兹曼常数；T 为温度；C_{tot} 为开关电容支路的总电容。

该等效电路 Q 为：

$$Q=\frac{R_{on\_p0}/k}{1/\left[\omega_0\left(\frac{C_f}{2}k\right)\right]}=R_{on\_p0}(\omega_0 C_f/2)=\frac{1}{[\omega_0(C_f/2)R_{on\_s0}]} \tag{5-5}$$

由此可得，该开关电容阵列的 Q 与阵列导通的支路数无关。其次由于电路的最小结构单元为第一支电容并联支路，容易设计，并且画出的电路版图易于移植，使设计的电路版图非常容易对称，对称的电路版图可以减少振荡器的噪声，该电路结构在提高电路的性能的同时极大地减少了电路版图设计的时间。

（3）变容管阵列结构与工作原理

PMOS 管构成的变容管阵列单元 VCO_varacl，如图 5-23 所示，每一组变容管都有两个 PMOS 管构成，每个 PMOS 变容管源端、漏端及衬底端都接在一起作为底端与栅极形成类似于平行板结构的电容，每个变容管的栅极分别接在谐振回路 A、B 端，当接在底端的电压发生变化时，电容跟随电压发生变化。变容管通过外部输入的 k 位电平信号（KVCO〈0∶$k-1$〉）来选通，第一位 KVCO〈0〉

在其内部通过反相器产生两路选通信号 k〈0〉和 kb〈0〉分别加在传输门 NMOS 管 N_3〈0〉和 PMOS 管 P_3〈0〉的栅极，k〈0〉信号还加在开关管 P_4〈0〉的栅极。当输入的 KVCO〈0〉电平信号为低电平时，k〈0〉为低电平，kb〈0〉为高电平，传输门 N_3〈0〉和 PMOS 管 P_3〈0〉关断，开关管 P_4〈0〉导通，ctrl〈0〉处的电压为电源电压，加在第一组变容管 P_{00} 与 P_{01} 的底端，使得变容管不受外部电压的控制；当输入的 KVCO〈0〉电平信号为高电平时，k〈0〉为高电平，kb〈0〉为低电平，传输门 N_3〈0〉和 PMOS 管 P_3〈0〉导通，开关管 P_4〈0〉关断，ctrl〈0〉处的电压为外部输入电压 VCTRL，加在第一组变容管 P_{00} 与 P_{01} 的底端，使得变容管受外部电压的控制而变化。以此类推，第 k 位 KVCO〈$k-1$〉选通第 k 组变容管 $P_{(k-1)0}$ 与 $P_{(k-1)1}$ 并联在谐振回路 A、B 间的工作原理与上面分析的第一条支路同理。PMOS 管构成的变容管阵列单元 VCO_varacl 根据外加的控制电压 VCTRL 改变变容管的变容范围，从而改变电压控制振荡器的控制灵敏度；采用这种结构，巧妙地将一路控制电压分成了多路控制电压。

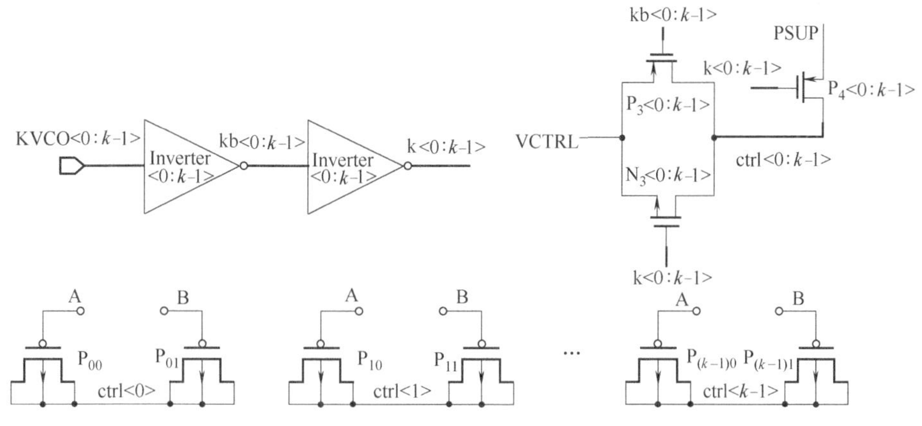

图 5-23　变容管阵列单元电路图

(4) 振荡信号幅度测量电路

为了判断振荡电路能否正常工作，并且获得振荡信号的幅度，提出了振荡信号幅值测量电路，如图 5-24 所示。电路由采用尾电流源结构的差分放大电路、偏置电压产生电路和开关控制的传输门组成。

LC _ VCO 振荡出的差分振荡信号分别经隔直电容 C_2 与 C_3 后加入到 NM_2 和 NM_3 的栅极，NM_2 和 NM_3 的栅极处的直流偏置电压 V_{bias} 由偏置电路产生，选择合适的直流偏置电压 V_{bias}，使得差分信号的直流电平近似等于导通电压

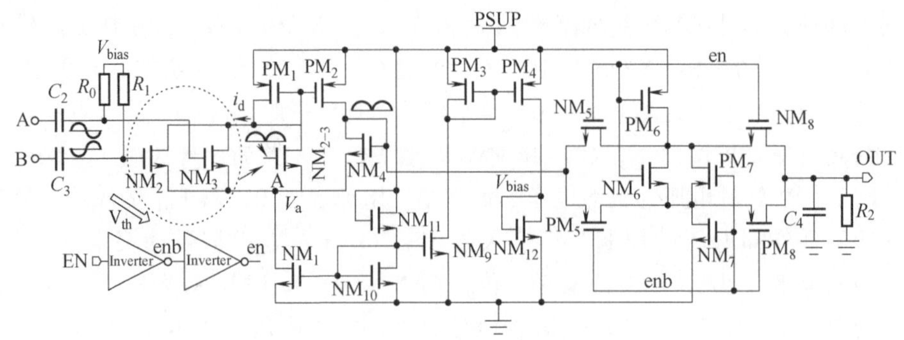

图 5-24　振荡信号幅值测量电路结构框图

V_{th}。可对电路进行瞬态分析，当 NM_2 栅极上的信号逐步增大，而 NM_3 栅极上的信号逐步减小时，最终使得 NM_2 导通与 NM_3 关断；反之当 NM_2 栅极上的信号逐步减小、NM_3 栅极上的信号逐步增大时，最终使得 NM_2 关断与 NM_3 导通；最终可将 NM_2 与 NM_3 等效为 $NM_{2\text{-}3}$，其栅极上得到了一个全波整流信号。NM_4 管的栅漏电压加入到开关控制的传输门电路，NM_5 与 PM_5、NM_8 与 PM_8 组成传输门，NM_6 与 PM_6、NM_7 与 PM_7 组成开关控制电路，当 en 为高电平时，NM_4 管的栅漏电压输出为 OUT；当 en 为低电平时，OUT 悬空，输出为高阻态。C_4 与 R_2 组成片外的 RC 滤波电路，从 OUT 输出电压可以判断电路的工作状态和幅值，振荡信号的最大值为 U_{max}，则输出端 OUT 的平均值为 $(V_{bias}+2U_{max}/\pi)$，设计的内部偏置电压 V_{bias} 为 0.8V。当振荡信号的幅值从 0.30V 变化到 0.55V 时，仿真得到的输出端 OUT 的平均值如图 5-25 所示。

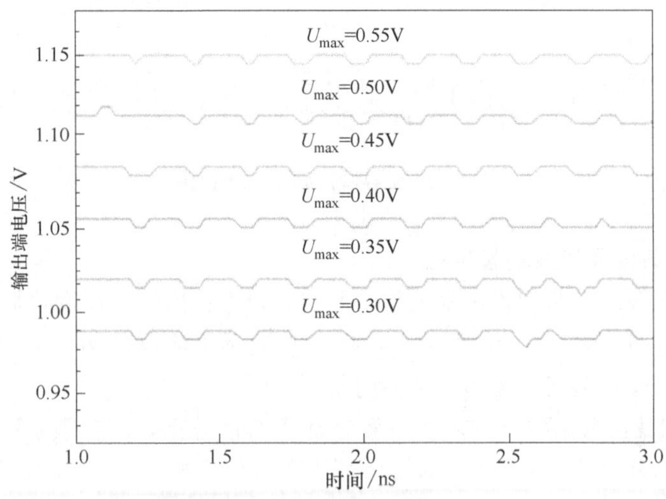

图 5-25　仿真输出的 OUT

对于设计的 LC _ VCO，采用 SMIC 0.18μm RF 1P6M CMOS 工艺进行了仿真验证，当 FTRIM〈0：3〉从 1111 变为 0000，控制电压 V_{CTRL} 从 0.3V 变为 1.5V 时测量的压控特性曲线如图 5-26 所示。由于频率与电容的非线性关系，压控灵敏度从 50MHz/V 变为 94MHz/V，相邻两条压控特性曲线的中间频差从 32MHz 变为 56MHz。

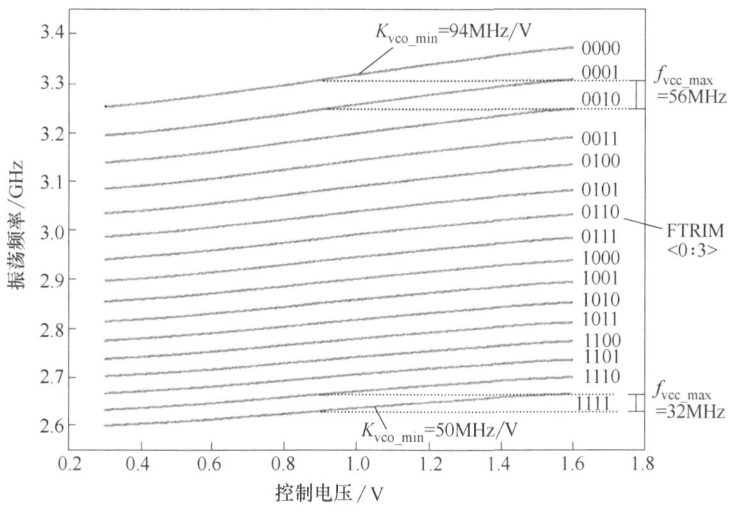

图 5-26 仿真的压控特性曲线

5.3.2 环形压控振荡器的设计

环形振荡器是一个不需要电阻，通过若干个增益级单元电路串联组成的一个环路，并由每一级的噪声和相移产生由弱到强的正弦波信号。如图 5-27 所示，使用三个 CMOS 反相器实现的简单形式的环形振荡器。假设开始时 $V_X=V_{DD}$，则 $V_Y=0$，$V_Z=V_{DD}$。之后 V_Z 的信号输入到第一个反相器，则 $V_X=0$，$V_Y=V_{DD}$，$V_Z=0$，如此反复，信号不断循环。因为信号从 V_X 到 V_Y 之间经过了一个反相器延时 T，同样，V_Y 到 V_Z 之间也经过了一个反相器延时 T，所以电路在每一个反相器中产生一个延时 T，如此产生的振荡周期为 $6T$。由于噪声

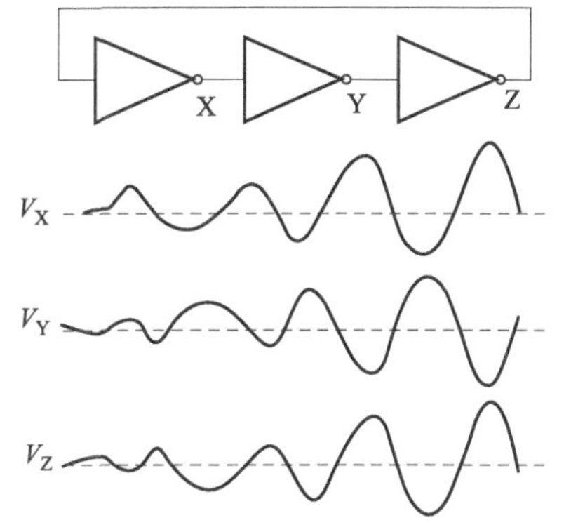

图 5-27 3 个反相器构成的环形压控振荡器示意图及输出波形

导致振幅的增加是非线性的，电路频率移到了 $T/6$。由上述分析可知，环形振荡器的反相的次数必须是奇数，这样电路才发生振荡，不会被锁定。由于速度、功耗、抗噪性等要求，环形振荡器的级数一般以三到五级为最优性能。另外，为了使一个 N 级环形振荡器能够振荡，每一级提供的频率相移必须为 $180°/N$，每一级的最小电压增益为：

$$A_0=\sqrt{1+\left[\tan\left(\frac{180°}{N}\right)\right]} \tag{5-6}$$

环形振荡器一般分为单端型环形振荡器和差动型环形振荡器。与单端结构相比，差分型结构有着明显的优势，如较高的振荡频率、较好的噪声抑制比、灵活的延迟级数等。因而，在大多数集成电路设计中，差动型环形振荡器结构受到众多学者的追捧。环形压控振荡器主要是通过调节延时 T 的值改变电路的频率来实现可控的目的，故环形压控振荡器常常是在反相器电路中增加一个延迟调节模块，再将奇数个反相器首尾相连而成。环形振荡器的调节可通过改变尾电流值、改变负载电阻值、采用提高转换速度的正反馈技术、利用将控制电压通过两个反向路径调节电路增益的插值法等方法来实现。尽管环形压控振荡器的电路设计较复杂，噪声特性较差，但是它可全采用 MOS 管搭建组成，不需要电感电容，具有成本小、易实现多相位输出信号、调谐范围大的优点，使其也成为集成电路设计的常见结构。

通过前面振荡器的介绍可知，相对于 LC 振荡器而言，环形振荡器全采用 MOS 管，面积小、成本低，在中低频下具有良好的相位噪声性能；多级延迟单元首尾相接，能够实现多相位输出信号。因此，采用具有较宽调节范围的五级差动环形压控振荡器，以此作为与 LC_VCO 的比较。

常见的延迟单元有采用尾电流控制型，只需改变电路中的电流大小，电路信号的翻转时间就会随之发生变化，其调谐方式简洁直观，但是改变电路会导致输出信号的摆幅产生影响，可使用差动信号控制来减小摆幅的问题。差动型环形振荡器的调节单元，采用双端输入、双端输出的全差动结构。最常见的全差动结构调节单元是由差动对的输入输出、尾电流源和 MOS 管构成的负载组成，如图 5-28 所示。其中，M_{1a} 和 M_{1b} 作为差分对的输入级，工作在线性区的 M_{2a} 和 M_{2b} 作为由 V_{cont} 控制的可变电阻（R_{on}），C_L 是每个输出节点到地之间的总电容，则输出时间常数 τ 的值为：

$$\tau=R_{on}C_L=\frac{C_L}{\mu_P C_{ox}\left(\frac{W}{L}\right)_2(V_{DD}-V_{cont}-|V_{thp}|)} \tag{5-7}$$

谐振频率与电路延时 T 成反比，而延时与时间常数 τ 成正比，因此：

$$f_{\mathrm{osc}} \propto \frac{1}{T} \propto \frac{\mu_{\mathrm{P}} C_{\mathrm{ox}} \left(\frac{W}{L}\right)_2 (V_{\mathrm{DD}} - V_{\mathrm{cont}} - |V_{\mathrm{thp}}|)}{C_L} \tag{5-8}$$

上式中的 μ_{P} 为 CMOS 管的空穴迁移率，C_{ox} 为栅极氧化物单位面积电容量，由式（5-8）可知 f_{osc} 与 V_{cont} 呈线性关系。因而，当控制电压增大时，MOS 管 M_{2a} 和 M_{2b} 的导通电阻变大，时间常数增加，谐振频率降低，但该结构的电路的输出摆幅在整个调节范围中变化依然很大。

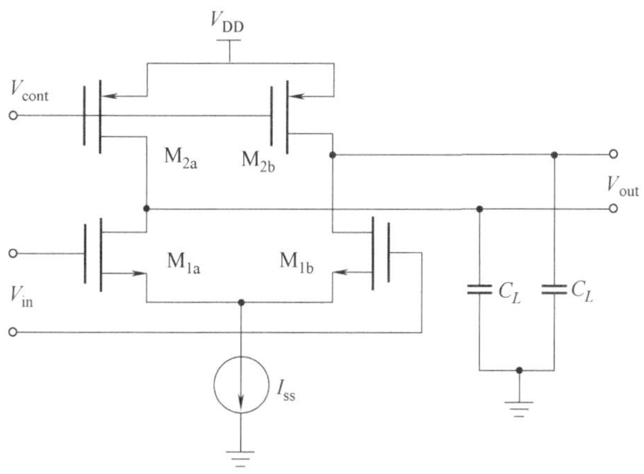

图 5-28　全差动结构调节单元

为改善上述结构缺陷，用 V_{cont} 来控制尾电流源代替控制可变负载的方法来调节延迟单元，也称为负载电阻控制型。改善后的全差动结构调节单元如图 5-29 所示，通过控制电压调节延迟单元，这种采用负载电阻控制型的调节单元在 MOS 管工作在线性区时有较好的线性度。在如图 5-29 所示的电路结构中，M_{4a} 和 M_{5a}、M_{4b} 和 M_{5b} 分别构成两个简单的反相器，由输入的驱动，M_{6a} 和 M_{6a} 分别将两条输出支路上的结点拉到 V_{DD}，从而即使控制电压产生的尾电流有很大的变化，电路也能够产生相对恒定的输出摆幅。延迟单元的差分输出端分别通过小电容用来增加延迟单元的周期，从而使振荡频率变小。本章的小电容采用金属-绝缘层-金属（MIM）电容，具有电容精度高、寄生电容低和匹配性好等特点。

环形差动振荡器中环路反相次数可以是奇数，如此电路才能持续振荡，然而反相器个数可以是奇数也可以是偶数。奇数个反相器是将每一个反相单元首尾相连成一个环路，而偶数个反相器是只要将其中一个反相单元接成不反相即可，这

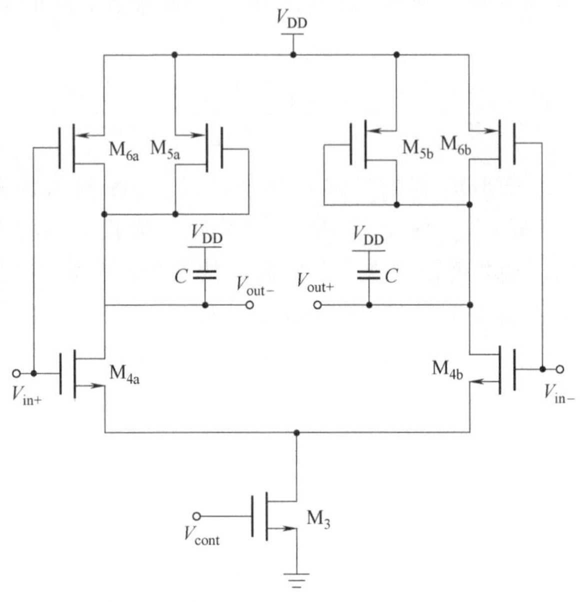

图 5-29　宽调节范围的差动对级电路

就是差动型环形振荡器相对于单端型环形振荡器的灵活特性。本次采用的差动环形振荡器是五级反相器首尾相连的结构，如图 5-30 所示。

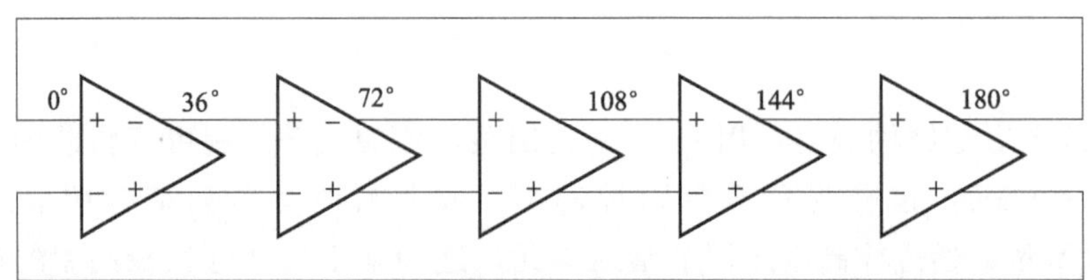

图 5-30　五级差动环形振荡器示意图

在之前介绍过振荡器起振需满足“巴克豪森准则”，因此五级振荡器的每一级电路的信号相移必须是 36°。由式（5-6）可知，对于五级的振荡器而言，每一级的最小电压增益为 1.3，即 2.28dB。实际设计中，一般要求其电压增益为最小电压增益的 2～3 倍。

在 Cadence 软件中先对延迟单元进行交流仿真，观察差分延迟单元是否满足五级差动环形振荡器的起振要求；其次对振荡器电路进行前仿真验证，让电路先经过瞬态仿真，观察电路的瞬态波形状况；再经过 PSS 仿真得到其压控曲线；最后进行“PSS＋PNOISE”仿真得到相位噪声曲线等。

对延迟单元电路进行瞬态仿真，采用电源电压 V_{DD} 为 1.2V，根据仿真中各个管子状态要求，满足条件的控制电压 V_{cont} 调节范围为 405～475mV。延迟单元交流仿真得到的幅频特性如图 5-31 所示，由该图可知，当 V_{cont} 为 405mV、440mV、475mV 该延迟单元增益为 8.93dB、10.16dB、11.11dB，均远远大于五级差动环形振荡器要求的每一级最小电压增益（2.28dB），故满足五级差动环形振荡器的起振要求。

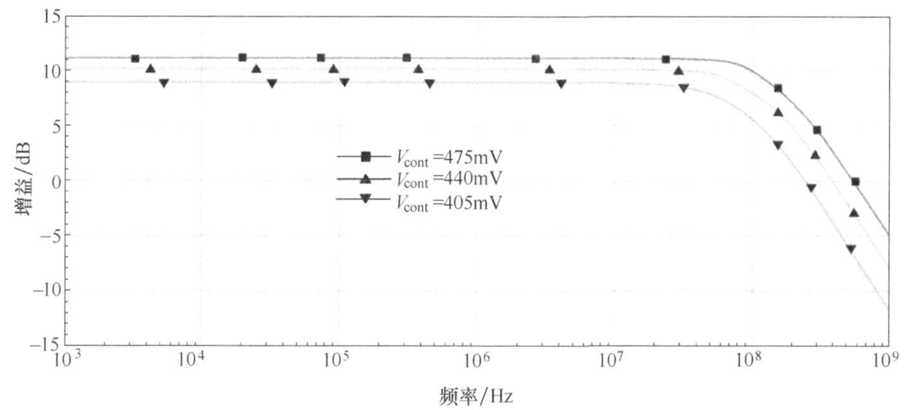

图 5-31 延迟单元的幅频特性

对环形振荡器电路进行瞬态仿真，采用电源电压 V_{DD} 为 1.2V，MIM 电容的值为 218fF。根据仿真中各个管子状态要求，满足条件的控制电压 V_{cont} 调节范围为 405～475mV。当控制电压 V_{cont} 为 405mV、440mV、475mV，得到的仿真结果分别如图 5-32（a）、（b）、（c）所示。由图可知，V_{cont} 为 405mV、440mV、475mV 时该振荡器的起振时间分别约为 87.72ns、54.51ns、46.38ns，电路稳定后的输出波形周期约为 20.5ns、15.4ns、11.97ns，振幅约为 338.6mV、467.4mV、635mV。当控制电压 V_{cont} 增加时，延迟单元的尾电流变大，充放电时间变短，从而振荡周期变短，振荡频率变大。

图 5-33 是环形压控振荡器的电压与频率之间的关系，当控制电压在 405～475mV 范围内变化时，设计的环形压控振荡器的输出信号的频率调谐范围为 49.21～84.11MHz。

在 Cadence 仿真器中对电路进行 PSS 和 PNOISE 联合仿真，可以得到该电路的中心频率（即控制电压 V_{cont} 为 440mV）处相位噪声特性曲线如图 5-34 所示，由图可知，该振荡器的相位噪声在频率为 1MHz 处就达到了－113dBc/Hz，表明其具有良好的相位噪声性能。

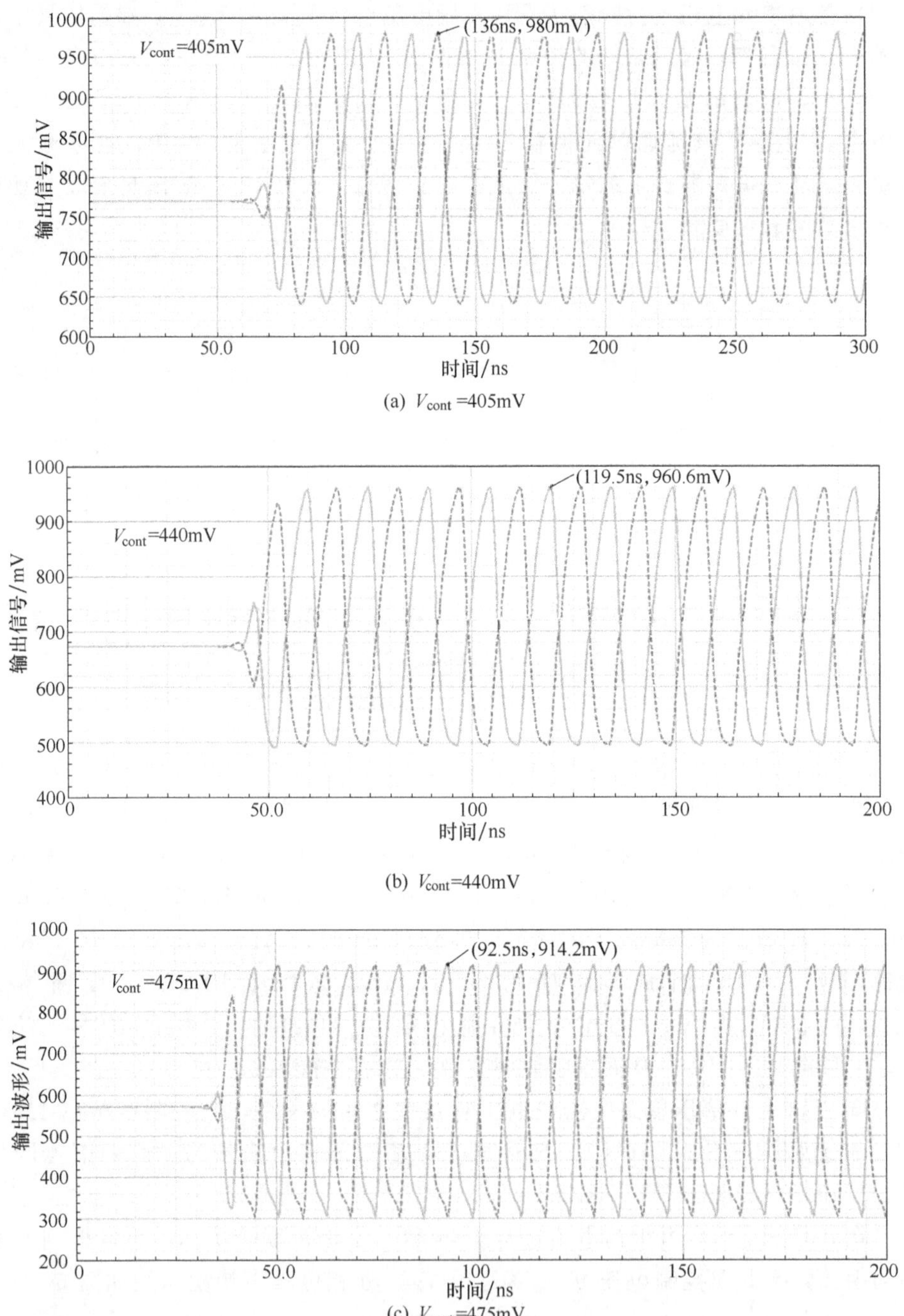

(a) V_{cont} =405mV

(b) V_{cont}=440mV

(c) V_{cont}=475mV

图 5-32　环形压控振荡器的瞬态仿真波形图

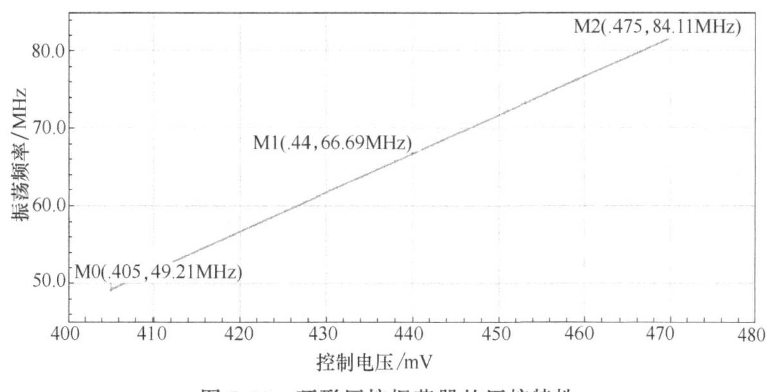

图 5-33　环形压控振荡器的压控特性

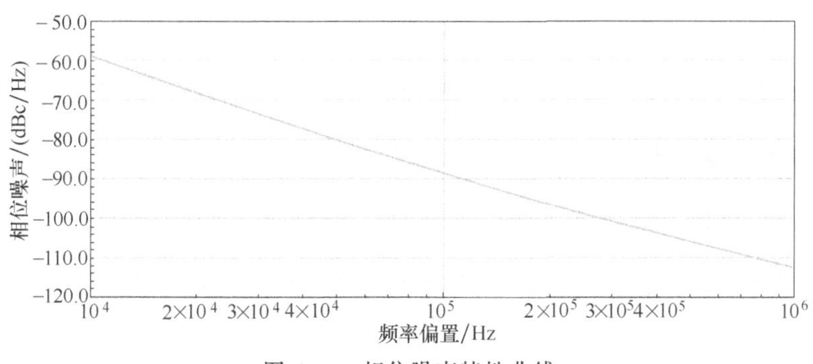

图 5-34　相位噪声特性曲线

5.4　相位可调的正交信号发生器设计

正交压控振荡器交叉耦合连接法应用于锁相环，降低了功耗并改善了其噪声系数，但是I/Q相位不平衡度高，并且也不可调。数字正交信号发生器用来产生正交信号，但是信号产生的相位误差不可调节和补偿。目前更为急需解决的问题在于，即使集成电路器件内部具有产生正交信号的能力，由于集成电路生产工艺技术的限制，工艺往往会出现偏差，正交信号的相位差在前期仿真是精确的90°，但芯片加工以后，相位差往往偏离90°。因此需要一种集成的并且能精确调整的结构电路来弥补集成电路工艺造成的正交信号产生后出现的相位偏差。一种正交信号发生器的设计结构是基于二分频器的设计基础，再加上可精确调节四路输出信号的相位变换电路结构。该电路不仅可以实现集成电路设计中信号处理电路中分频器和移相器的综合功能，且能够单片集成和精确调整相位，弥补集成电

路工艺造成的正交信号产生后出现的相位偏差[35]。

5.4.1 正交信号发生器的整体结构

相位精确可调的四路正交信号发生器的整体框图如图 5-35 所示。相位精确调节器是通过选通信号控制尾电流源的导通，产生可编程的电流，再转变成偏置电压叠加在时钟信号上，从而来精确调节信号的相位变换；由两级触发器环路组成的二分频器，用于产生四路信号[36]。

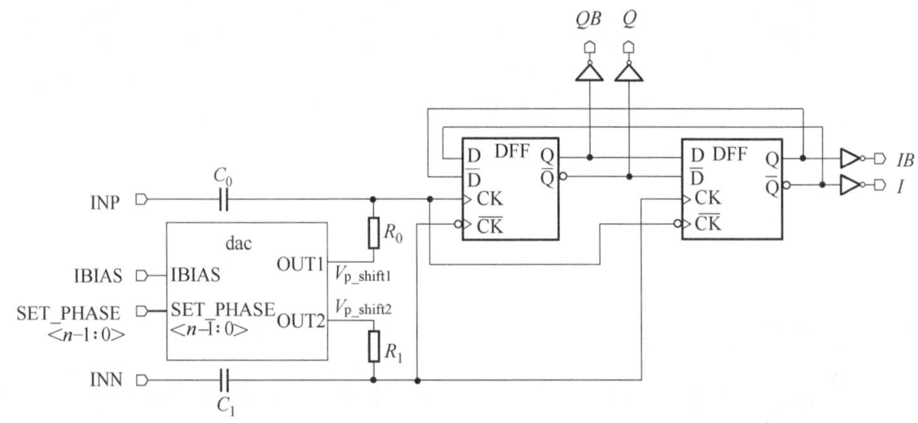

图 5-35 相位精确可调的四路正交信号发生器的整体框图

5.4.2 基于源极耦合逻辑的改进型二分频器

TSPC-D 触发器结构的二分频器只采用单向时钟信号，且减少了晶体管的个数，有效解决了两向时钟信号（上升沿、下降沿）之间的重叠问题，可达到较高的速度，故不断有研究者将其改进来设计前置分频器应用于高速和低功耗时钟分配电路上。但是该分频器要求时钟信号是类似方波的满幅信号，电路存在竞争冒险而使输出端存在毛刺，且因其寄生电容上的电荷泄漏而导致无法适用于低频工作。

差分的源极耦合逻辑（Source Coupled FET Logic，SCFL）电路速度快，抗干扰能力强，输出采用 PMOS、NMOS 互补耦合对结构，在保证电路速度的同时，最大可能地提高输出信号的摆幅，在输出信号摆幅足够大时，该锁存器可直接驱动后级负载电路而不需要外加差分源跟随器。锁存器速度正比于充放电大小，反比于电路信号摆幅。因此可以通过提高参考电压，增加尾电流源的电流来进一步提高电路的工作速度。

SCFL 结构的锁存器的工作基础是工作在限幅区域的差分放大器。其工作原理如图 5-36 所示。M_{n1}、M_{n2} 和 M_{n3}、M_{n4} 构成两个差分放大对，M_{n5}、M_{n6} 构成底层的差分放大对，由差分时钟信号 CK、$\overline{CK}$ 控制。当 CK 为高电平时，M_{n5} 开通、M_{n6} 关断，M_{n3}、M_{n4} 无效，M_{n1}、M_{n2}、M_{p1} 和 M_{p2} 工作状态会由输入数据信号 D 决定，电路处于输入采样状态；当 CK 为低电平时，M_{n5} 关断、M_{n6} 开通，M_{n1}、M_{n2} 无效，因而输入无效，M_{n3}、M_{n4} 形成正反馈将输出信号维持在反馈环路中，电路处于保持状态。

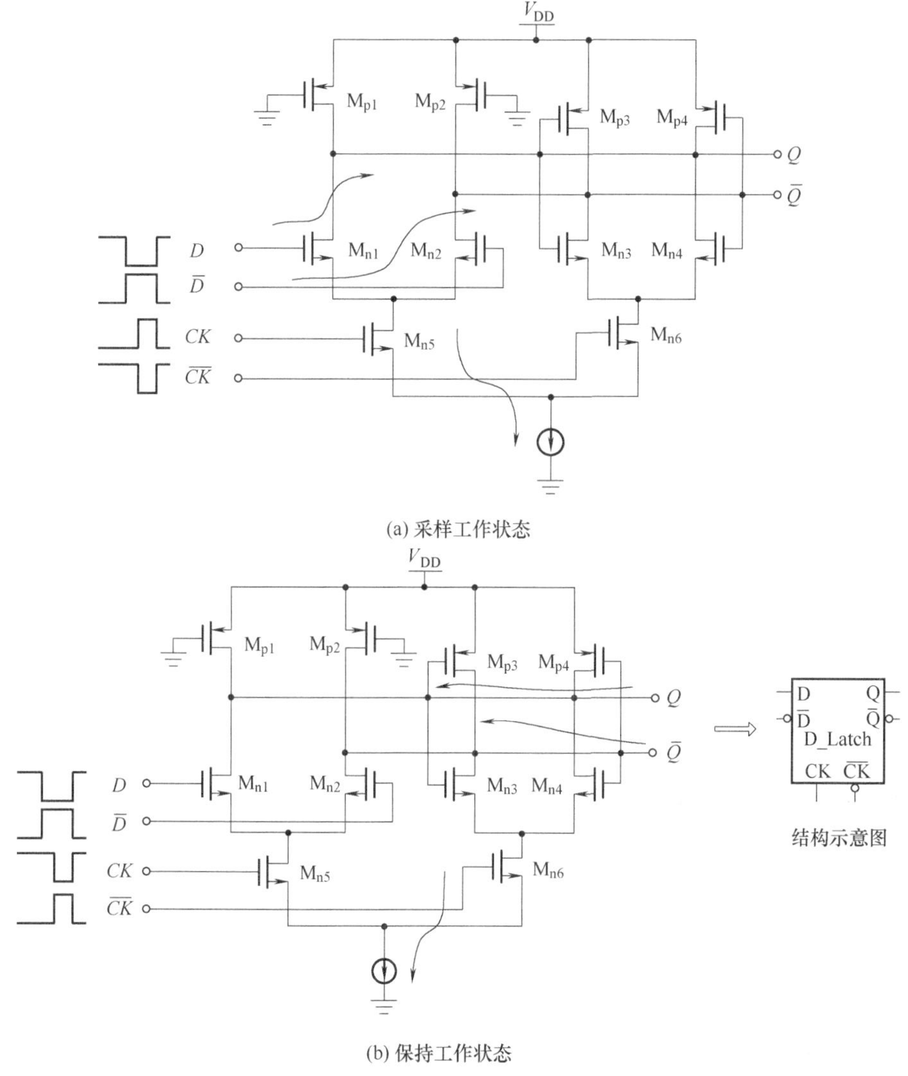

(a) 采样工作状态

(b) 保持工作状态

图 5-36　SCFL 结构的锁存器工作状态

图 5-37 所示的主锁存器加了“或”逻辑门的结构，D 与 $\overline{D}$ 为“或”逻辑门的两个输入信号，V_{ref} 为直流参考电平，可由内部电路产生或由外部直接提供。这种集成了“或”逻辑门的锁存器不但简化了电路设计，而且避免了单独设计逻辑门而带来的寄生参数的影响，从而提高了同步分频器的工作速度，同时降低了电路设计的复杂度。

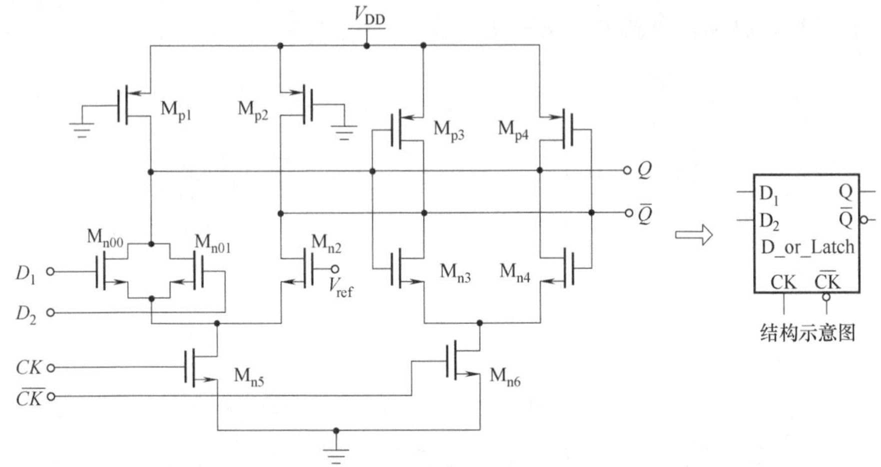

图 5-37　D 锁存器电路结构

另外一种结构如图 5-38 所示，主要电路包含两个部分：将输入信号送到输出的触发部分和将输出逻辑电平存储的锁存部分。其中触发部分由 M_1 和 M_2 组成的差分对来实现；而锁存部分则由 M_3 和 M_4 组成的交叉耦合对来实现。两个部分由一对相位互补的时钟信号控制，当时钟信号 $CK=1$ 时，锁存器处于触发状态，M_5 导通，M_6 截止，使得差分对管 M_1 和 M_2 可以将差分输入信号 D 和 $\overline{D}$ 进行放大后输出。当时钟信号 $CK=0$，锁存器处于锁存状态时，M_5 截止，M_6 导通，此时输入差分对管 M_1 和 M_2 不再工作，而交叉耦合

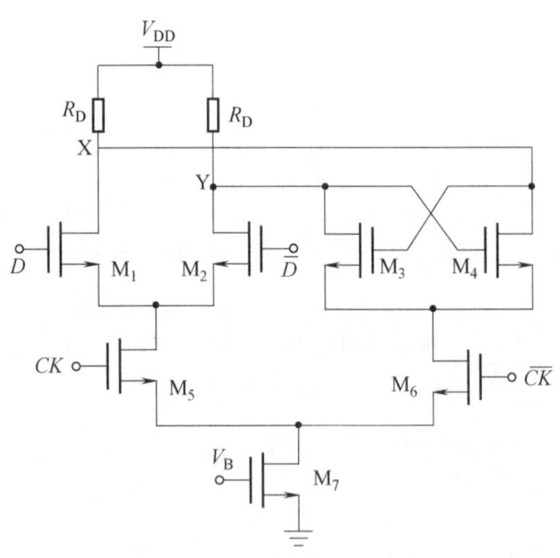

图 5-38　SCL 结构 D 锁存器

对管 M_3 和 M_4 导通并构成一个正反馈回路，X 点和 Y 点之间的电压差将会持续进行直至其中一个 MOS 管进入截止区，如 $V_x=V_{DD}$，而 $V_Y=V_{DD}-I_{SS}R_D$。因此，$CK=0$ 时电路的输出状态被锁存，CK 由 0 跳变成 1 后，电路又进入触发状态，可接收和传输信号。

图 5-38 中 $V_X=V_{DD}$，则 $V_Y=V_{DD}-I_{SS}R_D$，即调节负载电阻的大小可控制电压的摆幅，又因为输出响应的时间由 RC 常数决定，电阻的大小还将影响输出响应速度，从而影响整个电路的速度。图 5-39 是对 SCL D 锁存器进行改进后的电路结构图，主要区别在于：①用 PMOS 管代替电阻负载，解决了用 CMOS 工艺设计大电阻的劣势，且 PMOS 作为有源负载，面积小、性能稳定；②使时钟信号输入 MOS 管的源极直接接地，这样省去尾电流源可提高状态切换速度。

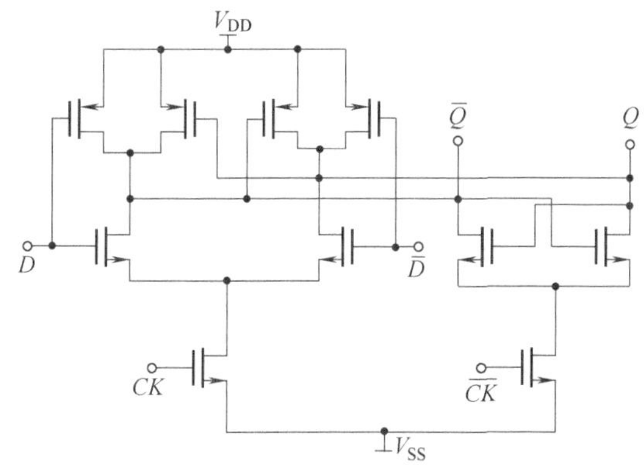

图 5-39　改进后的 D 锁存器的电路结构

将图 5-36 两个 D 锁存器按照图 2-21（b）中所示的方式串联，但是电路中第一级 D 锁存器和第二级 D 锁存器的时钟信号为反相连接，即构成一个主从式 D 触发器，该主从触发器结构如图 5-40（a）所示。将两个主从式 D 触发器如图 5-40（b）所示连接，将输出 Q 端接输入的 $\overline{D}$ 端，$\overline{Q}$ 端接至输入的 D 端，从而构成二分频器电路。该二分频器的两个 D 锁存器的各输出两路占空比为 50% 的正交信号。四路正交信号可在输出端各增加反相型的缓冲器，以降低竞争冒险导致的电路失真。

5.4.3　相位调节器的设计

相位精确调节器（dac）是通过选通信号控制尾电流源的导通，产生可编程的电流，该电流通过运算放大器转变成偏置电压叠加在时钟信号上，从而来精确

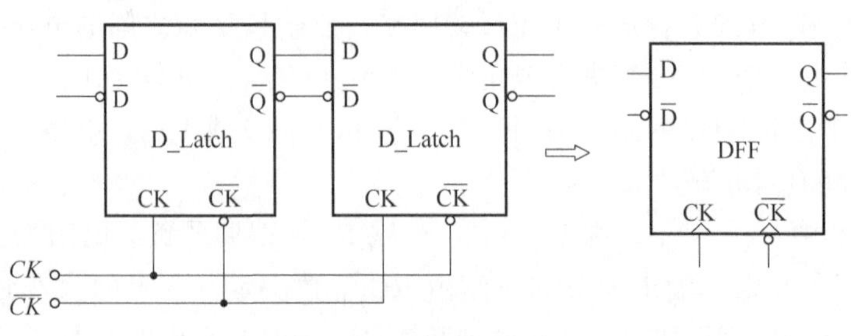

(a1) D锁存器构成的主从式D触发器　　(a2) D触发器示意图

(a) 基于图5-36中D锁存器构成的D触发器结构

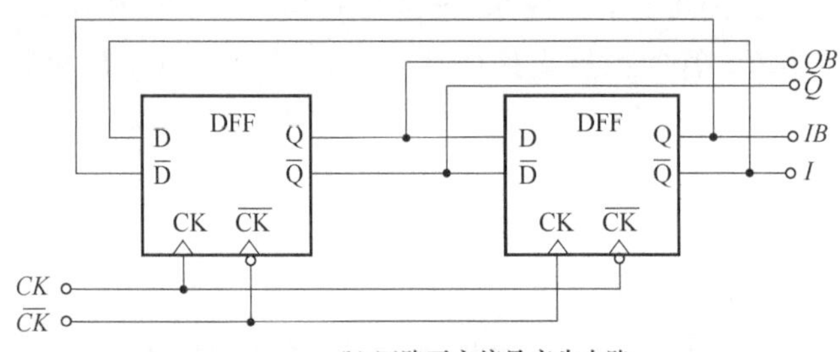

(b) 四路正交信号产生电路

图 5-40　D 触发器设计与四路正交信号产生原理

调节信号的相位变换。具体电路如图 5-41 所示，其由可编程电流输出单元（idac）和电流转换成电压单元两部分构成。编程电流输出单元，通过输入的 n 位电平信号来选通尾电流源，输出可编程的两路电流。电流转换成电压单元主要是由双端输入双端输出的差分放大器（AP）和电阻（R_2 和 R_3）构成，其作用是将输出的两路可编程电流转变成两路偏置电压。

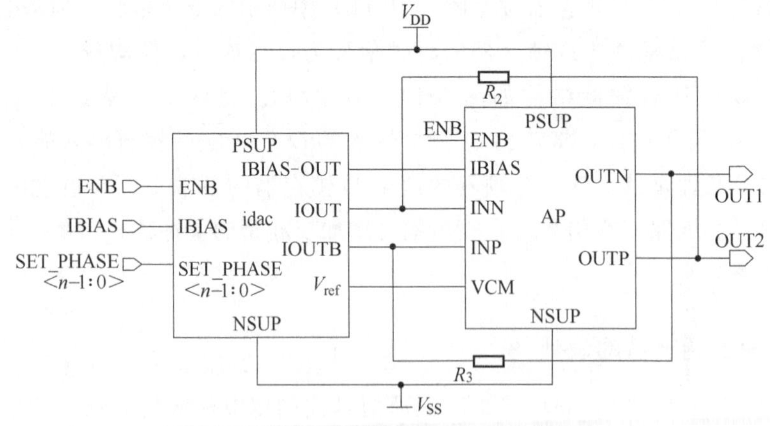

图 5-41　相位调节器（dac）的电路结构图

可编程电流输出单元（idac）的结构如图 5-42 所示，具体的工作原理是：通过外部输入的 n 位电平信号（SET_PHASE $\langle n-1:0\rangle$）来选通尾电流源（idac_unit），每一位的输入信号都会在其内部通过反相器产生两路反相的选通信号 Set_i $\langle i\rangle$ 和 Set_ib $\langle i\rangle$ 来选通相应的 2^i 个并联的尾电流源（idac_unit $\langle i:0\rangle$）的左右支路，其中 i 为自然数且 $0\leqslant i\leqslant n-1$。尾电流源的通断情况是：若尾电流源的左支路输入为高电平时，此时右支路输入为低电平，则左支路导通，而右支路就关断；相应地，若尾电流源的左支路输入为低电平时，此时右支路输入为高电平，则左支路就关断，而右支路导通。其结构如图 5-42 的放大图所示，第 j 个尾电流模块的左支路选通控制端 SEL_A 接收第 j 位电平信号，第 j 个尾电流模块的右支路选通控制端 SEL_B 接收第 j 位电平信号的反相信号，第 j 个尾电流模块由 2^{j-1} 个尾电流源并联组成，j 为自然数且 $1\leqslant j\leqslant n$。

设定每个尾电流源左右支路导通的电流都为 I，当输入的 n 位电平信号最高位为 1，其余位都为 0（或者最高位为 0，其余位都为 1）时，这时流过 I_A 与 I_B 支路的电流差最小为一个尾电流源的电流值 I，I_A 与 I_B 分别经过电流转换成电压单元转换成电压，这时这两路的电压差也最小，该最小的电压差来调节和补偿四路输出信号的相位决定了电路的调节精度。当输入的 n 位电平信号全为 1（或者全为 0）时，这时流过 I_A 与 I_B 支路的电流差最大，值为 $(1+2+4+\cdots+2^{n-1})I=(2^n-1)I$，$I_A$ 与 I_B 分别经过电流转换成电压单元转换成电压，这时这两路的电压差最大，该最大的电压差来调节和补偿四路输出信号的相位决定了电路的最终调节范围。因此，假设镜像电流源 M_{p1} 管的电流为 I_{p1}，镜像电流源 M_{p2} 管的电流为 I_{p2}，当 n 位电平信号为 $(k_{n-1}k_{n-2}\cdots k_1k_0)$ 时，流过两条支路的电流分别为：

$$I_{SA}=\sum_{i=0}^{n-1}k_i\times 2^i\times I\quad(k_i=1) \tag{5-9}$$

$$I_{SB}=\sum_{i=0}^{n-1}k_i\times 2^i\times I\quad(k_i=0) \tag{5-10}$$

所以，I_A 与 I_B 的电流值分别为：

$$I_A=I_{p1}-I_{SA}=I_{p1}-\sum_{i=0}^{n-1}k_i\times 2^i\times I\quad(k_i=1) \tag{5-11}$$

$$I_B=I_{p2}-I_{SB}=I_{p2}-\sum_{i=0}^{n-1}k_i\times 2^i\times I\quad(k_i=0) \tag{5-12}$$

当 I_A 的值增大时，I_B 值就减少，但是两者的和始终是定值 $[(I_{p1}+I_{p2})-(2^n-1)I]$。

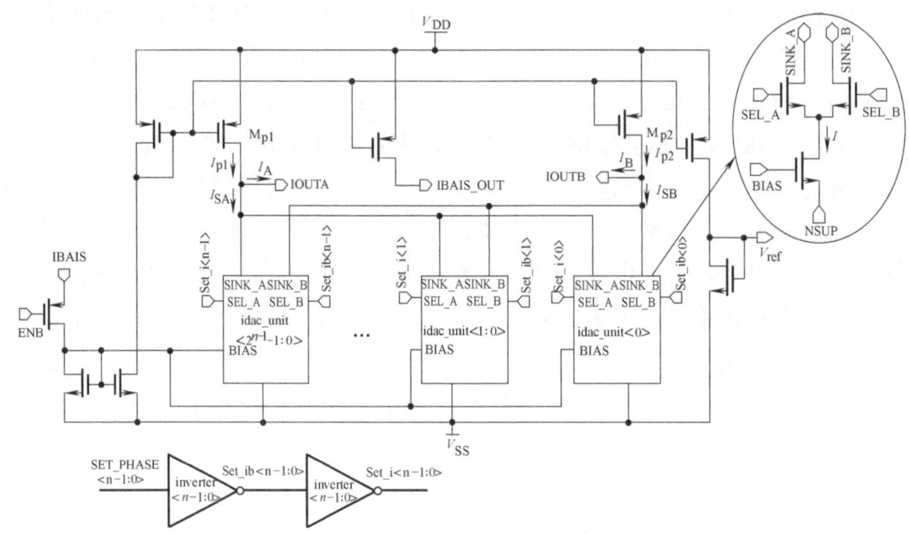

图 5-42　可编程电流输出单元（idac）的结构图

当 n 选定时，尾电流源左右支路导通电流精度越高（即 I 越小），输出可编程的电流步进就越小，产生的偏置电压步进就越小，调节的相位差步进就越小，即精度也就越高。当尾电流源左右支路导通电流 I 为定值时，电平信号的选通位数 n 越大，输出可编程的电流范围就越大，产生的偏置电压范围就越大，调节的相位差范围就越大。图 5-42 中电流调节单元的 MOS 管的 W/L 值参见表 5-3。

表 5-3　电流调节单元的 MOS 管的 W/L 值

MOS 管	$(W/L)/\mu m$	MOS 管	$(W/L)/\mu m$
M_{P0}	10/1	M_{N0}	3.2/2
M_{P1}	12/1.2	M_{N1}	1.6/2
M_{P2}	12/1.2	M_{11}	1.6/2
M_{P3}	12/1.2	M_{12}	1/2
M_{P4}	12/1.2	M_{13}	1/2

电流转换成电压单元的作用是将输出的两路可编程电流通过电阻 R_2 和 R_3 而转变成两路偏置电压。由于可编程电流输出单元的两路可编程电流的大小和方向随着电平信号的选通位数的变化而变化，因此，在电流转换成电压单元中，采用如图 5-43 所示经典的双端输入双端输出的差分运算放大器（AP），不但可以起缓冲作用，而且也能够有效地抑制电路自激振荡。差分运算放大器的 MOS 管

的 W/L 值参见表 5-4，电阻值分别为 $R_0 = R_1 = 12\text{k}\Omega$，$R_2 = R_3 = 200\text{k}\Omega$，$R_4 = R_5 = 100\text{k}\Omega$。

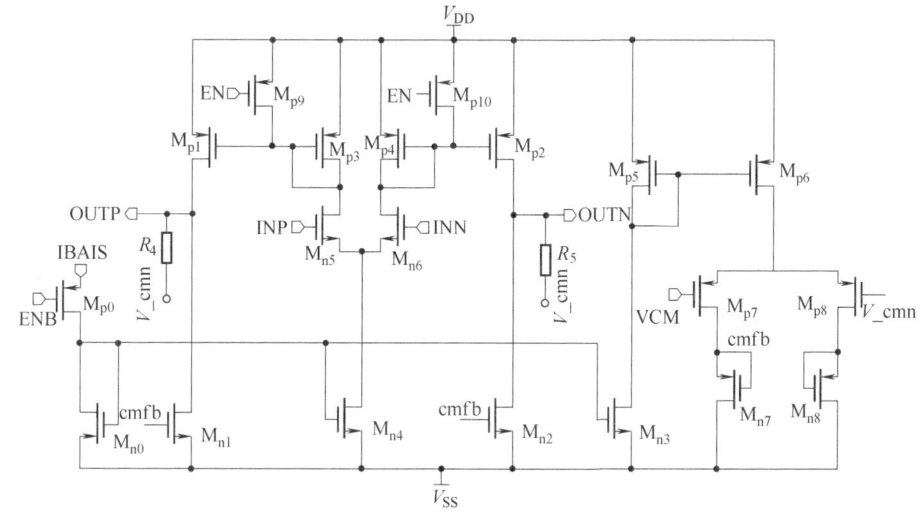

图 5-43 差分运算放大器的结构图

表 5-4 差分运算放大器的 MOS 管的 W/L 值

MOS 管	$(W/L)/\mu m$	MOS 管	$(W/L)/\mu m$	MOS 管	$(W/L)/\mu m$	MOS 管	$(W/L)/\mu m$
M_{P0}	10/0.25	M_{P6}	40/1	M_{P10}	10/0.25	M_{N5}	10/3
M_{P1}	100/1	M_{P7}	40/1	M_{N0}	20/3	M_{N6}	10/3
M_{P2}	100/1	M_{P8}	40/1	M_{N1}	5/1	M_{N7}	3/1
M_{P5}	40/1	M_{P9}	10/0.25	M_{N4}	20/3	M_{N8}	3/1

5.4.4 正交信号发生器的仿真

设定 $n=6$，由瞬态仿真得到的正交信号发生器的四路正交分频信号与输入的参考时钟信号的时域波形如图 5-44 所示。从图中可以清晰地看出该正交信号发生器在两个输入控制的极限情况下都能实现了二分频功能，且输出的四路正交信号波形较为理想。

在 Cadence 软件通过“PSS Analysis”的仿真功能得到四路输出信号的相邻两路的相位差，参数设置与结果见表 5-5。仿真结果显示正交信号发生器能够实现四路信号之间相位差最大为±2.42°，相位误差精度可达±0.03°。

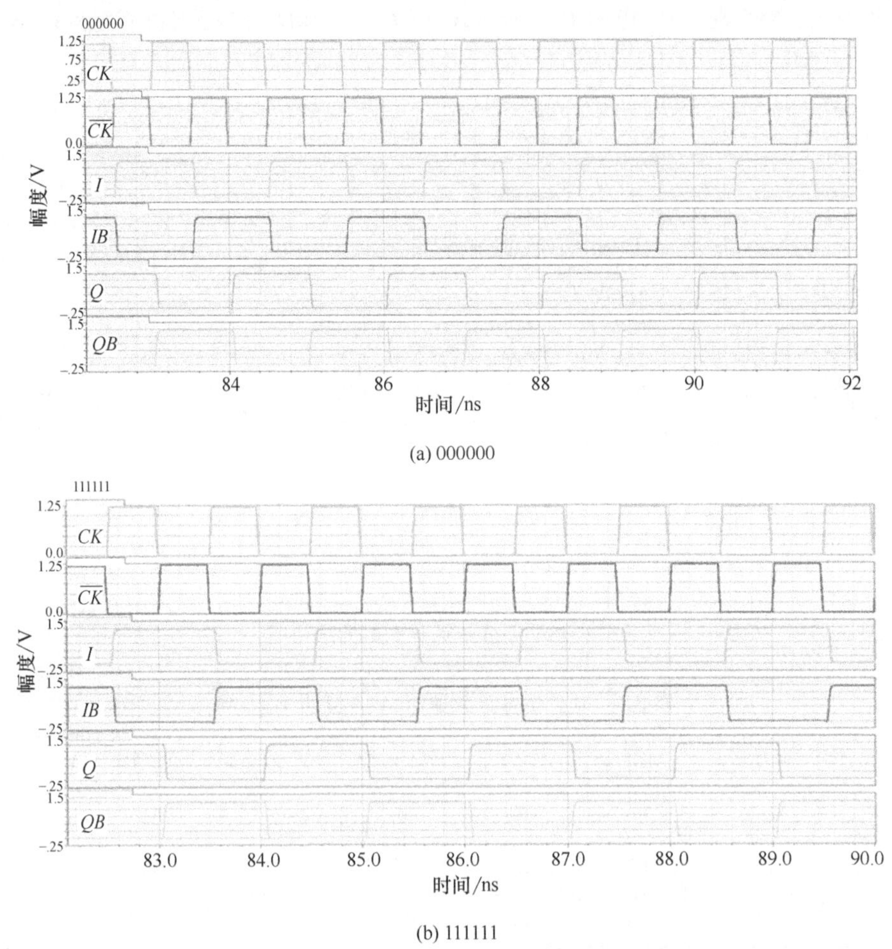

(a) 000000

(b) 111111

图 5-44　分频输出信号与参考时钟信号的时域波形

表 5-5　PSS 仿真参数设置与结果

SET_PSHAE〈5：0〉	I_{BIAS} /μA	I /μA	I_{p1} /μA	I_{p2} /μA	I_A /μA	I_B /μA	V_{p_shift1} /mV	V_{p_shift2} /mV	相位差 /(°)
000000	7.2	0.72	23.2	23.2	23.14	−22.45	854.900	360.900	2.42
000100	7.2	0.72	23.2	23.2	23.14	−22.45	824.085	392.020	2.06
001000	7.2	0.72	23.2	23.2	23.14	−22.45	793.036	423.297	1.73
001100	7.2	0.72	23.2	23.2	23.14	−22.45	761.831	454.685	1.42
010000	7.2	0.72	23.2	23.2	23.14	−22.45	730.507	486.540	1.12
010100	7.2	0.72	23.2	23.2	23.14	−22.45	699.090	517.680	0.82

续表

SET_PSHAE〈5：0〉	I_{BIAS} /μA	I /μA	I_{p1} /μA	I_{p2} /μA	I_A /μA	I_B /μA	V_{p_shift1} /mV	V_{p_shift2} /mV	相位差 /(°)
011000	7.2	0.72	23.2	23.2	23.14	−22.45	667.605	549.242	0.54
011100	7.2	0.72	23.2	23.2	23.14	−22.45	636.070	580.820	0.25
011111	7.2	0.72	23.2	23.2	23.14	−22.45	612.398	604.505	0.03
100000	7.2	0.72	23.2	23.2	23.14	−22.45	604.505	612.398	−0.03
100011	7.2	0.72	23.2	23.2	23.14	−22.45	580.820	636.070	−0.25
100111	7.2	0.72	23.2	23.2	23.14	−22.45	549.242	667.605	−0.54
101011	7.2	0.72	23.2	23.2	23.14	−22.45	517.680	699.090	−0.82
101111	7.2	0.72	23.2	23.2	23.14	−22.45	486.540	730.507	−1.12
110011	7.2	0.72	23.2	23.2	23.14	−22.45	454.685	761.831	−1.42
110111	7.2	0.72	23.2	23.2	23.14	−22.45	423.297	793.036	−1.73
111011	7.2	0.72	23.2	23.2	23.14	−22.45	392.020	824.085	−2.06
111111	7.2	0.72	23.2	23.2	23.14	−22.45	360.900	854.900	−2.42

第 6 章 WLAN 802.11a接收机频率合成器设计

WLAN 技术的成长始于 20 世纪 80 年代中期，它是由美国联邦通信委员会（FCC）为工业、科研和医学（ISM，Industrial Scientific Medical）频段的公共应用提供授权而产生的。目前的 WLAN 技术采用 IEEE（Institute of Electrical and Electronics Engineer，美国电气与电子工程师协会）所定义的 WiFi（Wireless Fidelity，无线保真）标准（802.11a/b/g)，由无线接入点 AP 和无线网络终端组成，可提供≤54Mbps 网络高速连接速率。最初的 802.11 标准允许的最大比特率为 2Mbps，而当前 802.11b 标准支持的最大速率为 11Mbps。随着 802.11a 和 802.11g 标准广泛采用，它们的速率最高达到 54Mbps。

无线局域网接收机是整个无线局域网通信系统的关键，而频率合成器是接收机中用于产生本振信号的模块，直接影响着整个接收机的性能。本章主要对基于 IEEE 802.11a 标准的 WLAN 通信系统的射频接收机中的频率合成器的芯片进行研究与设计。

6.1 无线局域网与 WLAN 802.11a

802.11 标准有好几个版本，常用的如表 6-1 所示。在频段利用上，ISM 不需要商业执照的频段总是首先要考虑的，802.11、802.11b 及新兴的 802.11g 标准都共享 2.4GHz 频段，而 802.11a 使用 5.0GHz 频段。

表 6-1 IEEE 802.11 WLAN 标准

标准	频段	最大物理速率	第三层数据速率	传输方式	兼容性
802.11	2.4GHz	2Mbps	1.2Mbps	FHSS/DSSS	无
802.11a	5.0GHz	54Mbps	32Mbps	OFDM	无
802.11b	2.4GHz	11Mbps	6～7Mbps	DSSS	802.11
802.11g	2.4GHz	54Mbps	32Mbps	OFDM	802.11/802.11b

1997 年，FCC 释放的 UNII 频段（频段波段 5～6GHz）为无线局域网应用获得很大的可用频谱（频宽达 300MHz），使得无线局域网系统可以为多媒体应用提供高达几十兆赫兹每秒的速率。IEEE 802.11a 将此 300MHz 分成三个互不交叠的 100MHz 频段，每段都规定不同的最大输出功率。“低端”，5.15～5.25GHz，最大功率为 50mW；“中端”，5.25～5.35GHz，最大功率为 250mW；“高端”，5.725～5.825GHz，最大功率为 1W。信道规划如图 6-1 所示，中低频段存在 8 个信道，高频段 4 个，共计 12 个信道。在低频段，最外围的信道中心频率距离波段边缘有 30MHz 的频宽，在高频段有 20MHz 的频宽。每个信道分为 52 个子载波，相邻子载波相差大约 300kHz。信道中心频率与信道编号存在的关系如下：

信道中心频率＝5000＋5×nch（MHz），其中 nch＝36、40、44、48、52、56、60、64、149、153、157、161。

802.11a 标准使用正交频分复用技术（OFDM），采用的调制方法有二进位相移键控法（BPSK）、正交相移键控法（QPSK）、16 正交调幅和 64 正交调幅，如表 6-2 所示。802.11a 标准对灵敏度的要求归纳在表 6-3 中，它依赖于信号速率、调制方案和编码技术。为达到所有不同速率对灵敏度的要求，802.11a 建议噪声指数为 10dB，包括 5dB 的实现裕量。

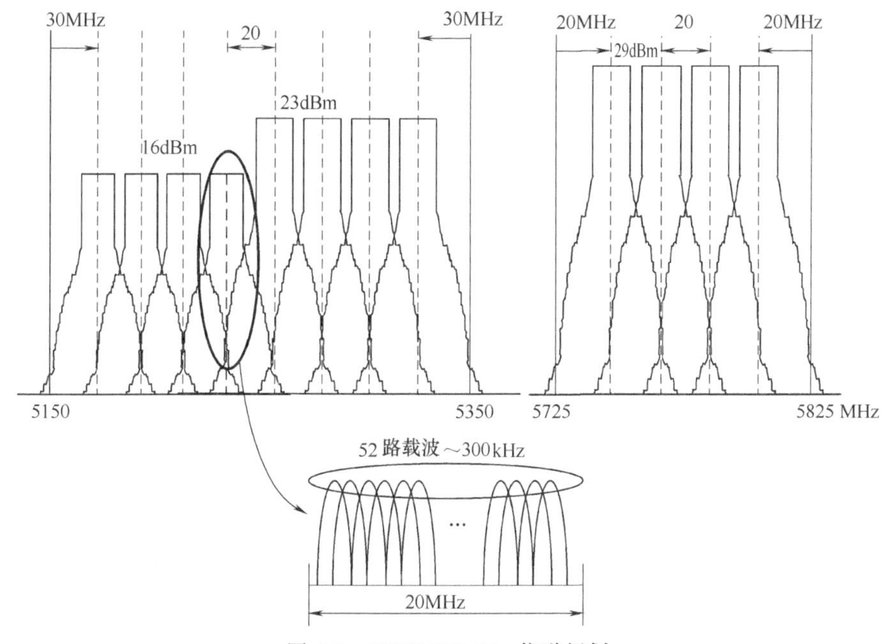

图 6-1 IEEE 802.11a 信道规划

在无线局域网系统中，系统动态范围与接收机的灵敏度一样，同样依赖于能够成功解码的最大信号电平。对于长度为要求 1000bit 的物理子层数据来说，接收机要求检测高达－30dBm 的信号，同时低于 10%的包错误率。为判断信道是否忙，接收信号的强度必须被监测出来。

表 6-2 IEEE 802.11a 标准中传输速率和调制方式关系

速率/Mbps	调制方式	速率/Mbps	调制方式
6	BPSK	24	16-QAM
9	BPSK	36	16-QAM
12	QPSK	48	64-QAM
18	QPSK	54	64-QAM

表 6-3 IEEE 802.11a 标准中灵敏度要求

速率/Mbps	灵敏度/dBm	速率/Mbps	灵敏度/dBm
6	－82	24	－74
9	－81	36	－70
12	－79	48	－66
18	－77	54	－65

6.2 WLAN 802.11a 收发机的结构与频率规划

WLAN 射频收发机主要有发射部分、接收部分和频率综合几部分组成。模拟射频收发机采用的架构和频率规划是决定整个系统性能和复杂程度的关键所在。设计所采用的是二次变频第二中频为零的收发机结构，如图 6-2 所示。

在发射模块中，基带 I 和 Q 信号首先通过混频器混频到 1GHz，正交的 1GHz 中频信号然后被 RF 混频器上变频到 5GHz，上变频的 5GHz 最终经功率放大器放大，通过天线发射出去。在接收模块中，天线接收到的 5GHz 射频信号，经射频滤波器滤波后送至低噪声放大器（LNA）。从 LNA 输出的信号首先送至第一混频器与频率处于 4GHz 频段的第一本振信号（LO_1）进行混频，这样由 LNA 输出的信号就从 5GHz 的频段搬移至 1GHz 频段。接下来，1GHz 频段的信号被送至第二个混频器，与处于 1GHz 的第二本振信号（LO_2）进行混频，直接产生基带信号。应用这种结构，中频的本振信号通过射频的本振信号的 4 分频得到，避免需要 2 个频率合成器，同时也提高了发射镜像抑制。与传统的超外

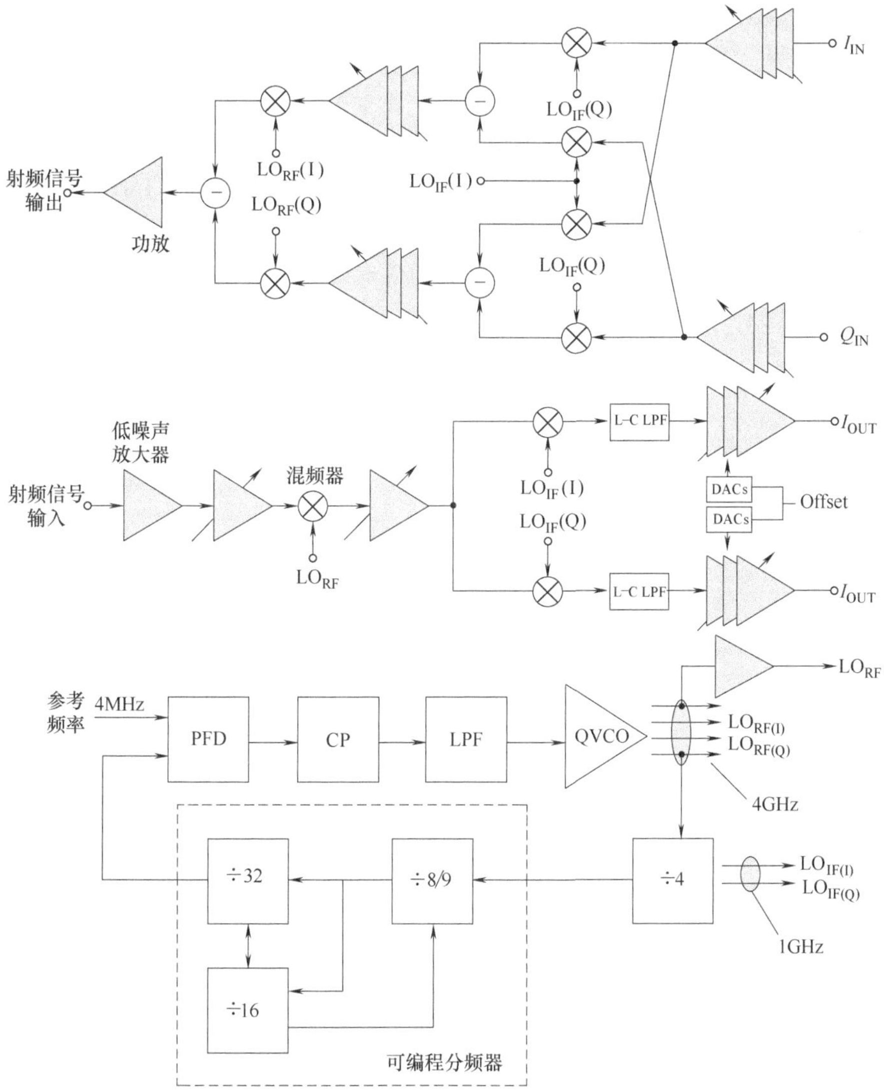

图 6-2 采用二次变频结构的 WLAN 802.11a 收发机结构

差接收机相比较，这种结构具有较为明显的优势。射频信号首先与 4GHz 频段的第一本振信号进行混频，这样经混频所产生的一路信号位于 9GHz 的频段，另外一路信号位于 1GHz 频段。由于这两路信号所在的频段相隔较大，接收机系统可以很容易地滤除不需要的 9GHz 的高频信号。这种结构避免了传统超外差接收机中结构非常复杂的 IF 滤波器，也避免了零中频接收机中的直流偏移与本振泄漏等问题的产生。

频率合成器要产生 1GHz 的正交本振信号和 4GHz 的本振信号以分别用于接收和发射模块。本系统采用的电荷泵锁相环频率合成器的结构如图 6-3 所示，该综合器采用整数分频结构，由鉴频鉴相器、电荷泵、低通滤波器、压控振荡器和下分频模块等部分构成。下分频模块由前置固定 4 分频器和可编程分频器构成。前置固定 4 分频器，即 $K=4$，将 VCO 的信号进行分频，产生 1GHz 的第二本振信号。可编程分频器有双模除 8/9 预置分频器（$P=8$）、吞吐脉冲计数器（$A=[0\sim15]$）、程序计数器（$M=32$）和模式控制电路组成。整个下分频模块的总分频比为：

$$N=K(PM+A) \tag{6-1}$$

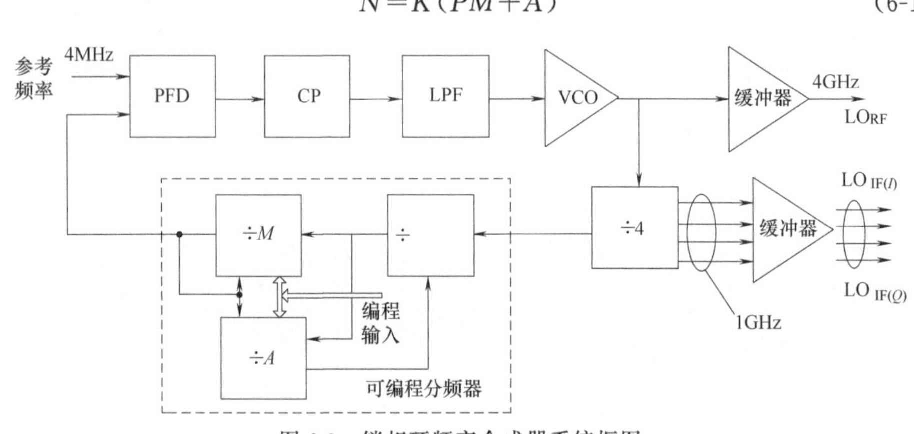

图 6-3　锁相环频率合成器系统框图

表 6-4　收发机的频率规划

分频参数	总的分频模数 $[N=K(PM+A)]$		VCO 输出频率 $(f_{vco}=N\times f_{ref})$/MHz	信道中心频率 /MHz
	A	N		
$K=4$ $P=8$ $M=32$ $A=3\sim10$ $f_{ref}=4$MHz	3	1036	4144	5180
	4	1040	4160	5200
	5	1044	4176	5220
	6	1048	4192	5240
	7	1052	4208	5260
	8	1056	4224	5280
	9	1060	4240	5300
	10	1064	4256	5320

参考频率选为 4MHz，表 6-4 为整个收发机的频率规划，即分频器分频系数

与 VCO 输出频率、信道中心频率的对照关系。本设计中 VCO 的输出频率在 4.144～4.256GHz 间变化，相应的射频载波信号的频率为 5.18～5.32GHz，涵盖了 WLAN 802.11a 前两个频段。

6.3 频率合成器各模块电路设计与实现

6.3.1 LC-VCO 设计

VCO 设计采用的电路结构如图 6-4 所示，由 LC 频率调谐回路和提供负反馈电阻的交叉耦合互补差分对管组成。交叉耦合的互补差分对管产生的负阻用来抵消 LC 谐振回路的损耗；LC 频率调谐回路由在片集成的平面螺旋差分电感、累积型 MOS 变容管和固定高 Q 值 MIM 电容组成。晶体管对 M_{p1}、M_{p2} 和 M_{n1}、M_{n2} 之间能够相互供电，因此 VCO 的尾电流可以省去，这样可以有效地消除电路的闪烁噪声，提高输出信号的摆幅，改善电路的性能。NMOS 管与 PMOS 管的尺寸都进行了优化，使得两个输出节点输出波形尽可能地对称[37]。

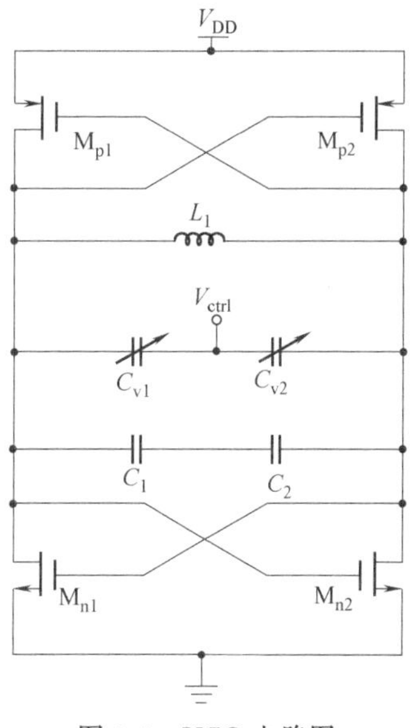

图 6-4 VCO 电路图

文献研究表明，在高频段差分输入的电感的 Q 值比单端输入的电感 Q 值高。如果 VCO 的拓扑结构也是差分形式的，就可以用一个对称结构的电感来取代两个独立的电感，从而节省了芯片面积，进而又减小了衬底损耗，有利于提高电感 Q 值。本设计选用工艺库中差分电感，参数为金属线宽 8μm，金属线间距 1.5μm，电感内径 30μm，匝数为 3。图 6-5 给出了此电感的品质因数和电感值的仿真结果，在 4GHz 附近有最大的 Q 值，约为 10，电感值约为 2.4nH。

由于可变电容比 C_{max}/C_{min} 直接影响调谐范围与相位噪声，且调谐范围与相位噪声相互矛盾。因此，在满足系统要求的调谐范围下，可以不追求高的 C_{max}/C_{min}，即通过降低压控振荡器的灵敏度来降低相位噪声。变容管的变容范围为 0.3～0.68pF，变容管的压控特性如图 6-6 所示。而 MIM 电容 C_1 和 C_2 的加入也减小了频率调节范围，降低了相位噪声。

由于振荡器核心电路的谐振频率、相位噪声等性能容易受到后级电路模块的影响，必须有缓冲电路实现 VCO 核心电路与后级模块的隔离。缓冲电路可以用

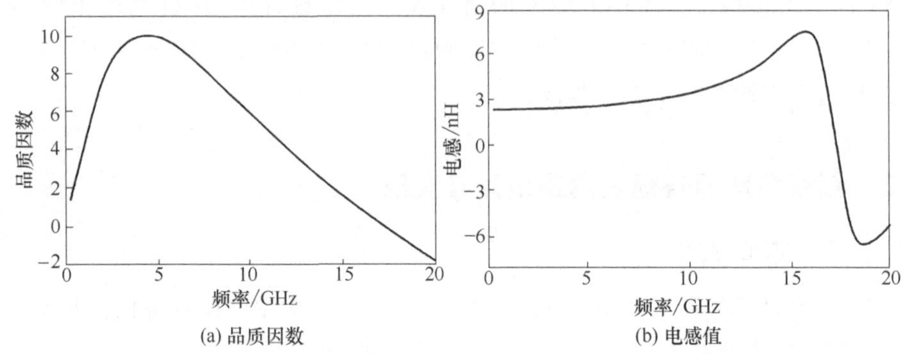

(a) 品质因数　　(b) 电感值

图 6-5　差分对称电感

共源极电路、源极跟随器电路、反向器等结构实现，由于振荡器核心电路输出的电压幅值已经很高，故不需要缓冲级提供电压放大功能，同时要考虑整个模块功耗的大小。在获得同样的输出功率情况下，反相器结构的缓冲级功耗较小，因此本设计采用了反相器结构来作缓冲级，其仿真功耗约为 6.84mW。

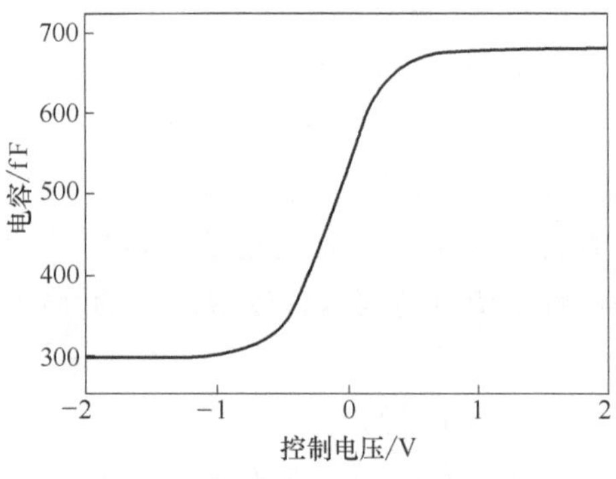

图 6-6　变容管压控特性

电路的仿真采用了 SMIC 提供的基于器件 SPICE 模型的 0.18μm CMOS 工艺库，图 6-7 为在 200fF 负载上 VCO 的输出的振荡波形；图 6-8 为仿真所得的 VCO 的压控特性，VCO 的输出覆盖了系统所在的 4.1～4.3GHz 频段；图 6-9 为 VCO 的相位噪声仿真结果，VCO 在 4.1GHz 时的相位噪声为－123.8dBc/Hz@1MHz，具有良好的相位噪声性能。

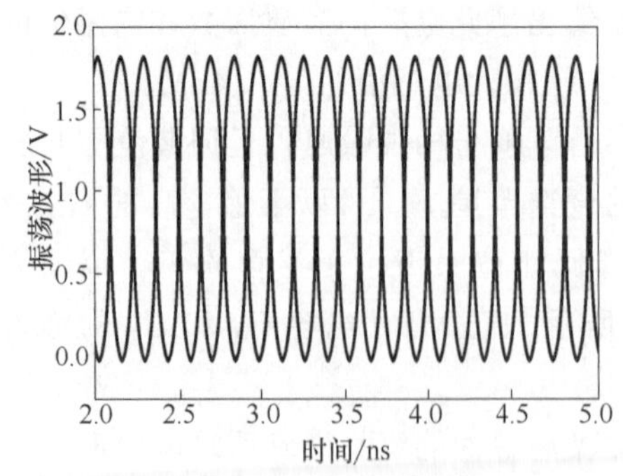

图 6-7　VCO 的瞬态仿真波形

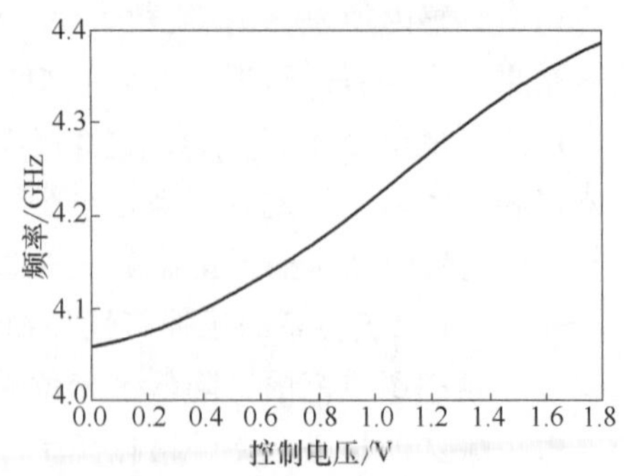

图 6-8　VCO 的压控特性仿真曲线

6.3.2 下分频模块的设计

（1）前置除 4 分频器

该接收机中要产生 1GHz 的正交本振信号，产生正交输出的方法如第 5 章的 5.4 节的介绍，主要有：RC-CR 相移网络法、环形振荡器法、分频法和无源多项网络法。设计的 WLAN 802.11a 接收机仍采用分频法来产生四路正交信号。

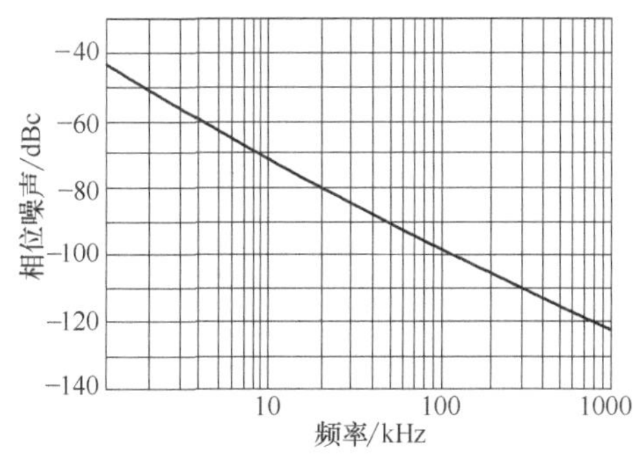

图 6-9 VCO 的相位噪声仿真结果

前置固定 4 分频器采用两级 D 触发器级联构成，如图 6-10 所示，每一级 D 触发器的结构如图 5-40（a）所示。

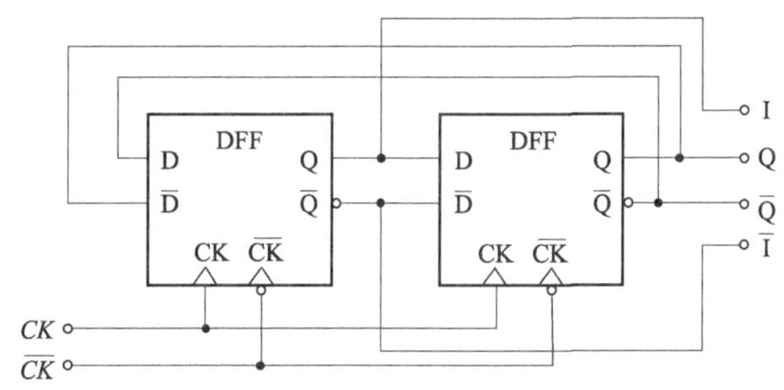

图 6-10 前置除 4 分频器

现输入信号时钟为 4GHz，图 6-11 为仿真所得的 4 分频器的四路输出，从输出结果可以得到，分频器的分频正确，四路信号输出相位差 π/2。

（2） 8/9 双模预分频器

8/9 双模预分频器结构由同步 4/5 变模分频器、异步除 2 分频器和逻辑控制三部分构成。一般 4/5 变模分频器由三级 D 触发器与两级或门构成，结构如图 6-12（a）所示，当控制信号 *MC* 为 0 时除 4 分频输出，*MC* 为 1 时除 5 分频输出。采用图 5-36（b）所示 D_Latch 与图 5-37 中集成或门逻辑的 D_or_Latch 来设计 D 触发器，以省掉图 6-12（a）中的两级或门，集成或门逻辑的 D_or_Latch 的 D_1 与 D_2 为或门的两个输入端，设计而成的 D 触发器 DFF_or 如图 6-12（b）所示；8/9 双模预分频器整体结构如图 6-12（c）所示，其中 DFF 如图 5-40（a）所示，当控制信号 *MC* 为 0 时除 8 分频输出，*MC* 为 1 时除 9 分频输出。

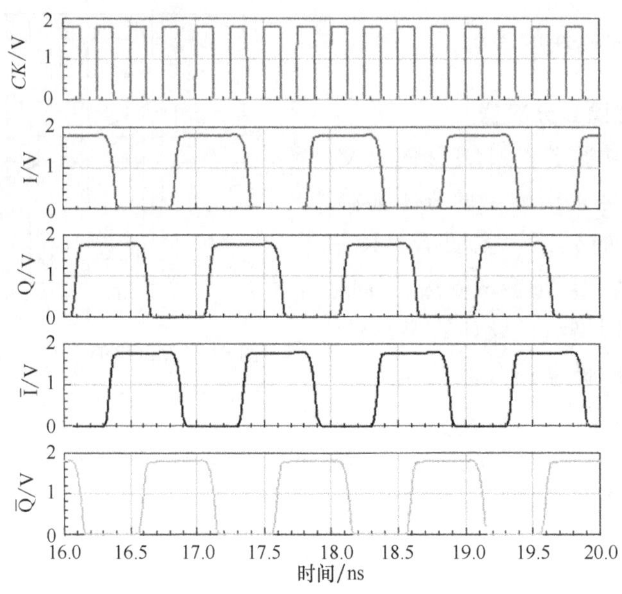

图 6-11　4 分频器的输出波形

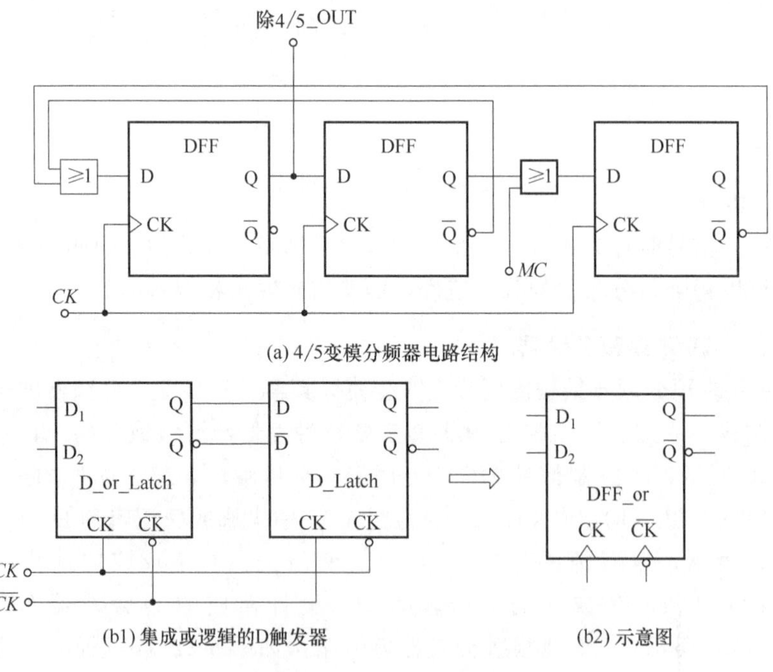

(a) 4/5变模分频器电路结构

(b1) 集成或逻辑的D触发器

(b2) 示意图

(b) 集成或门逻辑的D触发器结构

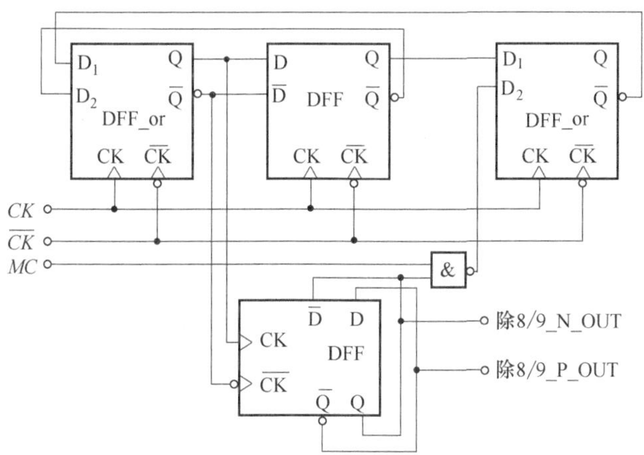

(c) 8/9双模预分频器的结构框图

图 6-12　8/9 双模预分频器结构

仿真输入信号时钟频率为 1GHz，控制信号 *MC* 在 40ns 时从低电平跳变为高电平，仿真输出时钟信号的周期如图 6-13 所示，从图中可以观测到输出时钟信号的周期由 40ns 以前的 8ns（$t_{m2}-t_{m1}$）变为了 40ns 后的 9ns（$t_{m4}-t_{m3}$），分频比相应地从 40ns 以前的 8 分频变为了 40ns 后的 9 分频，设计的电路分频比正确，工作状态满足设计要求。

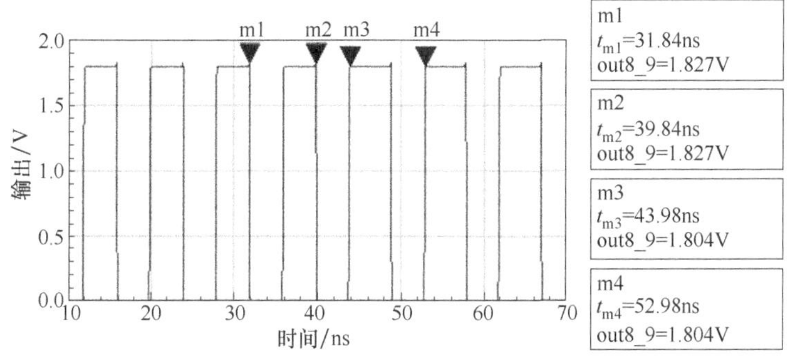

图 6-13　双模分频器的仿真结果

（3）可编程分频器

下分频模块中的可编程分频器一般可以采用 Verilog-HDL 进行设计，利用 Synopsys 的 VLSI 设计工具 Apollo，以 0.18μm CMOS 标准单元库来完成电路的布局，最终以 SMIC 0.18μm 混合信号 CMOS 工艺实现。这首先要能熟练应用 Verilog-HDL 语言，熟练应用 Synopsys 的 VLSI 设计工具。

（4） CP 的设计

电荷泵完成的功能式是将反映两个信号相位差的脉冲转化为反映相位差大小的平均电压，此平均电压一般是通过低通滤波器的电容上积累的电荷产生的。在设计电荷泵电路时，主要考虑的问题就是抑制杂散问题。因为在频率合成器中，参考杂散是参考信号由于频率调制作用在压控振荡器输出信号中产生的，造成输出信号频谱不纯，其主要由电荷泵非理想效应决定。电流失配、电荷泄漏以及电荷共享都是电荷泵非理想效应。考虑到电荷泄漏主要是由工艺器件的物理特性造成的，因此电荷泵电路设计的重点在于加强电流匹配和减少电荷共享[38]。设计采用的结构如图 6-14 所示，图中的电流源都采用了尺寸相对较大的晶体管，而且偏置在较高的过驱动电压下，M_5、M_6、M_7、M_8 组成电流源的 Cascode 结构，这些都可以减小电流源之间的电流不匹配。电荷泵采用了差分结构，两节点 On 和 Op 通过单位增益放大器联系起来，使两支路的共模电平保持相同，避免了电荷共享问题。在图 6-14 中，还利用了一种偏置拷贝环路技术。电荷泵两支路的共模电平 V_{On} 与偏置拷贝电路中的参考电平 $V_{replica}$ 进行比较，动态调整拷贝偏置电路和电荷泵中的电流源大小，使得电荷泵中流过所有导通器件的电流都是相等的，减小了电荷泵中电流源之间的不匹配。在实际的工程设计中，通常通过适当增大电荷泵电流来提高锁相环的锁定速度，改善环路的噪声性能，电荷泵的电流设为 1mA。

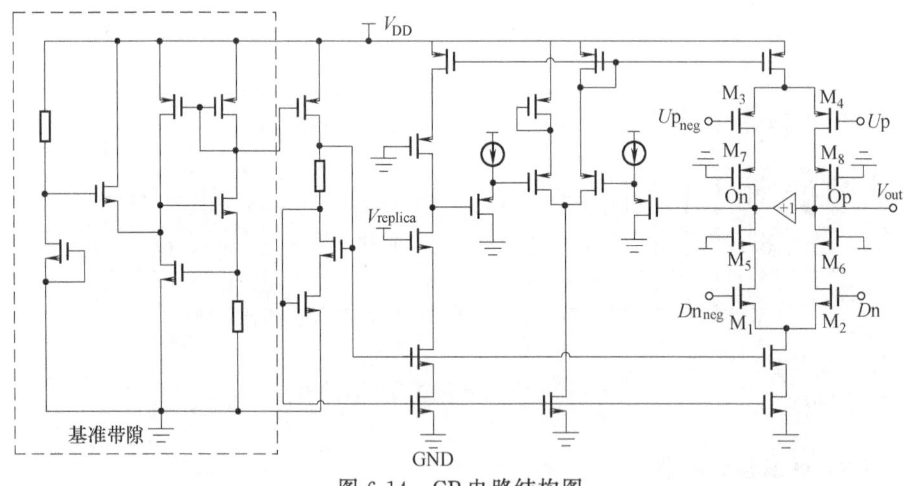

图 6-14 CP 电路结构图

本次设计采用差分的电路形式和一个反馈回路增加电流匹配，再通过一个具有单位增益的电压跟随器减少电荷共享，电路如图 6-15 所示，电荷泵的参考电流源由基准带隙提供。

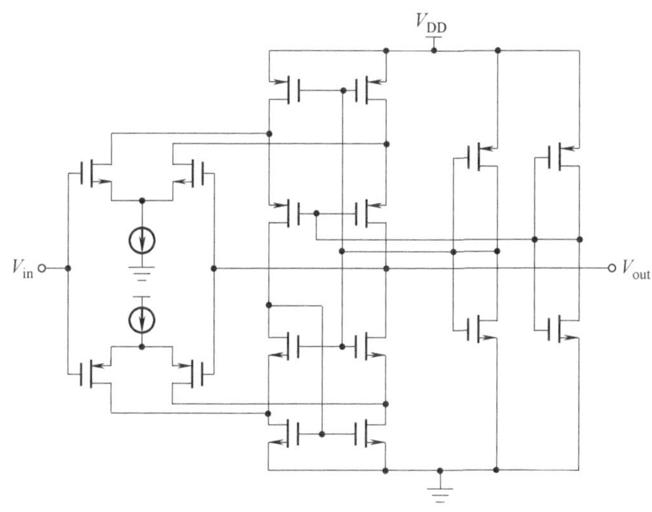

图 6-15　单位增益的缓冲放大器的电路图

（5） PFD 的设计

本频率合成器中，参考信号频率为 4MHz，因此 PFD 设计时采用下降沿触发的数字鉴频鉴相器结构。由于采用电荷泵是两对差分输入，所以采用传输门和反相器产生两对差分信号。电路结构如图 6-16 所示[39]。

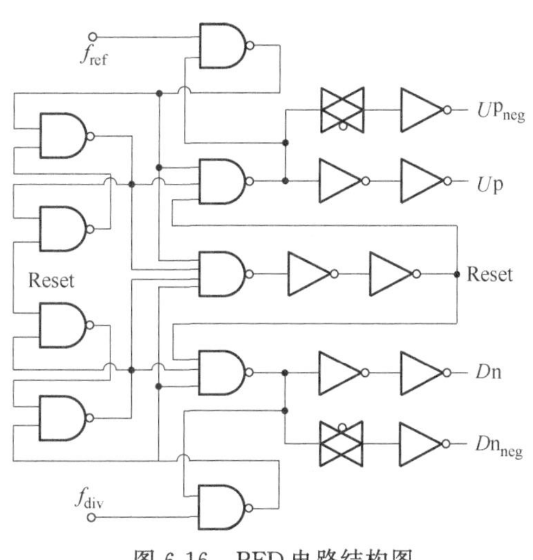

图 6-16　PFD 电路结构图

图 6-16 中通过在复位 Reset 信号路径上增加反相器延时单元来降低鉴相死区，减少 VCO 输出相位噪声的积累。这种结构的鉴频鉴相器在±360°的相差范围内有一致的相差转换特性，并且对信号占空比不敏感。该鉴频鉴相器是三态的。当 f_{div} 的相位滞后 f_{ref} 时，产生的脉冲会控制电荷泵产生高电平；当 f_{div} 的相位超前 f_{ref} 时，产生的脉冲会控制电荷泵产生低电平；当 f_{div} 与 f_{ref} 同相时，会产生周期性的窄脉冲，最终会使电荷泵的输出保持在某一电平上。

根据第 3 章中所提出的四阶 PLL 的系统模型，结合实际电路的设计指标与

第 4 章中的噪声优化原则，在考虑各种影响锁相环带宽、锁定速度以及噪声特性的基础上，通过计算和仿真最终确定锁相环的各种参数，选取其中一组列于表 6-5，其中滤波器通过片外元件实现[40]。将分频比 N 设为 1036，对整个闭环系统作瞬态后仿真，仿真结果如图 6-17 所示，VCO 控制电压在 25μs 后，鉴频鉴相器与电荷泵电路的非理想特性所造成的波纹已经很小，已经稳定于 0.8V 左右。

表 6-5　锁相环路的参数

参数	K_v /(MHz/V)	I_p /mA	f_{ref} /MHz	f_T /kHz	ϕ /(°)	C_1 /pF	C_2 /pF	C_3 /pF	R_2 /kΩ	R_3 /kΩ
数值	160	1	4	100	50	44.69	1414	10.46	4.20	19.03

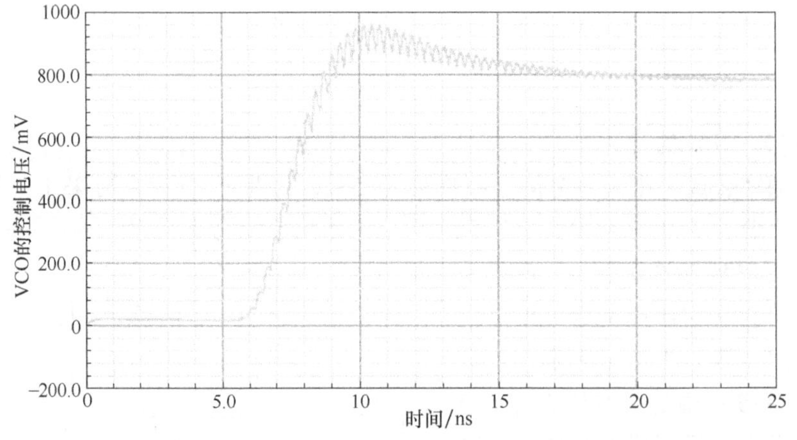

图 6-17　VCO 控制电压瞬态响应波形

6.4 版图与测试结果

6.4.1 芯片的测试技术

图 6-18 为集成电路测试平台，该平台提供了各种可用于高速集成电路芯片测试的仪器设备，如高速信号发生器 R&Z SMP04、高速信号示波器 Agilent 86100A、自触发数字示波器 TDS5104、低频函数发生器 Agilent33220A、模拟频谱分析仪 HP8593A、数字频谱分析仪 Agilent E4440A、探针台 Microtech Cascade、直流电源等。利用该测试平台，可以对各种高速、超高速集成电路芯片进行测试。

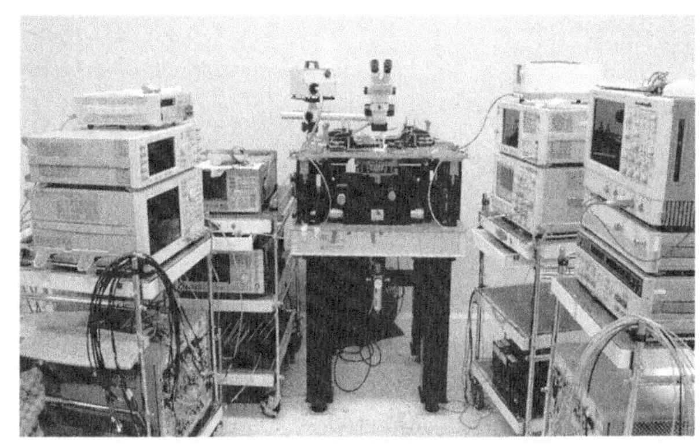

图 6-18　集成电路测试平台

批量加工完成的芯片，通常以晶圆的形式从制造厂获得。以芯片的代工方式实现的芯片，通常以没有载体和键合封装的裸片的形式获得。此时一块晶圆上往往会包含多种不同功能的芯片，可以进一步切割成多个裸片进行测试。

晶圆测试需要在测试台上进行。由于设计的频率合成器电路中需要使用滤波器等片外器件，因此对于频率合成器的系统测试需要通过键合测试的方式进行。键合也被称为压焊或绑定，是将芯片的输入、输出、电源、地线等焊盘通过金属丝、金属带或金属球与外部电路连接在一起的工序。键合技术有很多种，如金（铝）丝压焊、卷带压焊、导电胶粘接以及倒装焊技术等。键合测试需要设计用于测试的印刷电路板，在电路板上焊接有测试电路所需的片外元件。

对频率合成器进行键合测试时，输入和输出的高频信号一般通过焊接在电路板边缘的 SMA 头通过电缆与测试设备进行连接。频率合成器的低频参考信号源既可以通过低频函数发生器产生，也可以通过安装到印刷电路板上的晶振提供。为了保护测试终端设备，输出信号被送至测试终端设备之前通常会经过一个隔直电容以对测试终端设备起保护作用。频率合成器属于射频电路。在进行射频电路印刷电路板设计时，除了要考虑普通印刷电路板设计时的布局外，主要还须考虑如何减少射频电路各部分之间的相互干扰，减小电路之间的相互干扰以及提高电路本身的抗干扰能力。例如，提供给模拟电路部分的电源必须经过滤波，并且与数字电路供电分离；印刷电路板的高频信号传输线应设计为共面波导的形式，以实现与测试终端设备的阻抗匹配，减少信号的损耗；在离电源引脚尽可能近的地方用高性能的旁路电容去耦，通常用几个小电容和大电容相并联等。在对键合的芯片进行测试时应采取防静电的措施，以保护芯片不被静电击穿。

6.4.2 芯片设计

在版图设计中，压控振荡器为差分电路，该部分版图的设计讲求良好的对称性。鉴频鉴相器和分频器均为动态逻辑电路，对节点寄生电容的大小比较敏感，因此，尽量减少电路中晶体管之间连线的长度，以减小寄生电容。各单元的布局力求使得互联最直接。由于压控振荡器和电荷泵电路属于模拟电路，而下分频器和 PFD 电路为数字电路，为了防止它们之间相互干扰，将下分频器和 PFD 电路设计在了深 n 阱中，并且将模拟地和数字地分开，模拟与数字部分的电源也分别提供。电路采用 SMIC 公司 0.18μm 混合信号与射频 1P6M CMOS 工艺流片，制成的芯片照片如图 6-19 所示，芯片尺寸为 675μm×700μm。

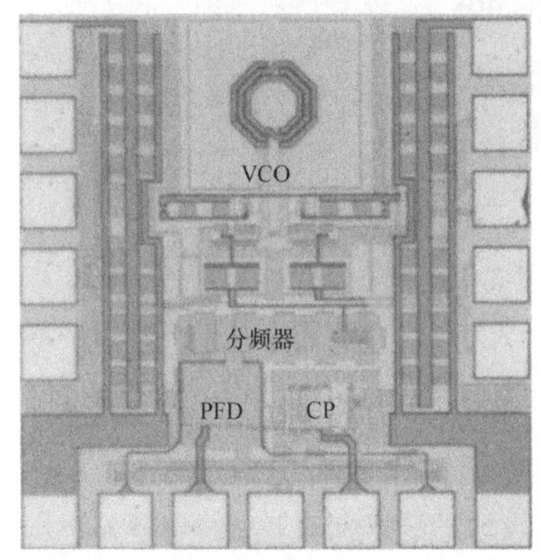

图 6-19 频率合成器的芯片显微照片

6.4.3 芯片的测试结果

对芯片进行了键合测试，图 6-20 为芯片的键合照片。主要测试仪器包括信号发生器 Advantest D3186、示波器 Agilent 86100A、模拟频谱分析仪 HP8593A、数字频谱分析仪 E4440A。图 6-21 为测试的 VCO 的压控特性曲线，VCO 的控制电压在 0.3～1.5V 内变化时，振荡频率为 3.98～4.3GHz，覆盖了系统需要的频段。图 6-22 为 VCO 的相位噪声测试结果，VCO 在 4.154GHz 时的相位噪声为−123.3dBc/Hz@1MHz，具有良好的相位噪声性能。图 6-23 为电荷泵电路的输出电压和充放电流关系的测试结果。由该图可见，电源电压为 1.8V 时，充放电平均电流为 1mA，该电荷泵在 0.5～1.4V 的输出电压跨度范围内的充放电流匹配度很高。

将分频比 N 设为 1036，分别测试了除 8/9 分频和下分频模块输出波形。对于除 8/9 双模预分频器测试用频谱分析仪准确获得了频率在电平 MC 的控制下正确切换的信息并且分频精度良好。下分频模块输出波形如图 6-24 所示，输出信号频率等于参考信号频率，说明频率合成器已经进入锁定状态。测试波形表明分频器电路非常准确地完成了分频设计要求。由于下分频器模块输出端使用了反相器缓冲电路用于测试，没有进行阻抗匹配，所以输出信号的幅度较小。

图 6-20　频率合成器键合照片

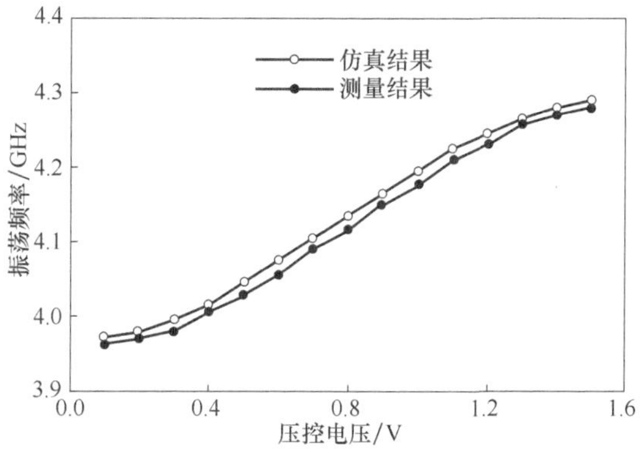

图 6-21　VCO 的压控特性曲线

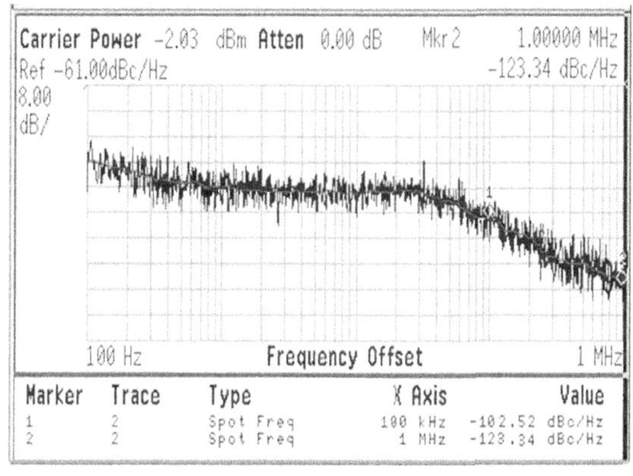

图 6-22　测量的 VCO 相位噪声

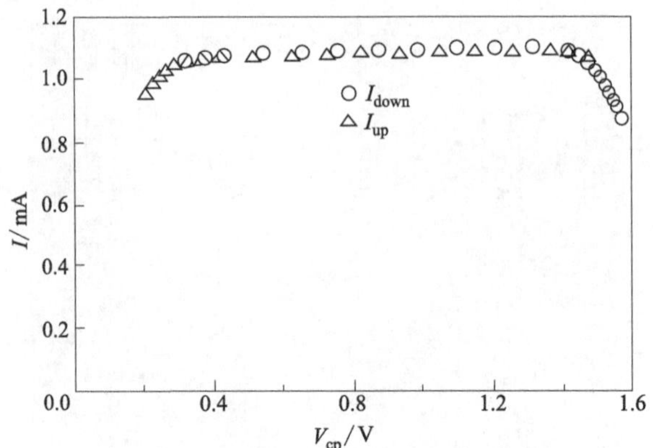

图 6-23　电荷泵的电流匹配特性测试结果

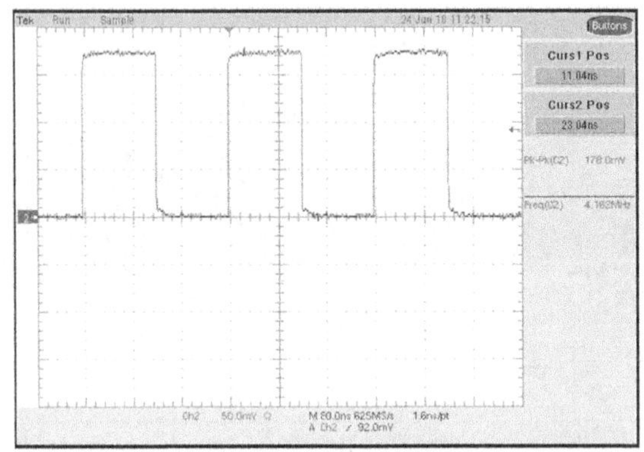

图 6-24　锁定时的下分频模块输出波形

图 6-25 给出了该锁定状态下用频谱仪测到的输出信号的相位噪声曲线（输

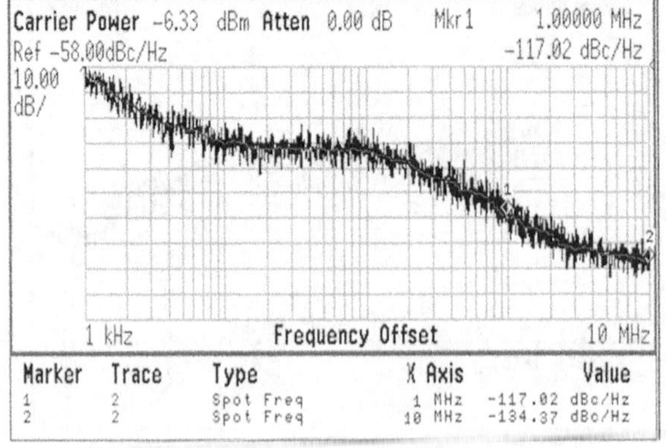

图 6-25　测量的锁定时频率合成器的相位噪声

出频率为 4.144GHz)。当偏离中心频率的数值大于环路带宽时，频率合成器的相位噪声主要来源于内部压控振荡器的噪声。当偏离频率位于环路带宽以内时，该频率合成器的相位噪声主要来源于参考频率源和内部压控振荡器。测试结果显示，在偏离中心频率 100kHz 处，相位噪声约为－91dBc/Hz；在偏离中心频率 1MHz 处，相位噪声约为－117dBc/Hz，系统的输出具有良好的相位噪声性能。

整个频率合成器在 1.8V 供电时，消耗的核心电流约为 13mA，其中 VCO 核心电路约 5mA，CP 电路约 3mA，下分频器与 PFD 约 5mA，其它缓冲电路的电流约为 9mA。参考频率选为 4MHz，根据表 6-4 和表 6-5 中的参数设置，表 6-6 给出了该频率合成器在锁定状态下用频谱仪测到的输出信号的相位噪声[39]。

表 6-6 测量的频率合成器的相位噪声

分频参数	总的分频模数设置 [$N=K(PM+A)$]		测量 VCO 输出频率 /MHz	测量的相位噪声 /(dBc/Hz@1MHz)
	A	N	频率	
$K=4$ $P=8$ $M=32$ $A=3\sim10$ $f_{\text{ref}}=4\text{MHz}$	3	1036	4144	−117.02
	4	1040	4160	−116.82
	5	1044	4176	−116.76
	6	1048	4192	−116.70
	7	1052	4208	−116.35
	8	1056	4224	−115.80
	9	1060	4240	−115.70
	10	1064	4256	−115.72

由芯片的测试结果可见，芯片的主要功能正常。其中 VCO 和 PLL 都具有良好的相位噪声性能，环路能够正常锁定，芯片的性能基本达到了设计要求。但是，芯片的设计还有许多值得在下一步的工作中继续改进的地方：对 VCO 的电路需要进行进一步的优化设计，在保持良好的相位噪声的前提下应适当地降低 VCO 的压控灵敏度；鉴频鉴相器电路还需要进一步的优化，以缩小鉴频鉴相器的鉴相死区；对版图的设计做进一步优化，降低数字部分对模拟部分的干扰；进一步完善系统的性能，使之输出时钟的范围更加精确。

第 7 章

频率合成器在微机械谐振式传感器及芯片原子钟中的应用

7.1 频率合成器在微机械谐振式传感器中的应用

7.1.1 微机械谐振式传感器概述

传感器是测试仪表及检测系统的基础。传统的模拟传感器通过改变电阻、电容或电感等电学参数来测量压力、温度、流量、液位等非电量参量，并以电压或电流信号输出[41-43]。在传感器和控制系统之间需要增加 A/D 转换器，这不仅降低了系统的可靠性、响应速度和测量精度，也增加了测量系统的成本。谐振式传感器的输出量是频率信号，精度及分辨率高，长期稳定性好，可通过简单的数字电路实现与计算机的接口，从而省去结构复杂、价格昂贵的 A/D 转换装置。

谐振式传感器的结构尺寸较大，构造复杂，价格昂贵，谐振频率、品质因数和灵敏度较低。随着微电子技术和微机械加工技术的发展及其在传感器领域中的应用，用微机械加工技术制作的硅微机械谐振式传感器引起了人们的普遍关注。微机械谐振式传感器的敏感元件是用微电子和微机械加工技术制作的微悬臂梁、微桥、薄膜等谐振器，利用其谐振频率、幅值或相位作为敏感被测量的参数。相对于传统的谐振式传感器来说，微机械谐振式传感器具有可批量生产、成本低廉、功耗低，谐振频率、品质因数和灵敏度高等优点。

微机械谐振式传感器核心部件是微谐振器，借助微机械加工技术制作的微谐振器不但具有传统谐振器的特点，如信号可直接用于数字电路中且准数字信号输出，而且其还具有体积小、重量轻、灵敏度高、稳定性好等特点。微谐振器用作敏感元件可构成微机械谐振式传感器，对各种化学物理参量的检测中，可通过测量输出信号的频率、幅值或者相位的变化情况来反映被测量的变化情况。因为微谐振器作为敏感元件时，在微米量级输出信号微弱，易受到电路噪声和外部干扰的影响，如何将微谐振器输出的频率信号从噪声中提取出来并进行有效测量是研

制微机械谐振式传感器的关键环节。

7.1.2　微机械谐振器工作原理及自激/检测方式

(1) 微机械谐振器自激/检测单元工作原理

微机电系统（Micro-Electronic Mechanical System，MEMS）涵盖了传感器、计算机、控制、通信、机电等多种软硬件技术，还结合了集成电路、微机械加工技术、电子控制、磁场问题、光学热力学等技术，为不同领域的研究人员开辟了一个潜力巨大的广阔空间，从一问世就得到了飞速的发展[44]。

借助微机械加工技术制作的微谐振器一般由电极或者梳齿部分通过悬臂梁连接，通过输入电极所施加不同的电压产生静电力，并利用静电力使活动部分产生机械运动而发生谐振[45]，如图 7-1 所示。

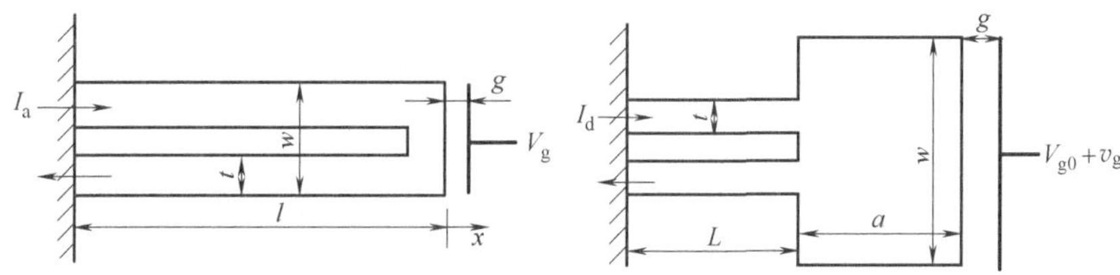

图 7-1　微机械谐振器结构图

当满足无阻尼条件时，通过微机械谐振器振动公式可得其固有频率 $f_1(0)$：

$$EI\,\partial^4\omega(x,t)/\partial x^4-\sigma A\,\partial^2\omega(x,t)/\partial x^2+\rho A\,\partial^2\omega(x,t)/\partial t^2=0 \tag{7-1}$$

$$f_1(0)=1.028\times h/l^2\times\sqrt{E/\rho} \tag{7-2}$$

式中，E 为材料弹性模量；I 为惯性矩；$\omega(x,t)$ 为动挠度；σ 为轴向应力；A 为横截面面积。

静电场驱动力公式为：

$$F_x=n\varepsilon hU^2/d_0 \tag{7-3}$$

谐振器谐振振幅为：

$$A_{\max}=F_m/(m\times2\beta\sqrt{\omega_n^2-\beta^2}) \tag{7-4}$$

图 7-2 所示为电磁激励式 MEMS 的结构，其激振梁和拾振梁由中间结构相连接，并都处于稳定磁场且与磁场方向垂直。当梁通过交变电流时受安培力振动，另一根梁因电磁感应产生电动势，当电动势频率与谐振一致时可由其电动势频率得到机械振动频率[46]，基本的微谐振器工作原理如图 7-3 所示。

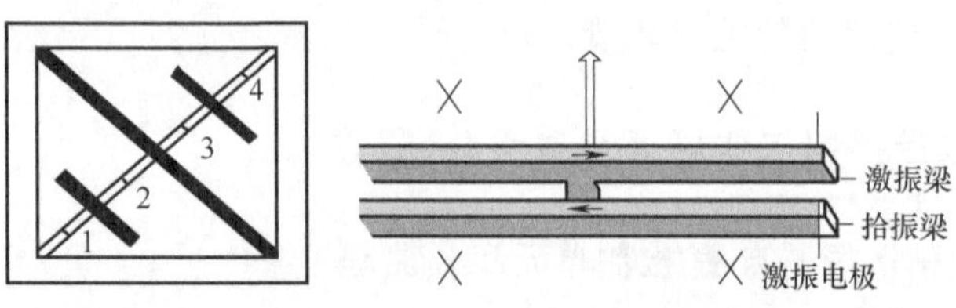

图 7-2 电磁激励式 MEMS 结构原理图

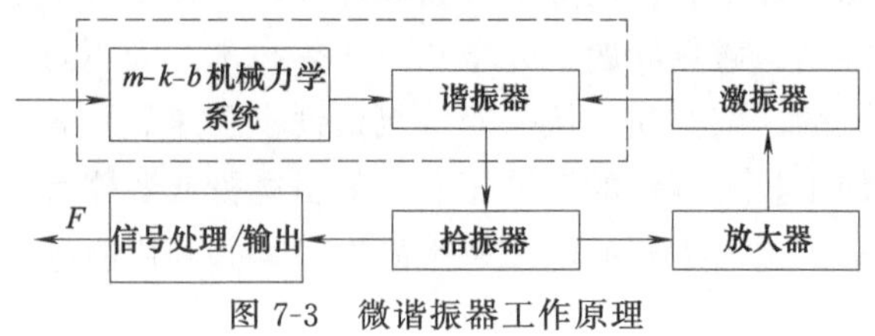

图 7-3 微谐振器工作原理

该结构作为二阶系统，其传递函数为：

$$G(s)=\frac{\omega_n/k}{s^2+2b\omega_n s+\omega_n} \tag{7-5}$$

式中，ω_n 为系统固有振动频率。当 $\omega=\omega_n$ 时取得最大谐振，即振动速度等于谐振固有频率，振动速度公式为：

$$\nu_\omega(t)=F_\omega\omega_n\sin(\omega t+\varphi_v)/(k\sqrt{(\omega_n-\omega^2)^2+4b^2\omega_n\omega^2}) \tag{7-6}$$

式中，$\varphi_v=\frac{\pi}{2}-\arctan\frac{2b\omega\omega_n}{\omega_n-\omega^2}$。

作为一种弹性敏感元件，微机械谐振器在不同阻尼的情况下有不同状态：$\xi<1$ 时，微谐振器发生谐振，其振荡频率 $<f_1(0)$，并且振幅随时间指数衰减；$\xi=1$ 时，微谐振器在短暂平衡时间内不发生谐振；$\xi>1$ 时，微谐振器不发生谐振。

通过阻尼达芬公式得频率响应方程为：

$$\ddot{x}+2\mu\dot{x}+\omega_0^2x+\varepsilon x^3=K\cos(\omega t+\theta) \tag{7-7}$$

式中，μ 为阻尼系数；ω_0 为固有频率；ε 为小参数；K 为驱动力幅值；θ 为初始相位。

根据图 7-4 所示的微谐振器振动曲线可知，当 $\varepsilon<0$ 时为软弹簧，刚性系数变小，幅值往低频方向变形严重；当 $\varepsilon>0$ 时曲线为硬弹簧，刚性系数变大，幅值往高频方向变形严重。由此可得，微谐振器在 $\xi<1$ 且 $\varepsilon=0$ 时的合适激励功率下才能达到线性振动状态。故对微机械谐振器激励和检测信号的要求在设计过程中较为严格，因为其对系统的稳定性和精度至关重要。

对于 $\varepsilon>0$ 时，设 ω 从一个相对小的值开始，逐渐增加，则振幅 A 响应曲线也逐渐增加，一直到达点 1，因在该点响应曲线有铅直切线，当频率继续增加时，振幅突然从点 1 跳动响应曲线较低分支的点 4 上，然后从点 4 开始沿响应曲线逐渐下降。反过来，如果 ω 从一个相对大的值逐渐减小，则振幅 A 响应曲线也逐渐增加，直到点 2，在点 2 处响应曲线又有铅直切线，当频率继续减小时，振幅突然跳动响应曲线较高分支的点 3 上，然后从点 3 开始，振幅沿响应曲线逐渐下降。

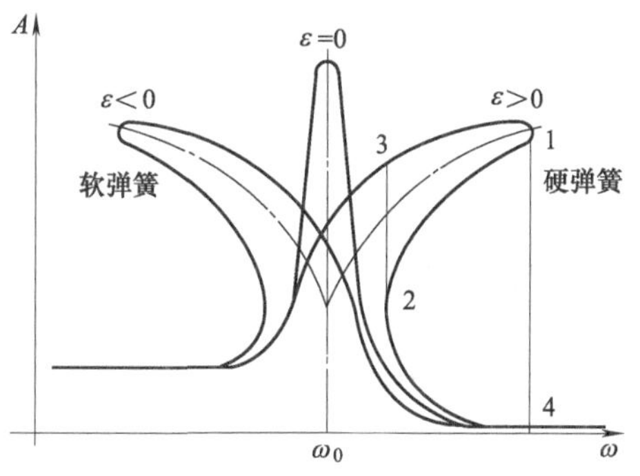

图 7-4　微谐振器振动曲线

为了快速且高精度地测量微谐振器的谐振频率的变化情况，须设计谐振频率闭环自激与检测电路。因为闭环自激和检测同时进行，不但可提高谐振频率的测量精度和速度，也可以有效地改善系统的动态特性。闭环自激/检测电路结构中包含驱动模块和检测模块，驱动模块是由于微机械谐振器的谐振子以固定频率谐振时需外部电路提供能量。而谐振器所输出的机械信号需要利用闭环自激/检测电路把其转化为电信号并进行拾取检测。

微机械谐振器的结构中包含加载激励信号的电阻与以惠斯通电桥为基础的检测电阻，惠斯通电桥结构如图 7-5 所示。而激励信号输出由静态功率和动态功率组成，静态功率组成部分在谐振器上引起静态温度分布，动态功率组成部分在微谐振器中引起的交变温度使其受迫产生机械振动，当机械振动频率与微谐振器固有频率相等时，微机械谐振器发生谐振，得到最大振幅，并通过惠斯通电桥结构检测此振动信号。

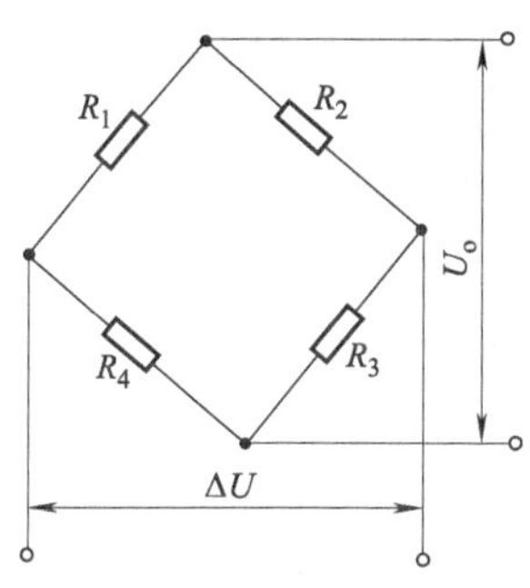

图 7-5　惠斯通电桥结构图

惠斯通电桥输出公式为：

$$\Delta U=\frac{R_1R_3-R_2R_4}{(R_1+R_4)(R_2+R_3)}U_0 \tag{7-8}$$

通过闭环测试检测微机械谐振器时，需根据闭环自激激励发生电路的设计，对自激信号进行幅值和相位的调整，实现可持续检测的自激振荡波形，将自激信号反馈到微机械谐振器的激励端，并实现对谐振频率的动态跟踪功能。为实现闭环自激功能的调节，电路需满足巴克豪森振荡准则。

（2）微机械谐振器激励和检测方式的分类

在 MEMS 谐振器发展过程中，比较常见的激励方式有静电激励、电磁激励、压电激励、电热激励和光热激励等。

① 静电激励：利用电荷库仑力的静电激励是 MEMS 激励最常用的方式之一，在微谐振器中只需要两个电极就可以驱动谐振器，也易于集成化。

② 电磁激励：电磁激励是运用通电线圈所产生的突变磁场和 MEMS 微谐振器基底上的磁性材料，使其相互作用产生洛伦兹力，从而激发硅膜形变导致谐振。

③ 压电激励：压电激励的原理是利用压电效应，压电材料会由于压力使其表面产生电荷，电荷量和压力的之间存在一定的比例关系。压电材料制作的器件通过电场使内部不同极性电荷产生相对位移，从而让介质出现相对形变产生激励现象。由于压电薄膜器件制作比较简易，性能也比较稳定，并且转换能量效率高，故这种工艺较成熟、应用广泛。

④ 电热激励：处于自由端的加热电阻由于微小的突变电压产生热量，使微机械谐振器悬臂梁产生交变温度应力，从而让微悬臂梁产生相应比例的机械振动。若温度应力的相对变化角频率逐渐与固有频率相等，就会使 MEMS 谐振器产生谐振。这种方法工艺简单，但是抗干扰能力较差。

⑤ 光热激励：光热激励就是激励光经过信号调制的频率和 MEMS 谐振器的频率相同时，使其微悬臂梁产生机械振动引起桥臂内部的应力变化导致谐振产生。这种利用光强阈值产生自谐振的方式抗干扰能力也较差。

对于 MEMS 微谐振器的检测可根据如图 7-6 所示的激励手段进行相应检测。

① 压电检测：压电材料是一种简单而广泛应用的器件，具有低成本和高能量转化率，故既可以作为激励装置也可以作为检测装置。因为外部压力而产生电极的压电装置具有两种效应，分别为正压电效应和逆压电效应。逆压电效应的电场导致介质形变是产生激励的原因，而在压力作用下可进行检测是由于介质的形变使介质内部不同极性电荷位移产生电，这得益于正压电效应。

② 电磁检测：电磁材料也是一种适用广泛的既可以产生激励也可以对谐振器进行检测的材料。在磁场中感应到谐振器振动所产生形变的电磁薄膜会产生相应的感应电流，通过对感应电流的检测可实现对 MEMS 谐振器的检测。

③ 电容检测：针对静电激励的检测方法是利用静电力的倍频效应，在谐振的变化量通过平行板电容器后输出不同倍频的电流信号，实现激励和检测信号的分离，从而实现对静电激励的检测。电容检测虽有较大的动态阻抗，但是其结构简单、热稳定性好、结构也较灵活，所以是使用最广泛的检测方式之一。

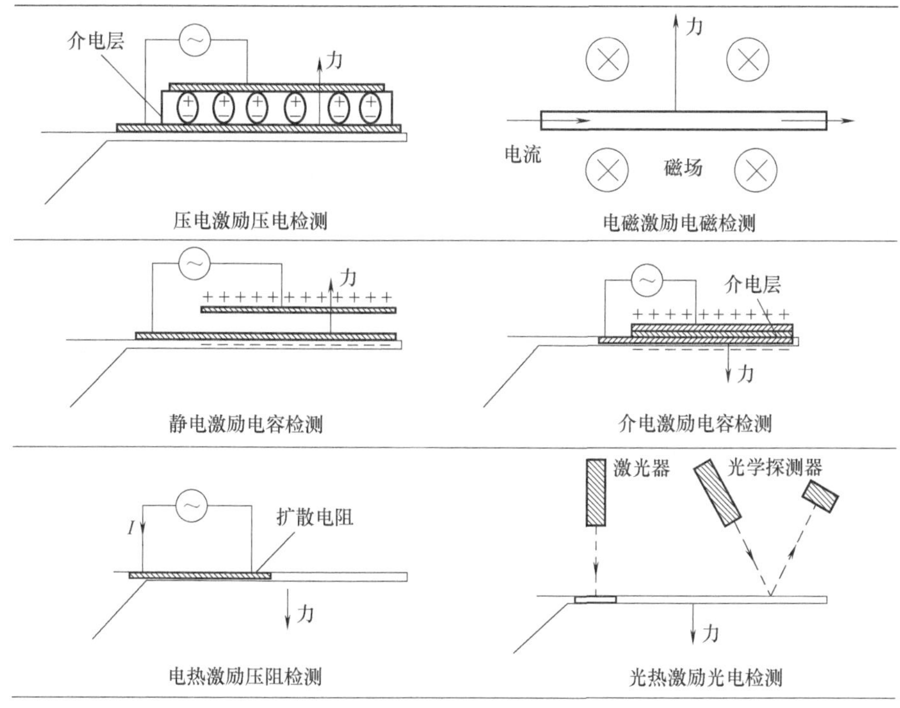

图 7-6 MEMS 谐振器的激励方式和检测方式分类

④ 压阻检测：压阻检测的优点在于降低 MEMS 微机械谐振器动态阻抗的同时，不会由于缩小尺寸导致换能效率降低。它是将加在 MEMS 谐振器两端的直流电压信号输入到检测电阻，通过检测电阻的瞬时电导转化成电流或电压的具体变化数值，最后输入乘法器中进行相敏检测，具有较强的抗干扰能力，在微谐振器的信号检测中使用广泛[47]。

（3）微机械谐振器闭环激励和检测方式研究

微谐振器的闭环自激与检测系统通常采用自动增益控制（Automatic Gain Control，AGC）系统或锁相环系统来实现。基于 AGC 模块的闭环自激系统的基本结构框图如图 7-7 所示。

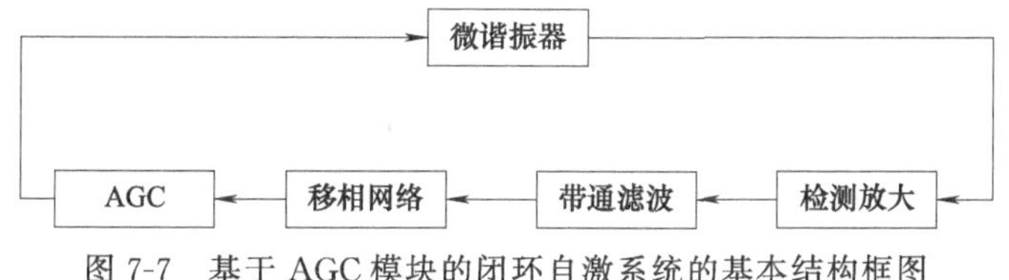

图 7-7 基于 AGC 模块的闭环自激系统的基本结构框图

图 7-7 基于 AGC 式的闭环自激/检测模块利用其自动增益调节实现恒幅驱动功能。AGC 结构偏复杂，设计难度大且不能对系统相位进行自动跟踪，故除了基于 AGC 设计的自激激励结构，研究人员进一步设计出了可全集成的基于锁相环模块的自激激励结构[48]。锁相环技术由于其能动态跟踪信号频率和相位的优势。在通信领域中得到广泛应用。相比 AGC 结构的自激激励电路，锁相环模块的控制模块不一样，其根据负反馈控制能对频率变化迅速响应，并且其稳定性较高，结构更简单，可追踪相位，在频率变化较多的场合较为适用。

文献［49］中设计出了如图 7-8 所示的锁相环结构，该结构可通过锁相环在固定频率自激得到信号，原理简单，但是具有稳定性较差和动态跟踪系统不健全的缺点。文献［50］设计了基于波形发生器 MAX038 的无相差频率跟踪锁相环电路，系统框图如图 7-9 所示。文献［51］中基于锁相环设计了闭环结构的自激激励电路，系统结构框图如图 7-10 所示，该种结构也是基于 MAX038 芯片实现对相位的动态跟踪功能。该系统在中心频率附近能够对信号频率和相位实现同步跟踪功能，不但提高了系统的稳定性，而且解决了锁相环相位随频率偏差而变化的问题，且实现了激励信号和检测信号的分离。

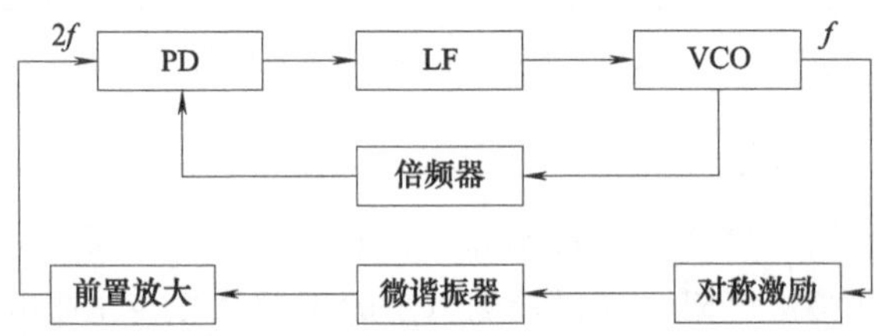

图 7-8　基于锁相环技术的闭环自激激励结构图

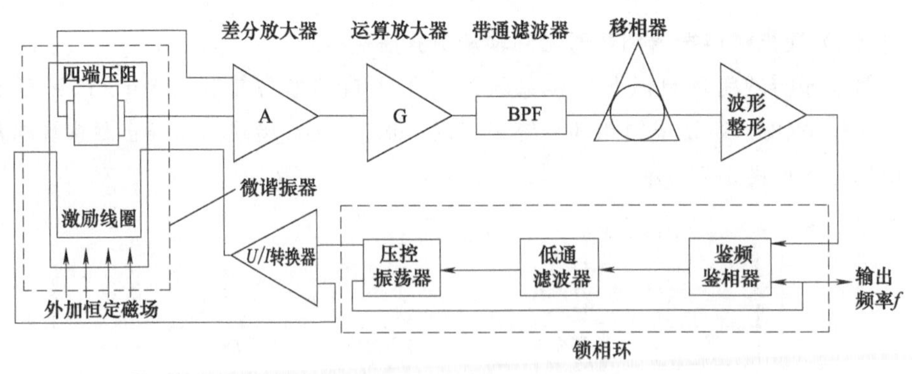

图 7-9　文献［50］的自激激励电路设计图

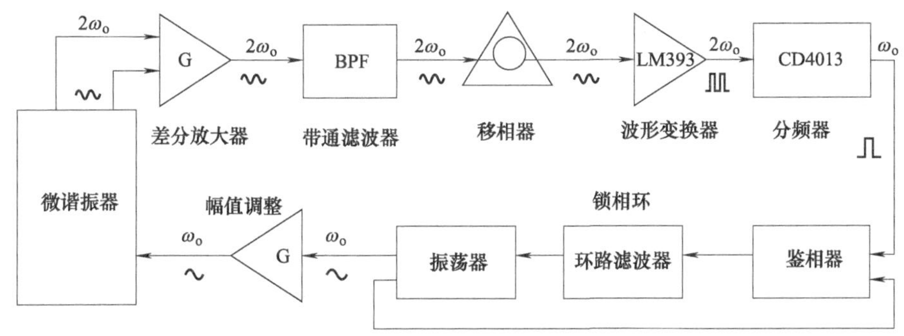

图 7-10　基于 MAX038 的闭环自激系统结构框图

以上设计的微谐振器闭环自激与检测系统均采用分立器件来实现，不仅电路复杂、所需要的器件数量多，检测电路也容易受到寄生电阻、电容和噪声的影响而难以实现快速、高精度、低成本测量。因此，研制实现谐振器闭环自激与检测的专用集成电路是提高微谐振器测量精度、降低传感器成本、推进微机械谐振式传感器产业化的内在要求和必然趋势。

7.1.3　微谐振器的响应特性

（1）振幅和相位响应特性分析

在分析微谐振器的振幅响应和相位响应特性时，通常将微谐振器等效为二阶集总参数质量-弹簧-阻尼系统，如图 7-11 所示。通过分析该系统在周期性外力作用下的响应情况，即可知热激励微谐振器在周期性温度应力作用下的频率响应和相位响应情况。

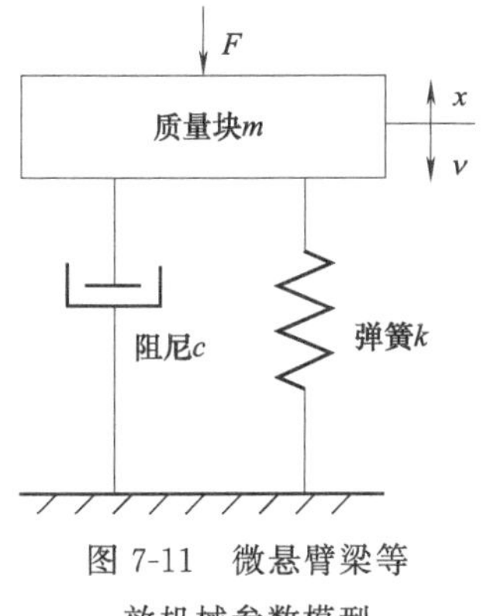

图 7-11　微悬臂梁等效机械参数模型

根据牛顿第二定律，图 7-11 所示的系统在周期性外力 $F=F_0\cos(\omega t)$ 的作用下的差分方程为：

$$m\frac{\mathrm{d}^2x(t)}{\mathrm{d}t^2}+c\frac{\mathrm{d}x(t)}{\mathrm{d}t}+kx(t)=F_0\cos(\omega t) \tag{7-9}$$

对式（7-9）进行拉普拉斯变换，得到系统的传递函数为：

$$A(s)=\frac{X(s)}{F(s)}=\frac{1}{s^2+2\zeta\omega_n s+\omega_n^2} \tag{7-10}$$

式中，$\omega_n=\sqrt{k/m}$，表示系统在无阻尼情况下，质量块的振荡频率；$\zeta=c/$

$2m\omega_n$，表示该机械系统的阻尼系数。

质量块振动的振幅受驱动力的频率、阻尼系数和驱动力的大小等多个因素的影响，具体关系由下式给出：

$$B=\frac{B_0}{\sqrt{\left(1-\frac{\omega^2}{\omega_0^2}\right)^2+4\zeta^2\frac{\omega^2}{\omega_0^2}}} \tag{7-11}$$

式中，B_0 表示在恒力 F_0 的作用下，质量块的静态位移，由 $F_0=kB_0$，得 $B_0= F_0/k$。微谐振器的品质因数 Q 与阻尼系数 ζ 之间满足：

$$Q=\frac{1}{2\zeta\sqrt{1-\zeta^2}} \tag{7-12}$$

因此，质量块的振幅与振荡频率相对谐振频率频偏的关系可以表示为：

$$B=\frac{B_0}{\sqrt{\left(2\frac{\Delta\omega}{\omega_0}\right)^2+\left(\frac{1}{Q}\right)^2}} \tag{7-13}$$

从式（7-11）或式（7-13）看出：谐振器像一个频率选择系统，只有在激励信号的频率和其固有频率很接近时，输出信号的幅值达到最大，其他情况下，谐振器输出信号的幅值都极其微小，并且，器件的 Q 值越大，对频率的选择性就越好。

质量块振动的相位与驱动力相位之间关系为：

$$\varphi=\arctan\frac{2(\omega/\omega_0)\zeta}{1-(\omega/\omega_0)^2} \tag{7-14}$$

从式（7-14）可以看出：当驱动力的频率与系统的固有频率相等时，不论 ζ 的取值范围如何，总有 $\varphi=\pi/2$，也就是说，处于谐振状态的系统，输出信号与驱动力之间的相位差为 $\pi/2$。

开环测试是采用激励-响应的方法来确定微谐振器的谐振频率、输出信号幅值的量级、激励信号的波形及合适的功率取值等参数，为闭环自激检测系统的设计提供重要依据，是 MEMS 谐振器频率测量中非常重要的一个环节。电热激励压阻检测的微谐振器是基于材料的热膨胀现象，通过外部信号源对激励电阻加热，在谐振梁中产生周期性的热梯度，作为机械驱动的力矩，使微悬臂梁产生周期性的机械振动，在微悬臂梁的固支端，有 4 个具有压阻效应的电阻构成惠斯通电桥，用于对振动信号的拾取，通过示波器观察输出信号的幅值来判断器件是否处于谐振状态。

（2）激励信号与输出信号间的频率关系分析

在对微谐振器进行开环测试时，常使用的激励信号有两种形式：一种是用“直流偏置＋交流信号”作为激励信号，另一种是仅用交流信号作为激励信号。

“直流偏置＋交流信号”作为激励信号时，直流偏置电压和交流信号首先通过加法器，之后施加在激励电阻 R_j 上，原理如图 7-12 所示，激励电压 $U(t)=U_d+U_a\cos(\omega t)$。

施加在激励电阻 R_j 上的激励电压 $U(t)$ 产生的热功率为：

$$P(t)=\frac{[U_d+U_a\cos(\omega t)]^2}{R_j}=\frac{1}{R_j}[U_d^2+\frac{1}{2}U_a^2+2U_dU_a\cos(\omega t)+\frac{1}{2}U_a^2\cos(\omega t)]$$
$$=P_s+P_{d1}+P_{d2} \tag{7-15}$$

式中，$P_{d2}=U_a^2\cos(2\omega t)/(2R_j)$ 的频率是激励信号中交流信号频率两倍的分量，可加滤波电路滤除，构成闭环系统时，该分量不会给系统带来干扰。此时，激励信号产生的热功率 $P(t)$ 包括以下两部分。

激励功率的恒定分量：$P_s=(U_d^2+U_a^2/2)/R_j$；激励功率的交变分量：$P_{d1}=2U_dU_a\cos(\omega t)/R_j$。

P_{d1} 分量的频率与激励信号相同，微悬臂梁的振动频率与激励信号的频率相同。由对微悬臂梁谐振器工作原理的分析可知：当激励信号的频率 ω 等于微悬臂梁谐振器的谐振频率时，微悬臂梁发生谐振，输出信号的振幅达到最大，相位与激励信号中交流信号的相位相差 $\pi/2$。

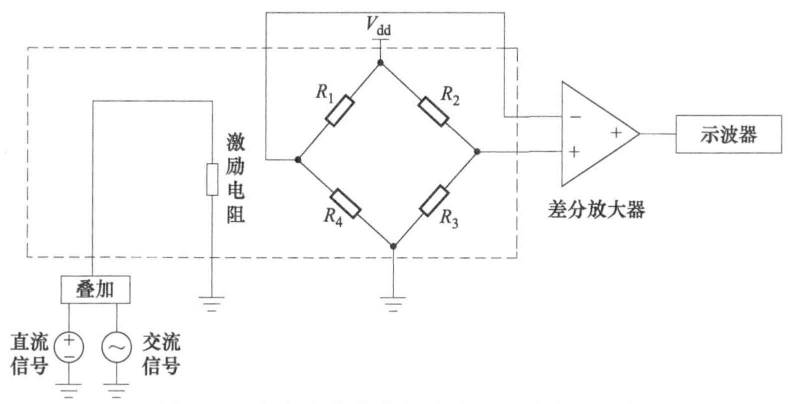

图 7-12　交直流激励-拾振电路开环测试原理图

纯交流信号作为激励信号时，在激励电阻 R_j 上施加交流电压 $U_i(t)=U_a\cos[(\omega/2)t]$，原理如图 7-13 所示，施加在激励电阻 R_j 上的交流电压 $U(t)$ 产生的热功率：

$$P(t)=\frac{U_a^2\cos^2[(\frac{\omega}{2})t]}{R_j}=\frac{U_a^2}{2R_j}[1+\cos(\omega t)]=\frac{U_a^2}{2R_j}+\frac{U_a^2}{2R_j}\cos(\omega t)=P_s+P_d \tag{7-16}$$

式中，激励信号产生的热功率 $P(t)$ 包括以下两部分，激励功率的直流分量：$P_s=U_a^2/(2R_j)$；激励功率的交变分量：$P_d=U_a^2\cos(\omega t)/(2R_j)$。其中的直流分量在微悬臂梁上产生恒定热应力，交变分量迫使微悬臂梁产生振动，激励功率交变分量的频率是激励信号频率的两倍，即微悬臂梁的振动频率是交流激励信号频率的2倍，所以用纯交流电压信号作激励信号时，微悬臂梁发生谐振的频率条件为激励信号的频率为谐振梁谐振频率的一半。

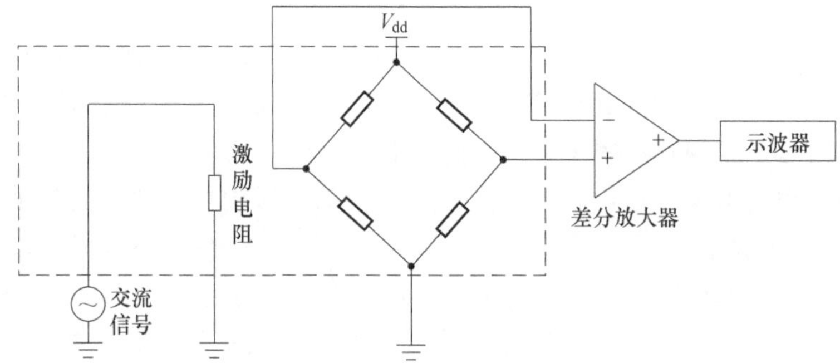

图 7-13　交流激励-拾振电路开环测试原理图

7.1.4　微机械谐振式传感器闭环自激/检测专用集成电路设计

为了能够成功研制出微谐振器闭环自激与检测系统，基于分立器件的微谐振器闭环自激与检测系统结构设计如图 7-14 所示，采用集成电路来构建微谐振器

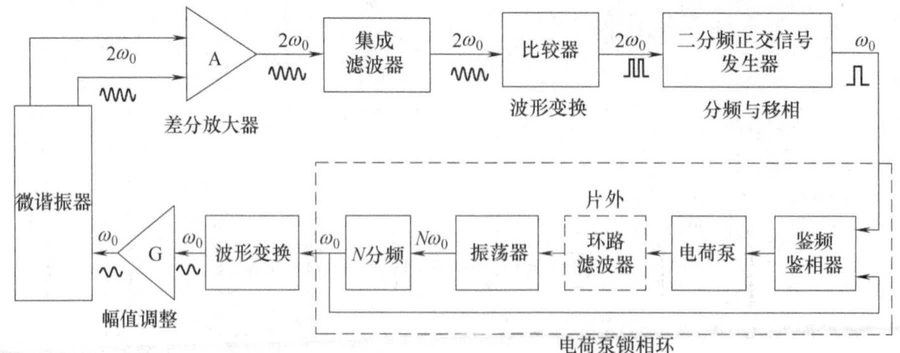

图 7-14　微谐振器闭环自激与检测系统框图

闭环自激与检测系统的结构框图。

该闭环自激与检测系统结构主要包括两个部分，分别为信号处理电路和电荷泵锁相环电路。信号处理电路由差分放大电路、集成的Gm-C滤波器、正交信号发生器、波形变换和幅值调整等基本电路模块组成。电荷泵锁相环电路由鉴频鉴相器、电荷泵、环路滤波器、压控振荡器以及 N 分频器组成[52]。

该闭环自激与检测系统是先采用差分放大器对微谐振器输出的微弱信号进行放大，然后通过滤波器滤除微谐振器输出信号中的无用频率分量。处于谐振状态的微谐振器的输出信号和输入信号之间存在 $\pi/2$ 的相位差，输出信号经过滤波器也会产生一定的相移，为满足系统发生闭环自激所需的相位条件，必须在系统进入闭环自激状态之前进行相位调整，框图中采用如图 5-35 所示的正交信号发生器的电路结构。电荷泵锁相环结构具有捕获范围宽、锁定时相位误差小、结构相对简单及成本较低等优点。N 分频发生器输出的波形经过波形变换电路变换为正弦波，通过幅值调整后作为微谐振器的激励信号。当激励信号满足系统发生闭环自激需要的幅值和相位条件时，整个系统就开始实行闭环自激，同时锁相环实现对传输信号频率和相位的实时跟踪。

7.2　频率合成器在芯片原子钟中的应用

7.2.1　芯片原子钟概述

当前，基于光与原子相互作用机理的精确量子计量，极大促进了量子传感的发展。利用量子传感，可快速实现水下精确导航、物体探测，感知重力变化而揭示潜在的火山活动、气候变化以及地震、增强医学成像、监控大脑磁场变化等；同时，量子导航系统信号难以“伪造”，可以构建更加安全的微型导航定位授时系统。2018 年，中国计量科学研究院成立芯片级量子计量标准与量子传感实验室，以应对国际单位制量子化变革，聚焦芯片原子钟等一系列芯片尺度、低功耗、可嵌入式计量标准和量子传感系统研制，为我国仪器仪表、高端制造、国防安全、基础研究等领域提供直接溯源至国际单位制的校准和测量能力。其中，芯片原子钟（Chip-Scale Atomic Clock，CSAC）是核心，是精确时空定位的关键。为打破技术封锁，我国《国家重大科技基础设施建设中长期规划（2012～2030年）》中，已全面启动芯片原子钟研究，支撑超精密时间频率技术研究与开发。

芯片原子钟的基本原理是：恒定电流叠加微波调制信号激励垂直腔面发射激光器（VCSEL）产生相干双色光，将原子基态两个超精细能级耦合到共同的激发态，当相干双色光频差等于原子基态两个超精细能级时，部分原子不再吸收光子而被制备到相干布居囚禁（Coherent Population Trapping，CPT）态[53]；探测光与原子作用后获得原子对激光的吸收信号，光电探测器检测信号出现吸收峰；由 CPT 共振产生的电磁感应透明谱线作为微波鉴频信号，并转换为频率纠偏信号对压控晶振实施负反馈纠偏，从而获得高稳定度的原子钟输出频率信号，原理如图 7-15 所示。

温补晶振（TCXO）经频率综合后产生射频调制信号，将垂直腔面发射激光器的激光调制到固定频差的一级边带上，为铷原子的跃迁提供能量。射频源噪声将引起调制信号信噪比降低、载波调相抖动，直接影响 CPT 信号的稳定性，从而限制芯片原子钟的短期频率稳定度。电荷泵锁相环频率综合方案优点众多，被芯片原子钟射频源广泛采用[54]。电压控制振荡器在锁相环中产生振荡信号，其相位噪声是锁相环路噪声的主要来源，根据式（4-16），理想的 LC 并联结构的振荡器相位噪声主要由电感的品质因数决定。集成电路片上电感品质因数较低（10～20），是限制 LC 并联谐振 VCO 相位噪声性能的关键瓶颈。

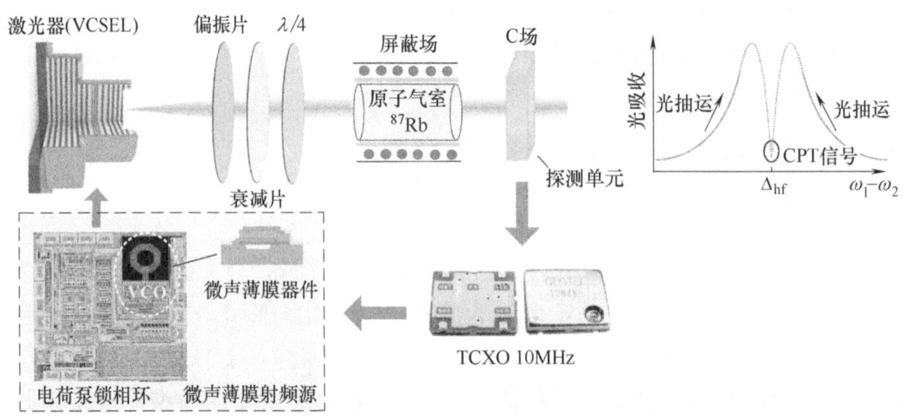

图 7-15　CSAC 系统原理框图

7.2.2　国内外研究现状及发展动态分析

（1）国内外 CSAC 及射频源频率综合方案研究现状及发展动态分析

国际上，研究芯片原子钟的主要有美国 Sandia 国家实验室、美国国家标准技术研究院（National Institute of Standards and Technology，NIST）、Symmetricom、Rockwell collins、Geometrics、Honeywell、Kernco 公司、美国海军导航研究所、斯坦福研究实验室、哈佛大学、科罗拉多大学、德国的波恩大学、意大利国家电子研究所、法国巴黎天文台时间参考实验室等。

2011 年，文献 [55] 中设计了用于^{87}Rb 微型原子钟的微波信号源，如图 7-16 所示，射频源采用电荷泵锁相环结构，外部晶振 VCXO 产生 40MHz 参考频率，电路采用 0.18μm CMOS 工艺流片，总尺寸为 2.1mm×2.3mm，VCO 的输出频率为 3.417GHz，测试的相位噪声为－85dBc/Hz@1kHz，电路总功耗为 26.35mW。

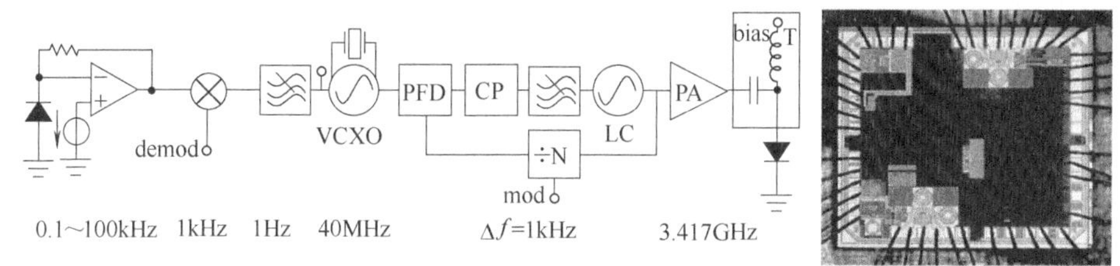

图 7-16 射频源锁相环路及芯片显微照片

文献 [56] 研制了 CPT 铯原子钟用 4.6GHz 频率合成器专用集成电路，电路如图 7-17 所示，采用 Σ-Δ 调制器的小数分频器 CPPLL 构架，利用 0.13μm CMOS 工艺实现。实现的相位噪声性能为－83dBc/Hz@1kHz，秒稳为 $5\times10^{-11}\tau^{-1/2}$，总功耗为 15mW。

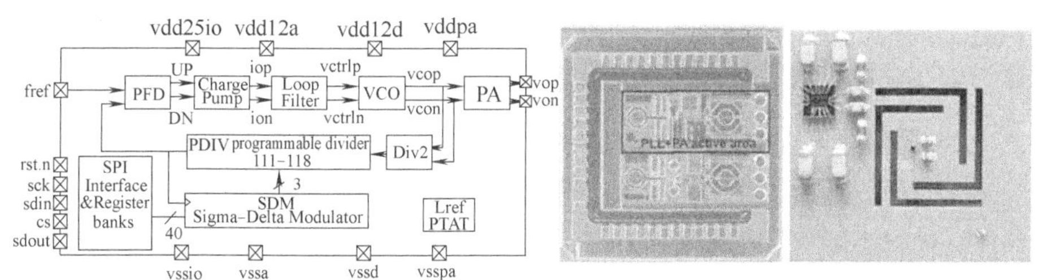

图 7-17 文献 [56] 中频率合成器结构框图、芯片及键合照片

文献 [57] 设计了如图 7-18 所示的芯片原子钟，实现了在 10^5s 内 2.2×

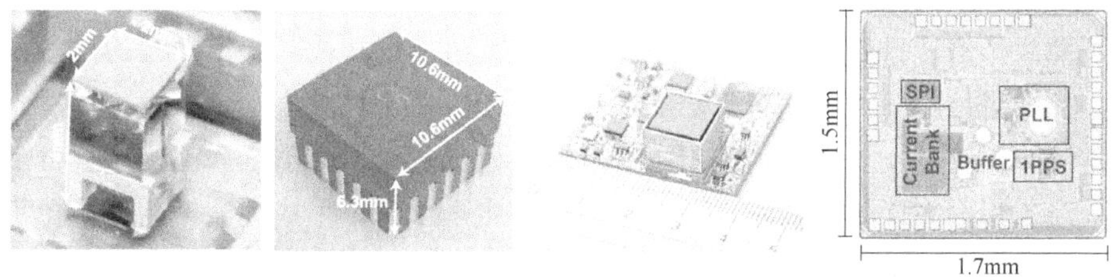

图 7-18 文献 [57] 实现的芯片原子钟实物图及芯片照片

$10^{-12}\tau^{-1/2}$ 频率稳定度，体积为 15cm^3，功耗为 59.9mW；系统采用小数分频的 CPPLL 频率合成方案，VCO 为经典的电感电容并联结构，PLL 锁定时振荡频率为 4.596GHz 时的相位噪声为－100dBc/Hz@1MHz，相位噪声性能仍有提升空间。芯片基于 65nm CMOS 工艺全集成，面积为 2.55mm^2，PLL 的功耗为 2.0mW，性能优异。

在国内，研究芯片原子钟的单位有中国科学院武汉物理与数学研究所、上海光学精密机械研究所、中国科学院上海微系统与信息技术研究所、北京大学、清华大学、华中科技大学、西安电子科技大学、电子科技大学、山西大学、苏州大学、中北大学、成都天奥电子股份有限公司等。

目前，成都天奥电子股份有限公司研制了型号为 XHTF1040B 产品级 CPT 原子钟[58]，1s 稳定度为 $3\times10^{-10}\tau^{-1/2}$，功耗小于 2W，外形尺寸为 45mm×45mm×15mm；苏州大学采用分立器件实现了应用于芯片级原子钟的微波信号源[59]，测量的相位噪声为－85.37dBc/Hz@300Hz；华中科技大学通过对光源、光学元件、气室吸收以及信号检测等方面的建模研究，完成了芯片原子钟系统的构建，短期稳定度在 1s 内达到 $5\times10^{-10}\tau^{-1/2}$[60]；上海微系统与信息技术研究所采用聚酰亚胺悬挂结构实现了芯片原子钟物理部分的封装，体积为 2.8cm^3，功耗为 150mW，短期稳定度达到 $7\times10^{-10}\tau^{-1/2}$[61]。综合上述，国内实现的芯片原子钟在性能、功耗和集成度方面与国外尚有一定差距，急需“弯道超车”。

（2）薄膜体声波谐振器的研究现状、发展动态及在振荡器和 CSAC 中的应用

为了提高石英晶振的工作频率，薄膜体声波谐振器应运而生。由于其 Q 值高、损耗低、体积小等特点，迅速成为解决现代无线通信系统高度微型化、集成化、低功耗的关键器件和研究热点，同时在 VCO 的集成设计中也得到了极大的重视。

高品质因数（＞1000）的薄膜体声波谐振器（Film Bulk Acoustic Wave Resonator，FBAR），替代片上电感，相位噪声理论可提高 30dB 以上，同时在功耗、体积、可靠性等方面都具有明显优势。薄膜体声波谐振器采用薄膜和微纳加工工艺制备[62]，结构如图 7-19 所示。

薄膜体声波谐振器由压电薄膜和上下平面电极层构成三明治结构的压电换能器，在电场激励下，压电薄膜层通过逆压电效应产生纵向振动，形成体声波，表面空腔型结构的上下表面均采用空气（声阻抗近似为零）与金属电极形成自由界面，沿着厚度方向传播的体声波在界面处发生全反射，形成驻波振荡，避免了到衬底的泄露，振荡的体声波又激励起射频电信号的谐振，实现机械能到电能的转换[63]；固态装配型结构，在衬底上制备了由厚度均为四分之一波长、高低声学

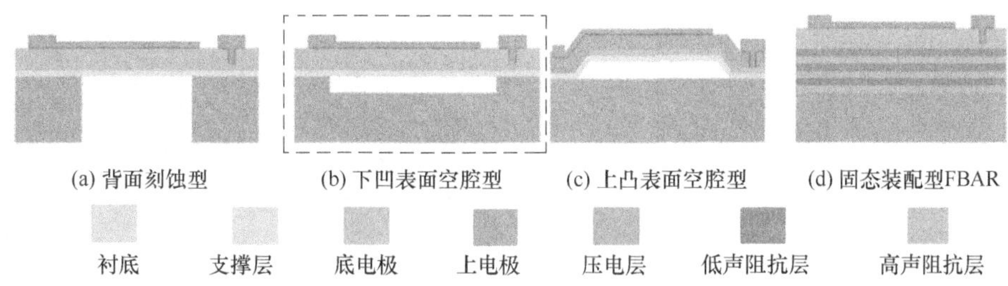

图 7-19　薄膜体声波谐振器结构

阻抗层周期交替排列而成的布拉格反射层，可实现谐振频率处声波的有效反射[64]。因此两种结构都具有高品质因数的特点，综合比较其性能，表面空腔型结构具有更优的品质因数和有效机电耦合系数（K_{teff}^2）。背面刻蚀型薄膜体声波谐振器由于成品率低限制了其实际应用。

文献［65］给出了电感电容结构与基于 FBAR 结构的 VCO 性能对比：FBAR VCO 有效面积小于 LC 结构，相噪性能明显优于 LC-VCO，具体如图 7-20 所示。文献［66］采用 0.35μm BiCMOS 工艺实现了全集成 FBAR 的单片 VCO，如图 7-21 所示，芯片面积为 650μm×830μm；测量的结果为振荡频率 5.46GHz 时相噪为－120dBc/Hz@100kHz，FBAR 的 Q 值为 300 左右。2011 年，Avago 公司实现了如图 7-22 所示的基于 FBAR 的单片 VCO，芯片面积为 0.3mm^2，体积为 0.04mm^3，工作频率为 3.4GHz 时，相噪仅为－91dBc@1kHz。单片集成 FBAR 的 VCO，集成度高，但是工艺复杂，价格高。

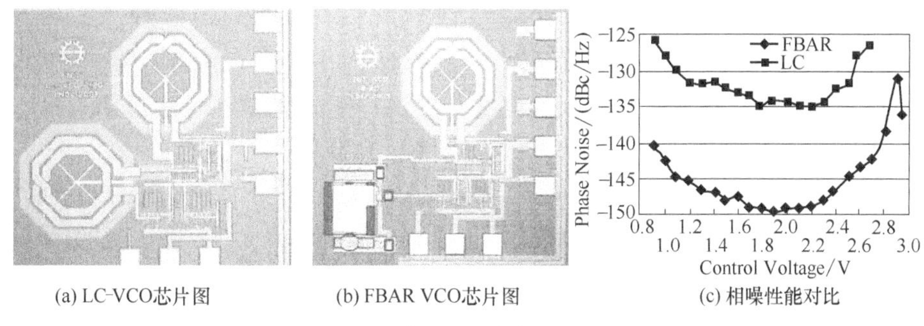

图 7-20　K. Östman 设计的 LC-VCO

文献［67］提出了 FBAR CPPLL 频率综合方案，作为对比，片内同时集成了 LC_PLL，制备的 FBAR 与 0.13μm CMOS PLL 引线键合，实现的相位噪声分别为-82dBc/Hz@1kHz 和－132dBc/Hz@1MHz，噪声性能 FBAR PLL 远优

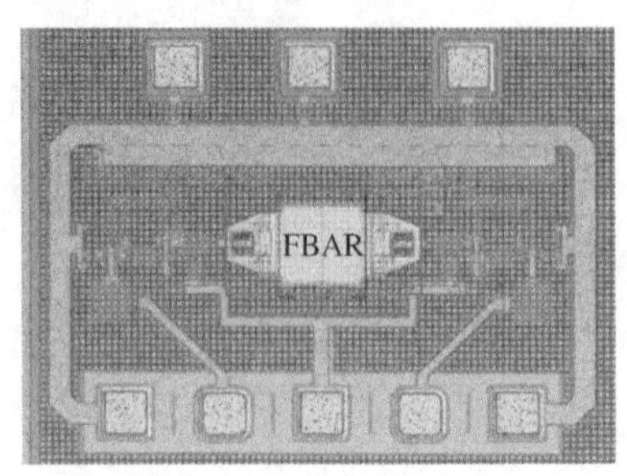

图 7-21　M. Aissi 等实现的单片 VCO

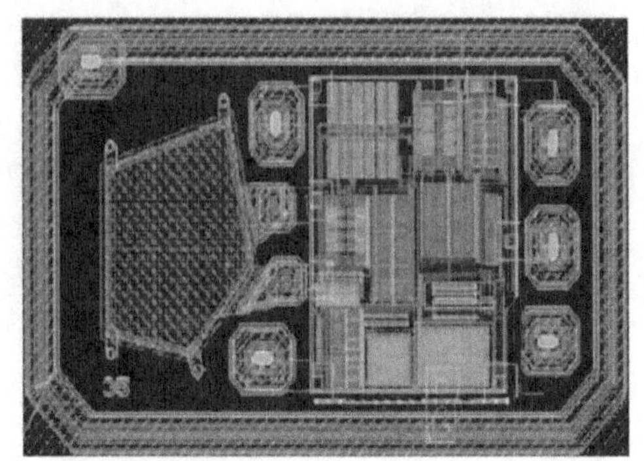

图 7-22　Avago 公司的单片 VCO 版图

于 LC-PLL，如图 7-23 所示，且 FBAR PLL 功耗仅为 750μW。

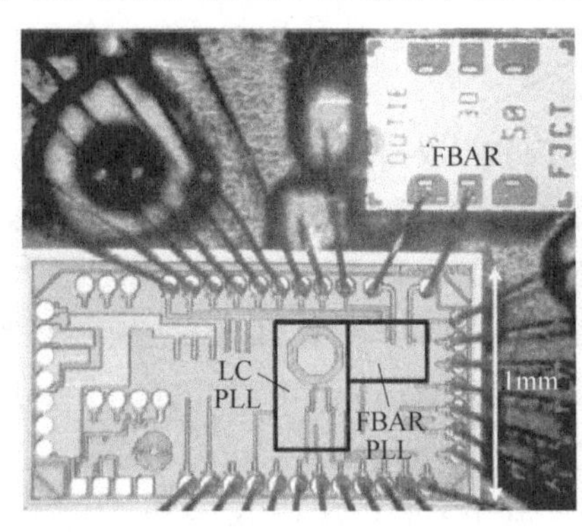

(a) 华盛顿大学实现的PLL芯片照片

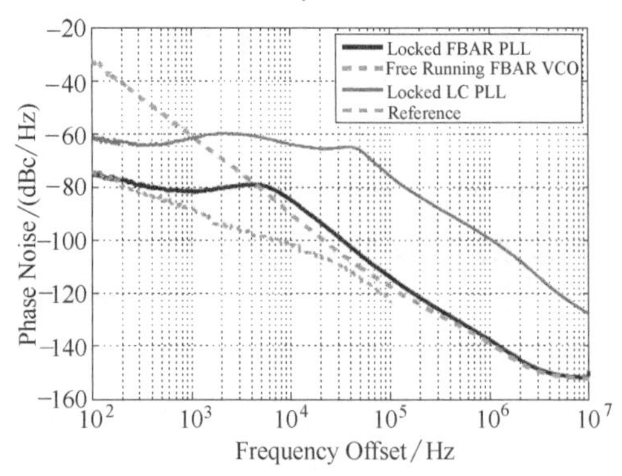

(b) 噪声性能

图 7-23　华盛顿大学实现的 PLL 及测量的噪声

2016 年，文献［68］中设计了基于背面刻蚀型 FBAR 的 Colpitts 振荡电路，该电路用于一款具有灵敏度增强的气体传感器，振荡电路频率为 1.19GHz，如图 7-24 所示，实现的噪声性能为－90dBc/Hz@100kHz。

2017 年，文献［69］中采用 0.18μm CMOS 工艺，基于 FBAR 设计了 1.9GHz 的 VCO，如图 7-25(a)所示，实现的相位噪声为－148dBc/Hz@1MHz，功耗 1.7mW，FBAR 的面积与采用片上电感相当。2018 年，日本国家信息与通信技术研究所设计了基于 FBAR 的 VCO 用于铷芯片原子钟[70,71]，如图 7-25(b) 所示，制备的 FBAR 与射频源芯片引线键合，振荡频率 3.5GHz 时相位噪声为－140dBc/Hz@1MHz，芯片采用 65nm CMOS 工艺流片，功耗 9mW，实验室测得的频率稳定度 1s 内 $2.1\times10^{-11}\tau^{-1/2}$，但是输出的时钟非 10MHz 标准频率。

图 7-24　中科院设计的 FBAR 及气体传感器测量电路[37]

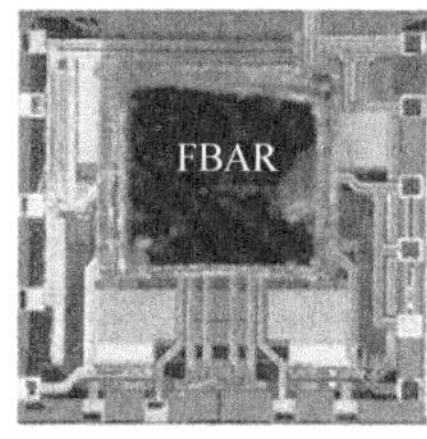

(a) 基于FBAR的VCO[69]

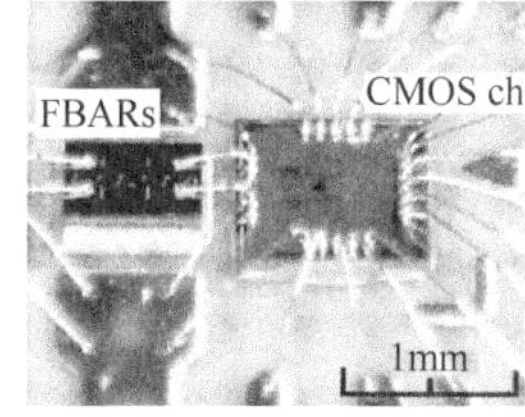

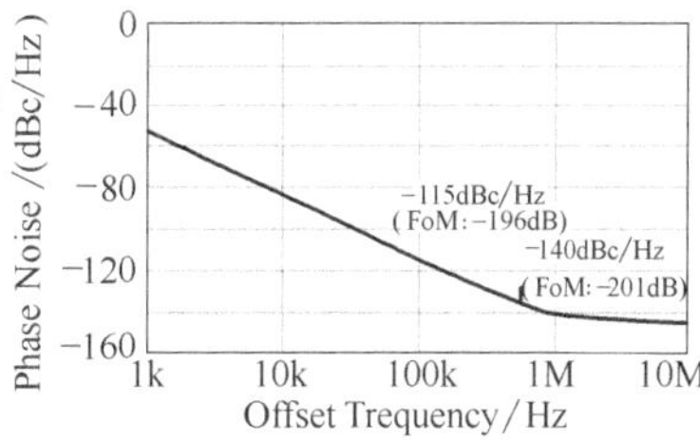

(b) CSAC与相噪性能[70]

图 7-25　基于 FBAR 设计的 VCO 及 CSAC

2019 年，文献［72］采用 FBAR 作为高 Q 选频元件，设计了如图 7-26 所示的变压器耦合的低功耗 VCO，电路采用 65nm CMOS 工艺集成设计，FBAR 的面积为 400μm×400μm。振荡频率为 2GHz 时实现的相位噪声为−140dBc/Hz@1MHz，功耗仅为 350μW。电路采用变压器耦合以减小功耗，但是占据了较大的芯片面积。与采用片上电感实现的 VCO 相比，采用 FBAR 的 VCO 噪声性能明显提升。

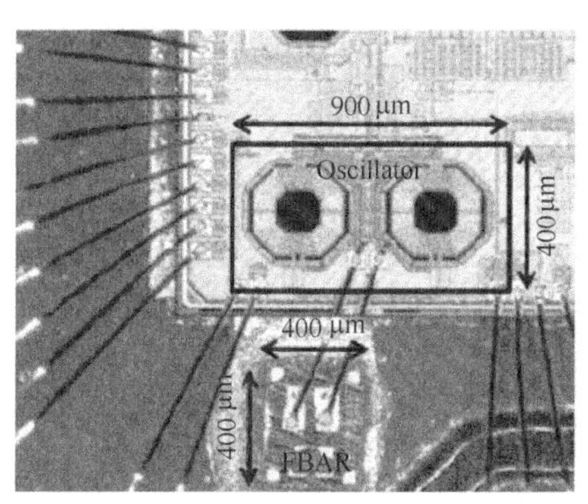

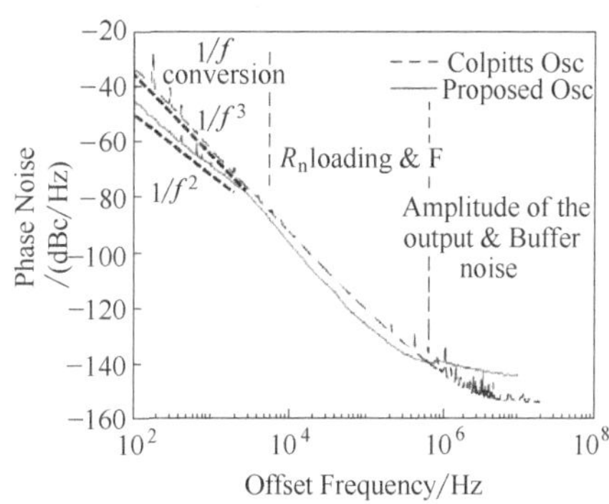

图 7-26　基于 FBAR 的 VCO 芯片照片与相噪性能

参考文献

[1] Rappaport T S. 无线通信原理与应用 [M]. 2版. 周文安，付秀花，王志辉，译. 北京：电子工业出版社，2012.

[2] Razavi B. A millimeter-wave CMOS heterodyne receiver with on-chip LO and divider [J]. IEEE Journal of Solid-State Circuits，2008，43 (2)：477-85.

[3] 张厥盛，郑继禹，万心平. 锁相技术 [M]. 西安：西安电子科技大学出版社，2010.

[4] Gardner F M. 锁相环技术 [M]. 3版. 姚剑清，译. 北京：人民邮电出版社，2007.

[5] 王志功，陈莹梅. 集成电路设计 [M]. 北京：电子工业出版社，2013.

[6] SIMC. 0.18μm mixed signal 1P6M salicide 1.8V/3.3V RF spice models.

[7] Shu K L，Sinencio E S. CMOS锁相环：分析和设计 [M]. 北京：科学出版社，2007.

[8] Sadeghi V S，Miar-Naimi H. A new fast locking charge pump PLL：Analysis and design [J]. Analog Integrated Circuits & Signal Processing，2013，74 (3)：569-575.

[9] Kuo C C，Lee M J，Liu C N，et al. Fast statistical analysis of process variation effects using accurate PLL behavioral models [J]. IEEE Transactions on Circuits & Systems I Regular Papers，2009，56 (6)：1160-1172.

[10] Hanumolu P K，Brownlee M，Mayaram K，et al. Analysis of charge-pump phase-locked loops [J]. IEEE Transactions on Circuits and Systems I：Regular Papers，2004，51 (9)：1665-1674.

[11] Mirajkar P，Chand J，Aniruddhan S，et al. Low phase noise Ku-band VCO with optimal switched-capacitor bank design [J]. IEEE Transactions on Very Large Scale Integration (VLSI) Systems，2018 (99)：1-5.

[12] Razavi B. 模拟CMOS集成电路设计 [M]. 陈贵灿，程军，张智瑞，译. 西安：西安交通大学出版社，2002.

[13] Hegazi E，Sjoland H，Abidi A A. A filtering technique to lower LC oscillator phase noise [J]. IEEE Journal of Solid-State Circuits，2001，36 (12)：1921-1930.

[14] Best R E. 锁相环设计、仿真与应用 [M]. 5版. 李永明，王海永，肖珺，等译. 北京：清华大学出版社，2007.

[15] 何先良. 基于抖动分析的电荷泵锁相环行为级模型设计与验证 [D]. 长沙：湖南大学，2009.

[16] Lu L，Chen J，Yuan L，et al. An 18-mW 1.1752-GHz frequency synthesizer with constant bandwidth for DVB-T tuners [J]. IEEE Transactions on Microwave Theory and Techniques，2009，57 (4)：928-937.

[17] Hong S，Kim S，Choi S，et al. A 250-μW 2.4-GHz fast-lock fractional-N frequency generation for ultralow-power applications [J]. IEEE Transactions on Circuits and Systems II：Express Briefs，2017，64 (2)：106-110.

[18] Hanli L, Teerachot S, Kengo N, et al. A 28-GHz fractional-n frequency synthesizer with reference and frequency doublers for 5G mobile communications in 65nm CMOS [C]. IEICE Transactions on Electronics, 2018, E101. C (4), 187-196.

[19] Kroupa V. Noise properties of PLL systems [J]. IEEE Transactions on Communications, 1982, 30 (10): 2244-2252.

[20] Doan C H. Design and implementation of a highly-integrated low-power CMOS frequency synthesizer for an indoor wireless wideband-CDMA direct-conversion receiver [D]. Berkeley: University of California, 2000.

[21] Sahani J K, Singh A, Agarwal A. A wide frequency range low jitter integer PLL with switch and inverter based CP in 0.18μm CMOS technology [J]. Journal of Circuits, Systems and Computers, 2020, 29 (09): 167-170.

[22] Leeson D B. A simple model of feedback oscillator noise spectrum [J]. Proc. IEEE 1966, 54 (2): 329-330.

[23] Hajimiri A, Lee T H. A general theory of phase noise in electrical oscillators [J]. IEEE Journal of Solid-State Circuits, 1998, 33 (2): 179-194.

[24] Lee T H, Hajimiri A. Oscillator phase noise: A tutorial [J]. IEEE Journal of Solid-State Circuits, 2000, 35 (3): 326-336.

[25] Heydari P. Analysis of the PLL jitter due to power/ground and substrate noise [J]. IEEE Transactions on Circuits and Systems I: Regular Papers, 2004, 51 (12): 2404-2416.

[26] Youngwoo J, Hyojun K, Seonghwan C. A 3.2-GHz supply noise-insensitive PLL using a gate-voltage-boosted source-follower regulator and residual noise cancellation [J]. IEEE Transactions on Very Large Scale Integration (VLSI) Systems, 2018: 1-5.

[27] 郇昌红，吴秀山，吕威. 2.4GHz频率综合器中低杂散锁相环的设计 [J]. 微电子学，2013，43 (3): 390-394.

[28] Harada M, Tsukahara T, Kodate J, et al. 2-GHz RF front-end circuits in CMOS/SIMOX operating at an extremely low voltage of 0.5V [J]. IEEE Journal of Solid-State Circuits, 2002, 35 (12): 2000-2004.

[29] Xiushan W, Zhigong W, Zhiqun L, et al. Design and realization of an Ultra-Low-Power Low Phase Noise CMOS LC-VCO [J]. Journal of Semiconductors, 2010, 31 (8): 137-140.

[30] Lu C T, Hsieh H H, Lu L H. A low-power quadrature VCO and its application to a 0.6-V 2.4-GHz PLL [J]. IEEE Transactions on Circuits and Systems I: Regular Papers, 2010, 57 (4): 793-802.

[31] Xiushan W, Zhigong W, Zhiqun L, et al. Design of a 4.6 GHz high_performance quadrature CMOS VCO using tansformer couple [J]. Journal of Semiconductors, 2009,

30 (2): 61-64.

[32] Kashani M H, Tarkeshdouz A, Molavi R, et al. A wide-tuning-range low-phase-noise mm-wave CMOS VCO with switchable transformer-based tank [J]. IEEE Solid-State Circuits Letters, 2018 (99): 1-1.

[33] 刘隽人，江晨，黄煜梅，等. 9～11GHz数字控制LC振荡器 [J]. 固体电子学研究与进展，2013，33 (3): 266-270，293.

[34] 吴朝晖，王银强，李斌. 基于最小变电容结构的数控LC振荡器 [J]. 华中科技大学学报：自然科学版，2016 (5): 76-80.

[35] Lu C T, Hsieh H H, Lu L H. A low-power quadrature VCO and its application to a 0.6-V 2.4-GHz PLL [J]. IEEE Transactions on Circuits and Systems I: Regular Papers, 2010, 57 (4): 793-802.

[36] Xiushan W, Yanzhi W, Jianqiang H, et al. A four quadrature signals' generator with precise phase adjustment [J]. Journal of Electrical and Computer Engineering, 2016.

[37] Agrawal A, Natarajan A. Aeries resonator mode switching for area-efficient octave tuning-range CMOS LC oscillators [J]. IEEE Transactions on Microwave Theory and Techniques, 2017, 65, 569-1579.

[38] 李荣荣. 锁相环中PFD和CP的设计 [D]. 南京：东南大学，2014.

[39] Xiushan W, Changhong H, Wei L, et al. A monolithic 0.18μm 4GHz CMOS frequency synthesizer [J]. TELKOMNIKA Indonesian Journal of Electrical Engineering. 2013, 11 (2): 754-760.

[40] Sadeghi V S, Miar-Naimi H. A new fast locking charge pump PLL: analysis and design [J]. Analog Integrated Circuits & Signal Processing, 2013, 74 (3): 569-575.

[41] Xiushan W, Renyuan T, Yanjie W, et al. Using a parallel helical sensing cable for the distributed measurement of ground deformation [J]. sensors, 2019, 19 (6), 1297.

[42] Xiushan W, Renyuan T, Yanjie W, et al. Study on an online detection method for ground water quality and instrument design [J]. sensors, 2019, 19 (9), 2153.

[43] Xiushan W, Can L, Si'an S, et al. A Study on the heating method and implementation of a shrink-fit tool holder [J]. Energies, 2019, 12 (18): 3416.

[44] Kainz A, Steiner H, Schalko J, et al. Distortion-free measurement of electric field strength with a MEMS sensor [J]. Nature Electronics, 2018, 1 (1): 68-73.

[45] 仲作阳. 微机械谐振器的能量耗散机理与复杂动力学特性研究 [D]. 上海：上海交通大学，2014.

[46] Huiliang C, Rihui X, Qi C, et al. Design and experiment for dual-mass MEMS gyroscope sensing closed-loop system [J]. IEEE, 2020, 8 (1): 48074-48087.

[47] 李琰. 谐振式红外探测器闭环自激/检测电路设计与探测性能测试 [D]. 杭州：中国计量大学，2014.

［48］ 王亚强，王跃林，丁纯. 微机械谐振传感器的闭环恒幅驱动电路研究［J］. 仪器仪表学报，1999，20（4）：351-355.

［49］ 李海娟，周浩敏. 硅谐振式压力微传感器闭环系统［J］. 北京航空航天大学学报，2005（3）：331-335.

［50］ 包涵菡，李昕欣，张志祥，等. 基于锁相环接口电路的高性能扭转谐振模态微悬臂梁传感器研究［J］. 传感技术学报，2007，20（10）：2234-2238.

［51］ 刘珍. 热激励微机械谐振器闭环自激/检测电路研制［D］. 杭州：杭州电子科技大学，2010.

［52］ 王艳智. 微谐振式传感器闭环自激与检测专用集成电路设计理论与关键技术研究［D］. 杭州：中国计量大学，2019.

［53］ Lutwak R. The SA. 45s chip-scale atomic clock-early production statistics［C］. Proceedings of the 43rd Annual Precise Time and Time Interval Systems and Applications Meeting，2011：207-220.

［54］ FrançOis B，Calosso C E，Abdel H M，et al. Simple-design ultra-low phase noise microwave frequency synthesizers for high-performing Cs and Rb vapor-cell atomic clocks［J］. Review of Scientific Instruments，2015，86（9）：1769-12459.

［55］ Ruffieux D，Contaldo M，Haesler J，et al. A low-power fully integrated RF locked loop for miniature atomic clock［C］. IEEE International Solid-state Circuits Conference，2011.

［56］ Zhao Y，Tanner S，Casagrande A，et al. CPT cesium-cell atomic clock operation with a 12-mW frequency synthesizer ASIC［J］. IEEE Transactions on Instrumentation & Measurement，2014，64（1）：263-270.

［57］ Zhang H S，Herdian H，Narayanan A T，et al. ULPAC：Aminiaturized ultralow-power atomic clock［J］. IEEE Journal of Solid-State Circuits，2019，54（11）：3135-3148.

［58］ Wang Z. Review of chip-scale atomic clocks based on coherent population trapping［J］. Chinese Physics B，2014，23（3）：47-58.

［59］ Lei J，Zhi M H，Li X W，et al. Design of microwave signal source for CS chip-scale atomic clock［J］. International Journal of Modern Physics B，2017，31（07）：1741010.

［60］ Wang X D，Wang F，Zhu X. Quadripartite entanglement with injected atomic coherence［J］. Journal of Physics，B. Atomic，Molecular and Optical Physics：An Institute of Physics Journal，2016，49（1）：015501.

［61］ 李绍良，徐静，张志强，等. Integrated physics package of a chip-scale atomic clock［J］. 中国物理B：英文版，2014，23（7）：470-474.

［62］ Li X，Bao J，Huang Y，et al. Use of double-raised-border structure for quality factor enhancement of type II piston mode FBAR［J］. Microsystem Technologies，2018，24

(3)：1-7.

[63] Patel M S，Yong Y K. Conceptual design of a high-Q，3.4-GHz thin film quartz resonator [J]. IEEE Transactions on Ultrasonics Ferroelectrics & Frequency Control，2009，56 (5)：912-20.

[64] Artieda A，Muralt P. 3.4 GHz composite thin film bulk acoustic wave resonator for miniaturized atomic clocks [J]. Applied Physics Letters，2011，98 (26)：1249.

[65] Östman K. A Gigahertz-range high-QVCO [D]. Tampere Finland：Tampere University of Technology，2005：40-60.

[66] Aissi M，Tournier E，Dubois M A，et al. A 5 GHz above-IC FBAR low phase noise balanced oscillator [C]. Radio Frequency Integrated Circuits，IEEE，2006.

[67] Hu J R，Pang W，Ruby R C，et al. A 750μW 1.575GHz temperature-stable FBAR-based PLL [C]. Radio Frequency Integrated Circuits Symposium，IEEE，2009.

[68] Mengying Z，Lidong D，Zhen F，et al. A sensitivity-enhanced film bulk acoustic resonator Gas sensor with an oscillator circuit and its detection application [J]. Micromachines，2017，8 (1)，25.

[69] Zhang G，Anand A，Hikichi K，et al. A 1.9 GHz low-phase-noise complementary cross-coupled FBAR-VCO without additional voltage headroom in 0.18μm CMOS technology [J]. ICE Transactions on Electronics，2017，E100. C (4)：363-369.

[70] Hara，Yano，Kajita，et al. Microwave oscillator using piezoelectric thin-film resonator aiming for ultraminiaturization of atomic clock. [J]. The Review of scientific instruments，2018，89 (10)：105002.

[71] Hara M，Yano Y，Kajita M，et al. Micro atomic frequency standards employing an integrated FBAR-VCO oscillating on the 87Rb clock frequency without a phase-locked loop [C]. Micro Electro Mechanical Systems (MEMS)，IEEE，2018.

[72] Koo J，Wang K，Ruby R，et al. A 2-GHz FBAR-based transformer coupled oscillator design with phase noise reduction [J]. IEEE Transactions on Circuits & Systems II Express Briefs，2019，66 (4)：542-546.